제6판

알기쉬운 전기자기학

김창환 / 박기식 공저

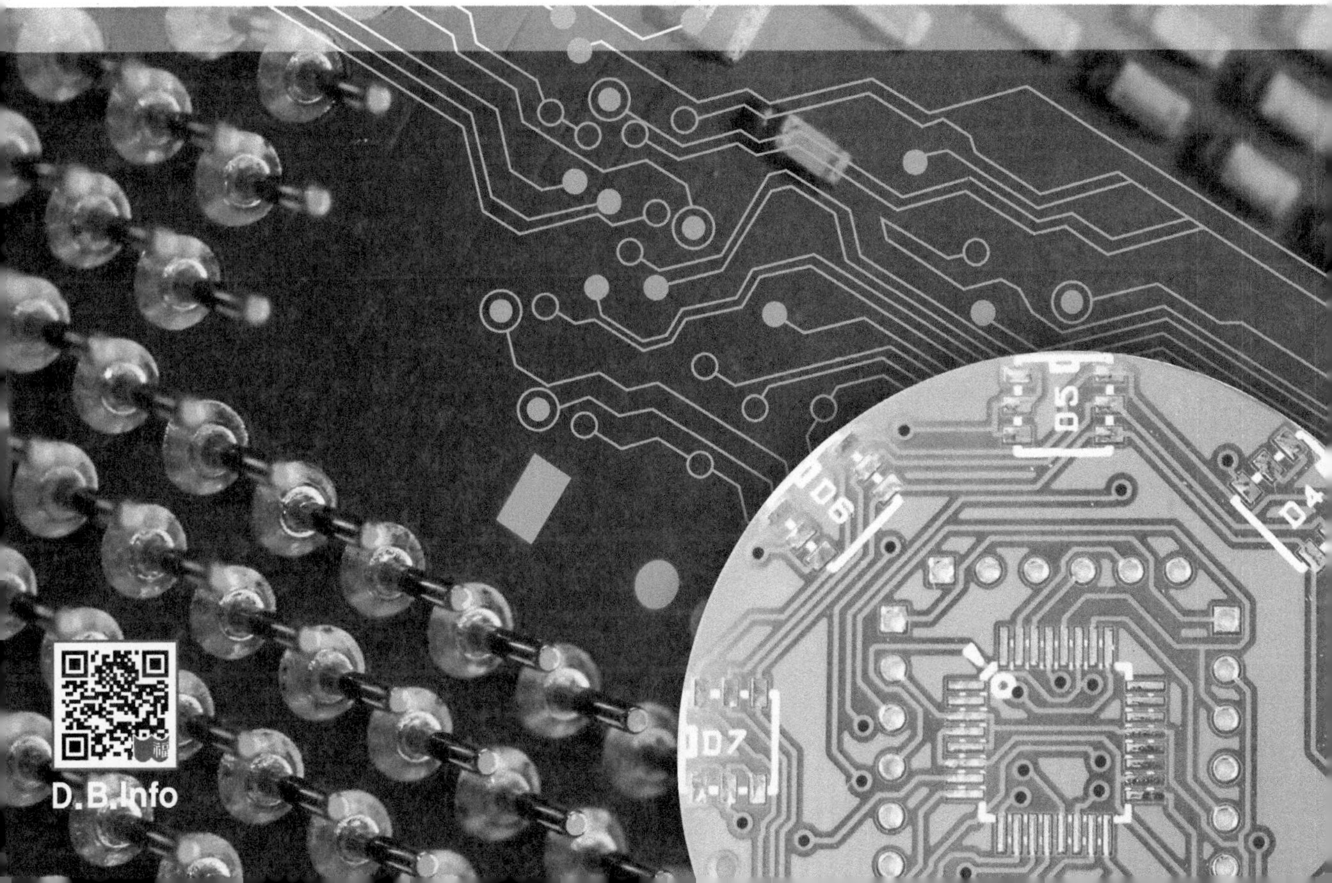

머리말 Preface

전기자기학은 전기, 자기 및 전파 이론을 이해하는 데 있어서 기본 개념을 제공하므로 전기 전자 및 통신 분야를 다루는 학생들에게는 상당히 중요한 학문이다. 그러나 종전에 발간된 교재 중에는 상당히 이해하기 어렵도록 되어있는 부분이 많아 학과 공부 및 국가시험을 준비하는 독자들에게는 준비서적을 선택하는 데 상당히 애로 사항이 많았다.

본서는 전기자기학의 기초 개념을 중심으로 다양한 주제에 대하여 저자가 기술사 시험을 준비한 경험과 강의를 토대로 독자들이 보다 쉽게 이해할 수 있도록 집필하였다.

이 책은 비교적 접근하기 쉬운 용어로 집필하였으며 학생들에게 어려운 수식 과정은 피하고 졸업 후 주로 실무에 적응할 수 있도록 다음과 같은 내용에 중점을 두었다.

첫째, 전자기 현상에 관한 기본적 개념 이해에 주력하였다.
둘째, 개념에 대한 공식은 블록 표시를 하여 중요성에 무게를 실었다.
셋째 각 장마다 이해에 대한 측정도를 위해 예제를 실었으며 각 장 끝에는 연습문제를 실었다.
넷째 부록에는 각종 물리 정수, 수학공식, 벡터 공식 및 기사 기출 문제를 실어 이해에 도움이 되도록 할 뿐만 아니라, 시험 준비에 참고하도록 하였다.

본서를 공부하는 사람들에게는 전기자기학에 대한 명확한 개념을 얻도록 하였을 뿐만 아니라 국가시험 및 자격시험을 준비하는 사람들에게는 반드시 도움이 될 줄로 사료된다.

그러나 이와 같은 노력에도 불구하고 만족스럽지 못함을 자인하지 않을 수 없다. 앞으로 계속하여 노력하여 학문과 발전에 순응시켜 보다 좋은 책으로 개정되기를 바라면서 선배 제현들의 사랑스런 관심과 충고를 바라는 바이다.

끝으로 이 책을 출간하도록 협력을 아끼지 않는 송광헌 사장님께 감사를 드리며 늘 관심을 보여준 지인들에게 감사를 드린다.

저자 씀
profeng@hanmail.net

차 례

Chapter 01 **벡터해석**

Chapter 02 **전장(Static Electric Field)**

Chapter 03

전속밀도 및 Gauss의 정리

Chapter 04

전위, 전위차

Chapter 05

진공중의 도체, 유전체 및 정전용량

Chapter 06

Poisson 및 Laplace 방정식

Chapter 07

진공 중의 정상자계

Chapter 08

전류의 자기작용

Chapter

09 자기회로, 인덕턴스 자계의 응용

Chapter

10 시변 전계 및 자계

Chapter

11 평면파

Chapter

12 전송선로

A 부록

Chapter

01

벡터해석

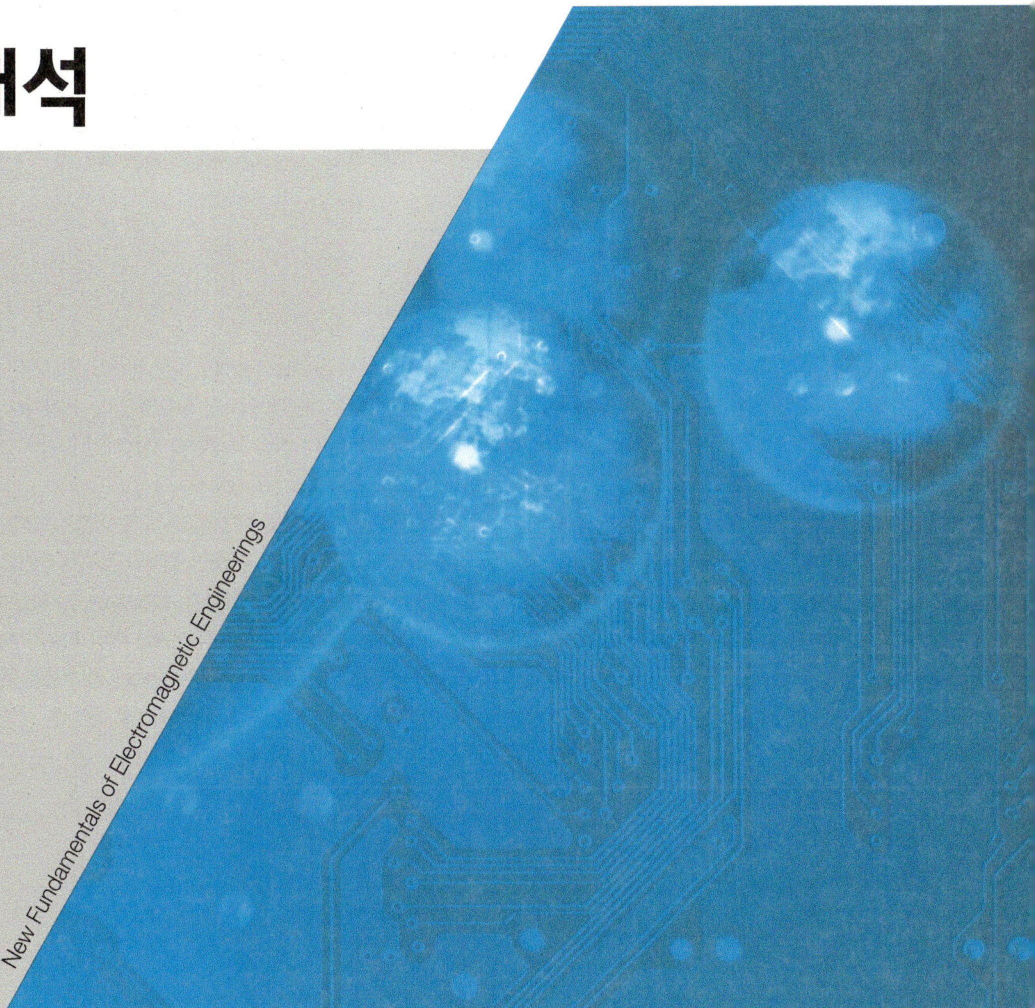

New Fundamentals of Electromagnetic Engineerings

단원개요

전자기학은 전기장(Electric Field)과 자기장(Magnetic Field)에 관한 현상을 연구하는 학문이다. 그러므로 장(場, field)의 개념, 특히 전기장과 자기장에 관한 개념에 익숙할 필요가 있다. 전자기학은 여러 가지 방정식이 갖는 물리적인 성질을 파악하기가 매우 어려우나 벡터 해석법을 사용하면 일반적으로 문제해결을 쉽게 할 수 있다.

앞으로 중점적으로 학습하게 될 전계와 자계는 방향성을 갖는 물리량으로 이를 수학적으로 표현하고 해석하기 위해서는 벡터의 특성과 연산 등에 대한 이해가 필요하다. 또한 전계와 자계는 전기회로 내에서 존재하는 전류와 전압과 달리 공간상에 존재하기 때문에 이들을 나타내기 위해서는 공간적인 개념이 필요하다.

그러므로 이 장에서는 먼저 벡터의 기본적 개념과 계산 방법의 개요를 벡터 자체가 지니는 물리적 의미에 근거를 두어 다룬다. 이어서 좌표계와 무관하게 성립하는 벡터 대수(Vector Algebra)에 관한 간단한 법칙들을 공부하고, 직각(rectangular), 원통(cylindrical) 및 구(spherical) 좌표계를 소개한 후 각 좌표계에서 사용하는 좌표변수 사이의 관계를 살펴본다.

학습목표

1. 공간벡터에 대한 수학적 표현을 이해할 수 있다.
2. 벡터의 내적과 외적에 대한 정의 및 물리적 의미 그리고 연산방법에 대해 이해할 수 있다.
3. 공간벡터를 객관적으로 표현하기 위한 기본 좌표계의 구성과 특성을 파악할 수 있다.
4. 좌표계 사이의 상호 관계를 이용하여 좌표계의 변환을 이해할 수 있다.

1 개요

스칼라(scalar)나 스칼라량은 하나의 실수 - 양(positive) 또는 음(negative)의 값을 갖는 - 만으로 완전하게 표시되는, 방향을 갖지 않는 양이다. 일반적으로 사용하고 있는 길이, 시간, 온도 그리고 공간상의 한 점(x, y, z)에서의 x, y, z 등도 모두 스칼라량이다. 그리고 전압의 각 순시치는 하나의 실수로 표시되므로 스칼라량이다. 나중에 언급하겠지만 두 벡터의 스칼라곱(Scalar Product)도 역시 스칼라량이다. 그러나 벡터량은 크기와 방향을 모두 갖는 양을 말한다. 벡터량의 예로는 힘, 속도, 가속도 등을 들 수 있다. 예를 들어 어떤 물체에 힘을 가하면 그 물체는 힘을 받아 이동하게 되고 이 때 물체의 이동 방향은 그 물체에 가한 힘의 방향에 의해 결정된다. 그러므로 물체에 가해진 힘을 정확히 수식으로 표현하려면 힘의 크기뿐만 아니라 가한 힘의 방향도 표시하여야 한다.

전자기학에서는 전기량 주위에 발생되는 전기력의 상태를 나타내는 전계와 전류 주위에 발생되는 자기력의 상태를 나타내는 자계를 벡터적으로 해석함과 아울러, 위치에너지인 전위와 자위를 스칼라량으로 해석하여 전기자기 현상을 다룬다.

이 장에서는 스칼라 및 벡터 장(field)의 관점을 각각의 좌표계에 적용하여 보기로 한다. 스칼라 장(Scalar Field)에서는 모든 점의 스칼라량이 어떤 값을 갖지만 이 값들은 일반적으로 위치와 시간에 따라 다르다. 벡터장의 예로는 지구의 중력장, 지구자기장, 전위경도 등을 들 수 있다.

스칼라량은 A, B, C 처럼 이탤릭체 문자를 쓰고, 벡터량은 **A**, **B**, **C** 등과 같이 굵은 로만체 문자나 $\vec{A}$, $\vec{B}$, $\vec{C}$ 처럼 이탤릭 문자 위에 화살표 기호를 써서 표시할 수 있다.

〈표 1-1〉 스칼라 및 벡터 표기

스칼라	A	B	C	D
벡 터	**A**, $\vec{A}$	**B**, $\vec{B}$	**a**, $\vec{a}$	**b**, $\vec{b}$

2 벡터 대수

이 절에서는 벡터 및 벡터계에서의 기본적 규칙에 대해 설명하도록 한다. 먼저 벡터의 합은 평행사변형의 법칙에 따르며 그림으로 표시할 수가 있다. [그림 1-1]은 두 개의 벡터 $\overrightarrow{AB}$, $\overrightarrow{A}$의 합을 구하는 방법을 나타낸 것으로 $\overrightarrow{AB}+\overrightarrow{A}=\overrightarrow{A}+\overrightarrow{AB}$ 즉 벡터의 합에서 교환법칙이 성립함을 알 수 있다. 여기서 $\overrightarrow{AB}$는 점 A에서 점 B로 향하는 성분 AB의 벡터를 표시한다.

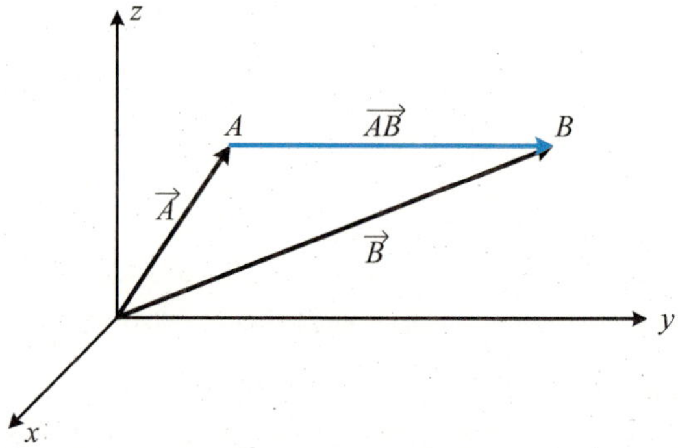

[그림 1-1] 벡터의 합성

벡터의 합에는 결합법칙도 성립한다. 즉

$$\overrightarrow{AB}+(\overrightarrow{A}+\overrightarrow{B})=(\overrightarrow{AB}+\overrightarrow{A})+\overrightarrow{B} \tag{1-1}$$

벡터의 차에 관한 법칙은 합의 법칙으로부터 얻을 수 있다.

즉, $\overrightarrow{A}-\overrightarrow{B}$는 $\overrightarrow{A}+(-\overrightarrow{B})$와 같으며 $-\overrightarrow{B}$는 $\overrightarrow{B}$와 방향만 반대인 벡터로 표시되므로, 이 또한 벡터에 스칼라를 곱할 수 있다. 곱하는 스칼라가 (+)값일 때는 벡터의 크기만 달라지고 방향은 변화하지 않으며, 스칼라가 (-)값일 때는 벡터의 방향은 정반대가 된다.

벡터와 스칼라를 곱하는 경우 다음 식과 같이 결합 및 교환법칙이 성립한다.

$$\begin{aligned}(p+q)(\overrightarrow{A}+\overrightarrow{B}) &= p(\overrightarrow{A}+\overrightarrow{B})+q(\overrightarrow{A}+\overrightarrow{B})\\ &= p\overrightarrow{A}+p\overrightarrow{B}+q\overrightarrow{A}+q\overrightarrow{B}\end{aligned} \tag{1-2}$$

한편 벡터를 스칼라로 나눈 것은 벡터에 이 스칼라의 역수를 곱한 것과 같다. 2개의 벡터의 차가 0일 때 이 두 벡터는 같다고 한다. 즉 $\overrightarrow{A}-\overrightarrow{B}=0$이면 $\overrightarrow{A}=\overrightarrow{B}$이다.

3 단위벡터

직각좌표계에서 벡터를 취급하기 위해 먼저 좌표원점을 기점으로 하는 벡터 $\vec{R}$을 생각한다. 이 벡터 $\vec{R}$이 직각좌표축상에 있는 3개의 벡터를 합친 벡터라면 $\vec{R} = \vec{X} + \vec{Y} + \vec{Z}$이다. 여기서 $\vec{X}$, $\vec{Y}$, $\vec{Z}$를 각 좌표축상의 성분벡터라 한다. 이들 성분벡터는 주어진 벡터에 따라서 크기는 달라지지만 항상 일정한 방향을 가진다.

어떤 방향을 가지고 출발점에 관계없이 크기가 1인 벡터를 그 방향의 단위벡터(Unit Vector)라고 한다. 직각좌표계의 단위벡터들은 $\hat{x}$, $\hat{y}$, $\hat{z}$로 표시하며 이 벡터들은 [그림 1-2]와 같이 각각 x, y, z축 방향을 갖는다.

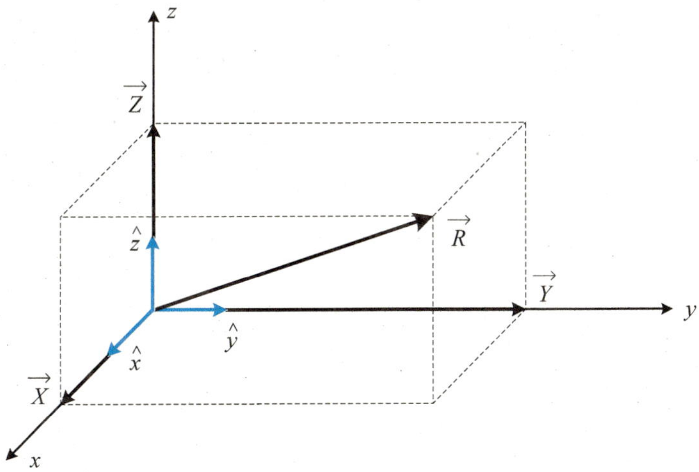

[그림 1-2] 단위 벡터

단위벡터를 사용하면 크기가 10인 x축 방향의 벡터 $\vec{X}$는, $\vec{X} = 10\hat{x}$, 원점에서 점 $P(1, 2, 0)$에 이르는 변위 벡터 $\vec{R}$은 $\vec{R} = \hat{x} + 2\hat{y}$로 표시된다. 벡터의 합에 따르면 원점에서 점 A까지의 벡터와 점 A에서 점 B까지의 벡터를 합치면 원점에서 점 B에 이르는 벡터가 된다. 따라서 점 $A(1, 2, 3)$에서 점 $B(5, -3 ,4)$에 이르는 변위 벡터 $\vec{R}$은

$$\vec{R} = (5-1)\hat{x} + (-3-2)\hat{y} + (4-3)\hat{x} = 4\hat{x} - 5\hat{y} + \hat{z}$$

이다.

직각좌표계에서 임의의 벡터를 $\vec{A}$라 하면, $\vec{A} = A_x\hat{x} + A_y\hat{y} + A_z\hat{z}$이다. 이때 벡터 $\vec{A}$의 크기는 $|\vec{A}|$ 또는 A로 표시하며

$$|\vec{A}| = \sqrt{A_x^2 + A_y^2 + A_z^2} \tag{1-3}$$

이다.

벡터 $\vec{A}$와 동일한 방향을 갖는 단위벡터를 정규화된 벡터(Normalized Vector), 즉 $\hat{a}$라고 하면 벡터 $\vec{A}$를 벡터 $\vec{A}$의 크기 A로 나눔으로써 아래 식과 같이 얻을 수 있다.

$$\hat{a} = \frac{\vec{A}}{\sqrt{A_x^2 + A_y^2 + A_z^2}} = \frac{\vec{A}}{|\vec{A}|} \tag{1-4}$$

이다.

벡터 $\vec{A}$는 [그림 1-3]에 나타낸 바와 같이 단위 벡터 $\hat{a}$의 화살표 방향과 함께 벡터 크기 $|\vec{A}| = A$의 길이로서 도식적으로 나타낼 수 있다.

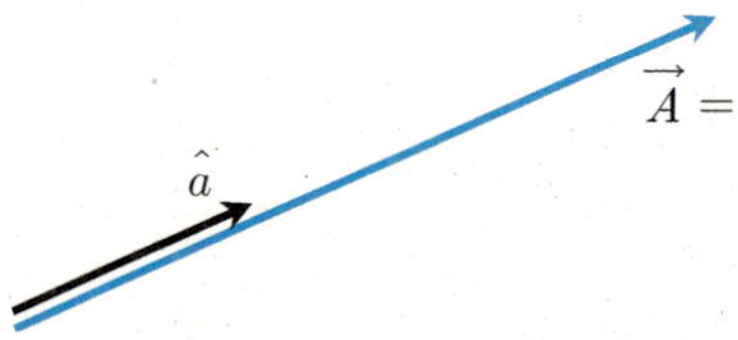

[그림 1–3] 그림으로 표현한 벡터 $\vec{A}$

원점에서 점 $B(7,\ 4,\ -4)$에 이르는 벡터 $\vec{B}$는, $\vec{B} = 7\vec{x} + 4\vec{y} - 4\vec{z}$이며, 벡터 **B**의 크기는

$$|\vec{B}| = \sqrt{7^2 + 4^2 + (-4)^2} = 9$$

이다. 위의 두 식으로부터 구하고자 하는 단위 벡터 $\hat{b}$는

$$\hat{b} = \frac{\vec{B}}{|\vec{B}|} = \frac{7\hat{x} + 4\hat{y} - 4\hat{z}}{9} = \frac{7}{9}\hat{x} + \frac{4}{9}\hat{y} - \frac{4}{9}\hat{z}$$

이다.

예제 1-1 점 $A(1,\ 2,\ 3)$에서 점 $B(-3,\ 6,\ -4)$에 이르는 변위 벡터와 단위 벡터를 구하시오.

〈풀이〉 변위 벡터를 $\overrightarrow{AB}$라면 점 A에서 점 B로 향하는 변위 벡터 $\overrightarrow{AB}$는

$$\overrightarrow{AB}=(-3-1)\hat{x}+(6-2)\hat{y}+(-4-3)\hat{z}=-4\hat{x}+4\hat{y}-7\hat{z}$$

이 되며, 따라서 이 벡터의 단위벡터는

$$\overrightarrow{ab}=\frac{\overrightarrow{AB}}{|\overrightarrow{AB}|}=\frac{-4\hat{x}+4\hat{y}-7\hat{z}}{\sqrt{(-4)^2+4^2+(-7)^2}}=-\frac{4}{9}\hat{x}+\frac{4}{9}\hat{y}-\frac{7}{9}\hat{z}$$

로 표현된다.

예제 1-2 $\vec{A}=2\hat{x}-3\hat{y}+6\hat{z}$, $\vec{B}=-3\hat{x}+3\hat{y}+\hat{z}$일 때 $|\vec{A}-\vec{B}|$를 구하시오.

〈풀이〉

$$\begin{aligned}|\vec{A}-\vec{B}|&=|(2+3)\hat{x}-(3+3)\hat{y}+(6-1)\hat{z}|\\&=|5\hat{x}-6\hat{y}+5\hat{z}|\end{aligned}$$

예제 1-3 힘 $\vec{F}=2y\hat{x}-(2x-3z-3)\hat{y}-(3y+1)\hat{z}$[N]일 때, 점 $P(1,\ 2,\ -1)$에서의 (a) 힘의 크기 (b) 방향을 표시하는 단위벡터를 구하시오.

〈풀이〉 (a) $P(1,\ 2,\ -1)$에서의 힘은

$$\vec{F}=(2\times 2)\hat{x}-\{2\times 1-3\times(-1)-3\}\hat{y}-(3\times 2+1)\hat{z}$$

$$\therefore\ \vec{F}=4\hat{x}-2\hat{y}-7\hat{z}$$

$$|\vec{F}|=\sqrt{4^2+(-2)^2+(-7)^2}=\sqrt{69}\ \text{[N]}$$

(b) $$\hat{f}=\frac{\vec{F}}{|\vec{F}|}=\frac{4\hat{x}-2\hat{y}-7\hat{z}}{\sqrt{69}}$$

예제 1-4 $\vec{A}=3\hat{x}-6\hat{y}-4\hat{z}$, $\vec{B}=-\hat{x}+2\hat{y}-3\hat{z}$이다. 다음과 같이 주어지는 벡터의 단위 벡터를 구하시오.

(a) $\vec{A}+\vec{B}$ (b) $\vec{A}-\vec{B}$

〈풀이〉 (a) $\vec{A}+\vec{B}=(3-1)\hat{x}+(-6+2)\hat{y}+(-4-3)\hat{z}=2\hat{x}-4\hat{y}-7\hat{z}$

$$\frac{\vec{A}+\vec{B}}{|\vec{A}+\vec{B}|}=\frac{2\hat{x}-4\hat{y}-7\hat{z}}{\sqrt{2^2+4^2+7^2}}=\frac{2\hat{x}-4\hat{y}-7\hat{z}}{\sqrt{69}}$$

(b) 같은 방법으로

$$\frac{\vec{A}-\vec{B}}{|\vec{A}-\vec{B}|}=\frac{4\hat{x}-8\hat{y}-\hat{z}}{9}$$

예제 1-5 점 $A(2,\ -1,\ 4)$, $B(-1,\ 2,\ 3)$, $C(-4,\ 0,\ 4)$가 있다. (a) A에서 B로 향하는 선분벡터 (b) B와 C 사이의 거리를 구하시오.

〈풀이〉 (a) $\vec{B}-\vec{A}=(-1-2)\hat{x}+(2+1)\hat{y}+(3-4)\hat{z}=-3\hat{x}+3\hat{y}-\hat{z}$

(b) $|\vec{C}-\vec{B}|=\sqrt{3^2+3^2+1^2}=\sqrt{14}$

예제 1-6 $20(y-z)\hat{x}+10xy\hat{y}-10\hat{z}\,[\mathrm{W/m^2}]$인 복사계가 있다. 점 $P(2,\ 1,\ 0)$에서 (a) 계의 크기 (b) 방향을 표시하는 단위벡터를 구하시오.

〈풀이〉 (a) $\vec{F}=20\hat{x}+20\hat{y}-10\hat{z}$으로부터

$$|\vec{F}|=\sqrt{20^2+20^2+10^2}=30[\mathrm{W/m^2}]$$

(b) 점 $P(2,\ 1,\ 0)$에서 벡터의 방향은 단위벡터를 의미하므로

$$\frac{\vec{F}}{|\vec{F}|}=\frac{20\hat{x}+20\hat{y}-10\hat{z}}{30}=\frac{2}{3}\hat{x}+\frac{2}{3}\hat{y}-\frac{1}{3}\hat{z}$$

4 스칼라곱

벡터의 곱에는 스칼라곱과 벡터곱의 2가지가 있다. 그런데 2개의 벡터 $\vec{A}$, $\vec{B}$의 스칼라곱 또는 내적(Scalar Product 또는 Dot Product)은 $\vec{A}$의 크기와 $\vec{B}$의 크기 그리고 두 벡터 사이의 각의 cosine값을 곱한 것과 같다고 정의되며

$$\vec{A}\cdot\vec{B}\equiv|\vec{A}||\vec{B}|\cos\theta_{AB} \tag{1-5}$$

로 표현된다. 두 벡터 사이에 점(•)을 찍어 스칼라곱을 표시한다.

두 벡터의 내적은 ① 그것들의 크기의 곱보다 작거나 같고, ② 그것들 사이의 각이 $\pi/2$보다 크거나 작은 것에 의해 (-) 또는 (+)의 값을 가질 수 있으며, ③ 한 벡터 위에 다른 벡터를 투영한 것에 이 벡터의 크기를 곱한 것과 같고, ④ 두 벡터가 서로 직각을 이룰 때는 그 값은 0이다.

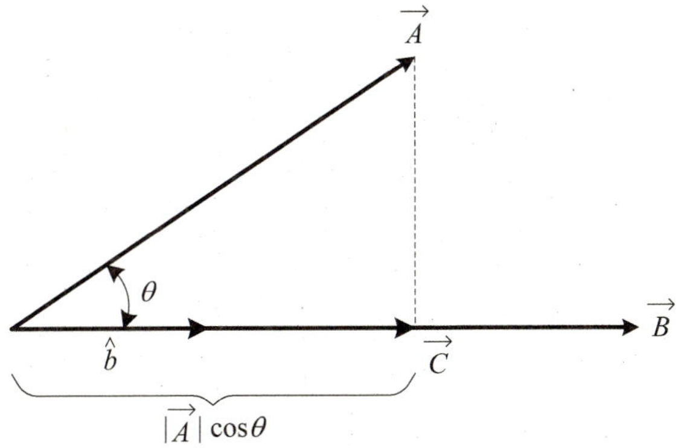

[그림 1-4] 성분벡터

[그림 1-4]에서 $\vec{A}$의 $\vec{B}$ 방향의 스칼라 성분은 다음과 같이 구할 수 있다.

$$|\vec{A}|\cos\theta = |\vec{A}||\hat{b}|\cos\theta = \vec{A}\cdot\hat{b} \tag{1-6}$$

이때 $\theta < 90^\circ$ 이면 이 성분은 (+)값이 되고, $90^\circ < \theta \le 180^\circ$ 이면 (-)값이 된다.

[그림 1-4]에서는 $\vec{A}$의 $\hat{b}$방향의 성분벡터는 $(\vec{A}\cdot\hat{b})\hat{b}$로 이 방향의 $\vec{A}$의 스칼라 성분과 $\hat{b}$의 벡터를 곱한 것과 같다. 즉 어떤 방향의 벡터의 성분의 크기를 구하기 위해서는 그 방향의 단위 벡터를 곱하면 되므로

$$\begin{aligned}\vec{C} &= \hat{b}|\vec{A}|\cos\theta \\ &= \frac{\hat{b}|\vec{A}||\vec{B}|\cos\theta}{|\vec{B}|} \\ &= (\vec{A}\cdot\vec{B})\frac{\hat{b}}{|\vec{B}|} \\ &= (\vec{A}\cdot\vec{B})\frac{1}{|\vec{B}|}\frac{\vec{B}}{|\vec{B}|} \\ &= (\vec{A}\cdot\vec{B})\frac{\vec{B}}{|\vec{B}|^2}\end{aligned} \tag{1-7}$$

이 된다.

스칼라곱은 스칼라량이며 각의 부호가 반대가 되어도 값이 변하지 않으므로(cosine은 우함수이므로) 교환법칙이 성립한다. 즉,

$$\vec{A} \cdot \vec{B} = \vec{B} \cdot \vec{A} \tag{1-8}$$

로 쓸 수 있다.

그러므로 벡터의 내적을 구할 때 벡터의 순서는 중요하지 않다. 또한

$$\vec{A} \cdot \vec{A} = A^2 \tag{1-9}$$

또는

$$A = |\vec{A}| = \sqrt{\vec{A} \cdot \vec{A}} \tag{1-10}$$

이다.

간단한 예로 일정한 힘 $\vec{F}$가 물체에 작용하여 직선변위 $\vec{L}$을 일으킬 때의 일은 $FL\cos\theta$이며 $\vec{F}$와 $\vec{L}$의 스칼라곱 $\vec{F} \cdot \vec{L}$로 간단하게 표시할 수 있다. 만일 물체가 이동경로상의 위치에 따라 작용하는 힘이 다른 경우에는 전체 모멘트를 구하기 위해서는 적분을 해야 하며,

$$\text{모멘트} = \int \vec{F} \cdot d\vec{L} \tag{1-11}$$

로 표시될 수 있다.

2개의 벡터가 3차원공간에 있을 때는 벡터 사이의 각을 구하기 위해서는 먼저 각 벡터를 직각좌표계의 성분 벡터로 표시하여 두 벡터의 스칼라곱을 구한다.

즉,

$$\vec{A} = A_x\hat{x} + A_y\hat{y} + A_z\hat{z} \tag{1-12}$$

$$\vec{B} = B_x\hat{x} + B_y\hat{y} + B_z\hat{z} \tag{1-13}$$

로 표시해서 스칼라곱을 구한다.

이 스칼라곱은 우선 분배법칙을 써서 9개항의 스칼라곱으로 표현하는데, 직각좌표계에서는 서로 다른 단위벡터는 직교(直交)하므로 $\cos 90^\circ = 0$이 된다.

$$\hat{x} \cdot \hat{y} = \hat{y} \cdot \hat{z} = \hat{x} \cdot \hat{z} = \hat{z} \cdot \hat{x} = \hat{y} \cdot \hat{z} = \hat{z} \cdot \hat{y} = 0 \tag{1-14}$$

따라서 나머지 3개항은 같은 성분 벡터의 스칼라곱이 된다. 이때 2개의 같은 단위 벡터의 스칼라곱은 1이 되므로

$$\hat{x}\cdot\hat{x}=\hat{y}\cdot\hat{y}=\hat{z}\cdot\hat{z}=1 \tag{1-15}$$

이 된다.

따라서 두 벡터의 내적은

$$\vec{A}\cdot\vec{B}=A_xB_x+A_yB_y+A_zB_z \tag{1-16}$$

이 된다.

한편, 두 벡터 사이의 각은 식(1-16)으로부터

$$\cos\theta=\frac{A_xB_x+A_yB_y+A_zB_z}{|\vec{A}||\vec{B}|} \tag{1-17}$$

으로 표현된다.

예제 1-7 $\vec{A}=5\hat{x}-2\hat{y}-3\hat{z}$, $\vec{B}=2\hat{x}+2\hat{y}-\hat{z}$이다. 이때 (a) $\vec{A}\cdot\vec{B}$ (b) $\vec{A}$의 $\vec{B}$방향의 스칼라 성분과 단위벡터를 구하라.

〈풀이〉 (a) $\vec{A}\cdot\vec{B}=(5\hat{x}-2\hat{y}-3\hat{z})\cdot(2\hat{x}+2\hat{y}-\hat{z})=9$

(b) $|\vec{A}|\cos\theta=\dfrac{\vec{A}\cdot\vec{B}}{|\vec{B}|}=\dfrac{(5\hat{x}-2\hat{y}-3\hat{z})\cdot(2\hat{x}+2\hat{y}-\hat{z})}{\sqrt{2^2+2^2+(-1)^2}}$

그리고 $\vec{A}$의 $\vec{B}$방향의 단위벡터는

$$\hat{b}=\frac{\vec{B}}{|\vec{B}|}=\frac{2\hat{x}+2\hat{y}-\hat{z}}{3}=\frac{2}{3}\hat{x}+\frac{2}{3}\hat{y}-\frac{1}{3}\hat{z}$$

예제 1-8 $\vec{A}=4\hat{x}-3\hat{y}+\hat{z}$, $\vec{B}=-3\hat{x}+2\hat{y}+8\hat{z}$이다. (a) $\vec{A}$의 $\vec{B}$방향의 스칼라 성분 (b) $\vec{B}$의 $\vec{A}$방향의 스칼라 성분을 구하라.

〈풀이〉 (a) $\vec{A}\cdot\dfrac{\vec{B}}{|\vec{B}|}=-\dfrac{10}{\sqrt{77}}$

(b) $\vec{B}\cdot\dfrac{\vec{A}}{|\vec{A}|}=-\dfrac{10}{\sqrt{26}}$

5 벡터곱

두 벡터 $\vec{A}$, $\vec{B}$의 벡터곱 또는 외적(Vector Product or Cross Product)은 $\vec{A}\times\vec{B}$로 표기하며 "$\vec{A}$ 크로스 $\vec{B}$"라고 읽는다. $\vec{A}\times\vec{B}$는 벡터로서 그 크기는 $\vec{A}$와 $\vec{B}$로 결정되는 평행사변형의 면적 $|\vec{A}||\vec{B}|\sin\theta$, 방향은 $\vec{A}$에서 $\vec{B}$로 돌릴 때 나사가 진행하는 방향이 되며 다음과 같이 표현된다.

$$\vec{A}\times\vec{B}\equiv\hat{n}|\vec{A}||\vec{B}|\sin\theta_{AB} \tag{1-18}$$

$\hat{n}$은 두 벡터 $\vec{A}$, $\vec{B}$가 구성하는 평면에 수직한 방향의 단위 벡터이다.($\hat{n}=\hat{a}\times\hat{b}$)

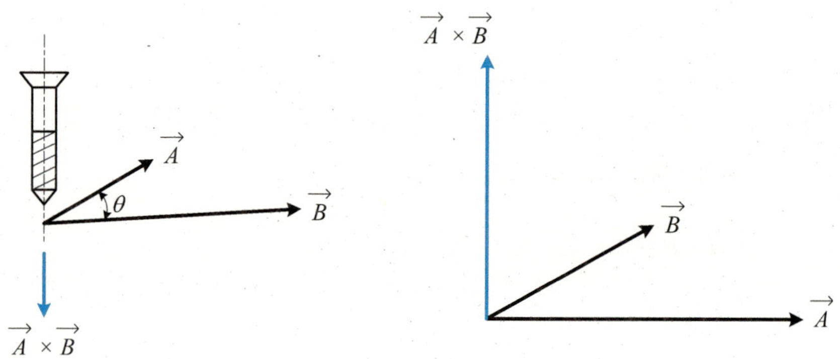

[그림 1-5] 벡터 곱

이 때 $\hat{n}$의 방향은 오른손 법칙(right-handed rule)을 따른다. 즉 $\vec{A}$에서 $\vec{B}$ 방향으로 오른손 나사를 돌릴 때, 나사가 진행하는 방향이다. 따라서 $\vec{A}$에서 $\vec{B}$ 방향으로 오른손 네 손가락을 거머쥐었을 때, 엄지의 방향이다.

위 정의에 따라 벡터곱에서는 $\vec{A}$와 $\vec{B}$를 곱하는 순서를 바꾸면 $\vec{B}\times\vec{A}=-(\vec{A}\times\vec{B})$가 되며, 스칼라곱과 달리 교환법칙이 성립하지 않는다(sine 함수는 기함수이다). 그리고 $\vec{A}\times\vec{B}-0$이면 $\vec{A}-0$ 또는 $\vec{B}=0$이거나 $\sin\theta=0$ 즉 $\vec{A}//\vec{B}$이다.

이 벡터곱을 직각좌표계에 적용해서 표현하면 다음과 같다.

$$\begin{aligned}\vec{A}\times\vec{B} &= A_xB_x\,\hat{x}\times\hat{x}+A_xB_y\,\hat{x}\times\hat{y}+A_xB_z\,\hat{x}\times\hat{z}\\ &\quad+A_yB_x\,\hat{y}\times\hat{x}+A_yB_y\,\hat{y}\times\hat{y}+A_yB_z\,\hat{y}\times\hat{z}\\ &\quad+A_zB_x\,\hat{z}\times\hat{x}+A_zB_y\,\hat{z}\times\hat{y}+A_zB_z\,\hat{z}\times\hat{z}\end{aligned} \tag{1-19}$$

가 되고 같은 단위 벡터 사이의 각은 0°이므로

$$\hat{x}\times\hat{x} = \hat{y}\times\hat{y} = \hat{z}\times\hat{z} = 0 \tag{1-20}$$

단위 벡터들을 일렬로

$$\hat{x}\rightarrow\hat{y}\rightarrow\hat{z}\rightarrow\hat{x}\rightarrow\hat{y}\rightarrow\hat{z}\rightarrow\cdots \tag{1-21}$$

와 같이 나열하면, 오른쪽으로 연속한 두 벡터를 벡터 곱하면, 바로 다음에 오는 단위 벡터의 (+)가 되며, 왼쪽으로 연속한 두 벡터를 벡터 곱하면 바로 다음에 오는 단위 벡터의 (-)가 된다. 따라서 벡터 $\overrightarrow{A}$와 벡터 $\overrightarrow{B}$의 벡터 곱은 다음과 같이 표현된다.

$$\begin{aligned}\overrightarrow{A}\times\overrightarrow{B} &= (A_yB_z - A_zB_y)\hat{x} + (A_zB_x - A_xB_z)\hat{y} + (A_xB_y - A_yB_x)\hat{z} \\ &= \begin{vmatrix} \hat{x} & \hat{y} & \hat{z} \\ A_x & A_y & A_z \\ B_x & B_y & B_z \end{vmatrix}\end{aligned} \tag{1-22}$$

벡터곱을 이용하여 스칼라 3중곱을 구하면 다음과 같다.

$$\begin{aligned}\overrightarrow{A}\cdot(\overrightarrow{B}\times\overrightarrow{C}) &= (A_x\hat{x} + A_y\hat{y} + A_z\hat{z})\cdot\begin{vmatrix} \hat{x} & \hat{y} & \hat{z} \\ B_x & B_y & B_z \\ C_x & C_y & C_z \end{vmatrix} \\ &= \begin{vmatrix} A_x & A_y & A_z \\ B_x & B_y & B_z \\ C_x & C_y & C_z \end{vmatrix} \\ &= \overrightarrow{B}\cdot(\overrightarrow{C}\times\overrightarrow{A}) \\ &= \overrightarrow{C}\cdot(\overrightarrow{A}\times\overrightarrow{B}) \\ &= -(\overrightarrow{A}\times\overrightarrow{C})\cdot\overrightarrow{B} \\ &= -(\overrightarrow{B}\times\overrightarrow{A})\cdot\overrightarrow{C}\end{aligned} \tag{1-23}$$

식(1-23)에서 벡터 곱 $\overrightarrow{B}\times\overrightarrow{C}$의 크기는 벡터 $\overrightarrow{B}$와 $\overrightarrow{C}$가 이루는 평행사변형의 면적 $BC\sin\alpha$와 같고, 방향은 $\hat{n}$으로 B, C를 포함하는 평면에 대한 법선방향의 단위벡터이다. 한편, $\overrightarrow{A}\cdot\hat{n}$은 벡터 $\overrightarrow{A}$, $\overrightarrow{B}$, $\overrightarrow{C}$에 의해 형성된 평행사변형에서의 높이와 수치적으로 같으며, 스칼라 삼중곱은 평행 육면체의 부피와 같다.

이에 대한 여러 가지 연산법칙을 나열하여 보면 다음과 같다.

$$\overrightarrow{A}\times(\overrightarrow{B}\times\overrightarrow{C}) = \overrightarrow{B}(\overrightarrow{A}\cdot\overrightarrow{C}) - \overrightarrow{C}(\overrightarrow{A}\cdot\overrightarrow{B}) \tag{1-24}$$

$$(\overrightarrow{A}\times\overrightarrow{B})\cdot(\overrightarrow{C}\times\overrightarrow{D}) = (\overrightarrow{A}\cdot\overrightarrow{C})(\overrightarrow{B}\cdot\overrightarrow{D}) - (\overrightarrow{A}\cdot\overrightarrow{D})(\overrightarrow{B}\cdot\overrightarrow{C}) \tag{1-25}$$

$$(\overrightarrow{A}\times\overrightarrow{B})\times(\overrightarrow{C}\times\overrightarrow{D}) = \overrightarrow{C}\{(\overrightarrow{A}\times\overrightarrow{B})\cdot\overrightarrow{D}\} - \overrightarrow{D}\{(\overrightarrow{A}\times\overrightarrow{B})\cdot\overrightarrow{C}\} \tag{1-26}$$

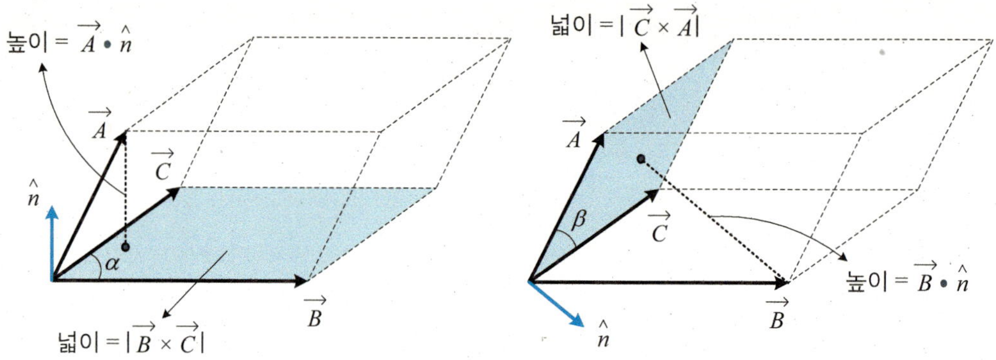

(a) $\vec{A}\cdot(\vec{B}\times\vec{C})$ (b) $\vec{B}\cdot(\vec{C}\times\vec{A})$

[그림 1-6] 스칼라 삼중곱

예제 1-9 $\vec{A}=\hat{x}+2\hat{y}+3\hat{z}$, $\vec{B}=3\hat{x}+4\hat{y}+\hat{z}$일 때 (a) $\vec{A}\times\vec{B}$ (b) $\hat{x}\times\vec{A}$를 구하라.

〈풀이〉 (a) $\vec{A}\times\vec{B}=(\hat{x}+2\hat{y}+3\hat{z})\times(3\hat{x}+4\hat{y}+\hat{z})$

$$=\begin{vmatrix}\hat{x} & \hat{y} & \hat{z}\\ 1 & 2 & 3\\ 3 & 4 & 1\end{vmatrix}$$

$$=\hat{x}(2-12)+\hat{y}(9-1)+\hat{z}(4-6)$$

$$=-10\hat{x}+8\hat{y}-2\hat{z}$$

(b) $\hat{x}\times(\hat{x}+2\hat{y}+3\hat{z})=2\hat{z}-3\hat{y}$

예제 1-10 직각좌표계에서 시점이 $P_1(-2,\ -2,\ 2)$이고 종점이 $P_2(1,\ 2,\ 3)$인 벡터에서 원점에서 선분 $\overline{P_1P_2}$까지의 수직거리를 구하시오.

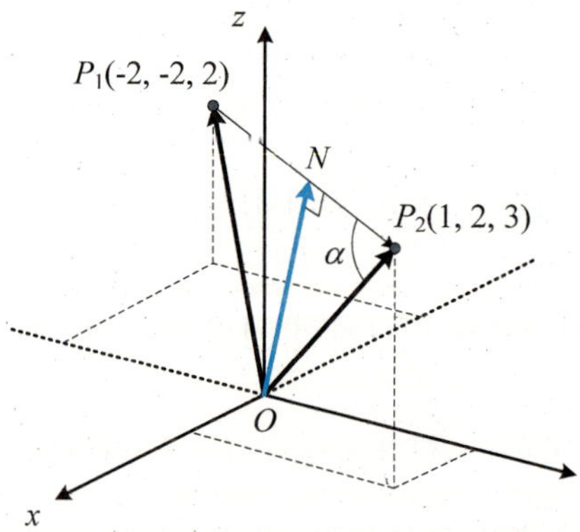

〈풀이〉 $0° \le \alpha \le 90°$이므로

$$|\overrightarrow{ON}||\overrightarrow{P_1P_2}| = |\overrightarrow{OP_2}|\sin\alpha|\overrightarrow{P_1P_2}| = |\overrightarrow{OP_2} \times \overrightarrow{P_1P_2}|$$

그러므로

$$\begin{aligned} |\overrightarrow{ON}| &= \frac{|\overrightarrow{OP_2} \times \overrightarrow{P_1P_2}|}{|\overrightarrow{P_1P_2}|} \\ &= \frac{|(\hat{x}+2\hat{y}+3\hat{z})\times(3\hat{x}+4\hat{y}+\hat{z})|}{\sqrt{3^2+4^2+1^2}} \\ &\simeq \frac{13}{5} \end{aligned}$$

학습활동

직교좌표계

공간상의 한 점의 자계를 해석할 때 최소한 좌표계에 대한 그 점의 위치와 자계의 원천점의 위치를 표시할 필요가 있다. 3차원 공간에서의 한 점의 위치는 세 면의 교차점에 위치한다. 인접한 세 개의 면이 u_1 =상수, u_2 =상수, u_3 =상수로 나타낼 수 있다고 가정하면, u는 반드시 길이로 표시할 필요가 없고 각도로 표시할 수 있다. 이 세 면들이 서로 상호 직교할 때 직교좌표계(Orthogonal Coordinate Systems)라고 한다.

6 직각 좌표계

2차원에서는 어떤 위치를 나타내는데 경도(longitude)와 위도(latitude)를 생각할 수 있지만 고도(altitude)를 생각할 수 없다.

직교 좌표계에서 공간적인 벡터를 표현하려면 일정한 길이, 방향, 각, 좌표축에 투사된 성분들이 제시되어야 한다. 그 방법들 가운데 세 가지 방법을 들 수 있는데 직각 좌표계, 원통 좌표계 그리고 구 좌표계이다. 특히 간편한 방법이 직각 좌표계인데 먼저 직각 좌표계를 소개한 뒤 이에 대한 확장 개념인 원통 좌표계와 구 좌표계에 대해서 소개하기로 한다.

직각 좌표계는 3개의 좌표축 x, y, z축을 가지며 이 축들은 서로 직각을 이룬다. 보통 오른손(right-handed) 좌표계를 사용한다. 이 좌표계에서는 오른 나사를 x축에서 y축 방향으로 돌릴 때 나사가 진행하는 방향이 z축방향이 된다.

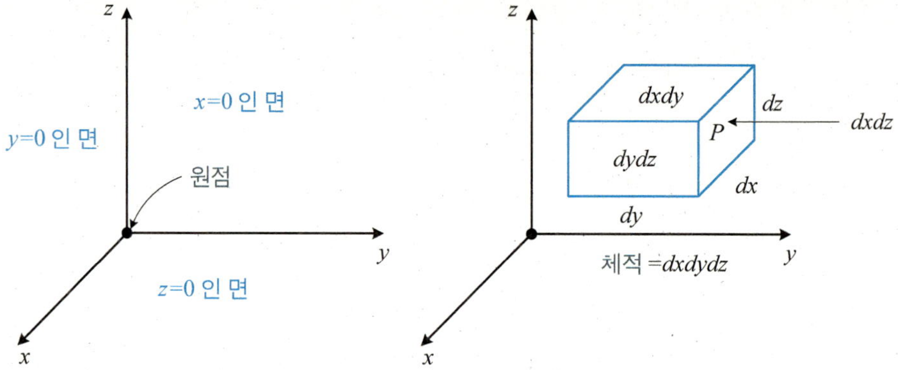

[그림 1–7] 직각 좌표계의 구성요소

[그림 1-7]은 오른손 좌표계를 표시한 것이다. 거리 x, y, z는 임의의 점 P의 위치를 결정한다. 또 각 축 방향의 미소거리, 즉 미소변위가 dx, dy, dz라면 미소 체적소는

$$dv = dxdydz \tag{1-27}$$

이며 각 면의 면적들은 $dxdy$, $dydz$ 및 $dzdx$가 된다.

한편, 스칼라 성분 A_x, A_y, A_z를 가지는 벡터 $\overrightarrow{A}$는 직각좌표계에서 다음과 같이 쓸 수 있다.

$$\overrightarrow{A} = \hat{x}A_x + \hat{y}A_y + \hat{z}A_z \tag{1-28}$$

벡터의 미소길이를 표현하면 다음과 같은 식으로 표현할 수 있다.

$$d\hat{l} = \hat{x}dx + \hat{y}dy + \hat{z}dz \tag{1-29}$$

학습활동

직각좌표계의 활용

직각 좌표계를 활용하는 대표적인 예로는 GPS(Global Positioning System) 측위 시스템인데 인공위성을 이용하여 전 세계적으로 현재의 위치나 시각을 결정한다.

GPS는 정확한 위치를 알고 있는 인공위성에서 발사한 전파를 수신하여 관측점까지 소요 시간을 관측함으로써 관측점의 위치를 구할 수 있는 데 삼각 측량법과 비슷하여 위치가 서로 다른 위성에서 지상의 한 지점에 도달하는 전파의 도달시간 차이를 비교하여 그 위치를 계산한다.

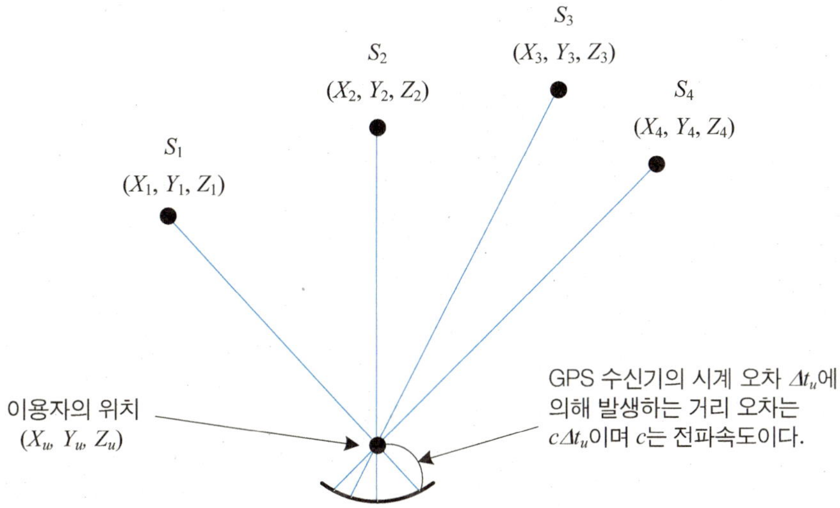

[그림 1-8] GPS의 동작 원리

7 원통 좌표계

일반적으로 직각좌표계로 간단히 표현할 수 없는 특수한 대칭성을 갖는 문제에서는 원통 좌표계를 사용하여 간단히 표현되는 경우가 많다. 원통 좌표계는 구 좌표계에 대응하는 3차원 좌표계라고 할 수 있다. 일반적으로 원통 좌표계는 동축케이블로부터 떨어진 임의의 위치에서의 좌표해석에서 많이 볼 수 있다.

학습활동

동축케이블

왕복 2개의 도체 가운데 하나를 동축으로 하여 그 둘레의 도체가 원통형으로 하여 내부 도체와 외부 도체로 구성된다. 불평형 케이블로서 고주파에서 정전, 전자 차폐가 우수하고 장거리 및 광대역 전송에 적합한 케이블이다.

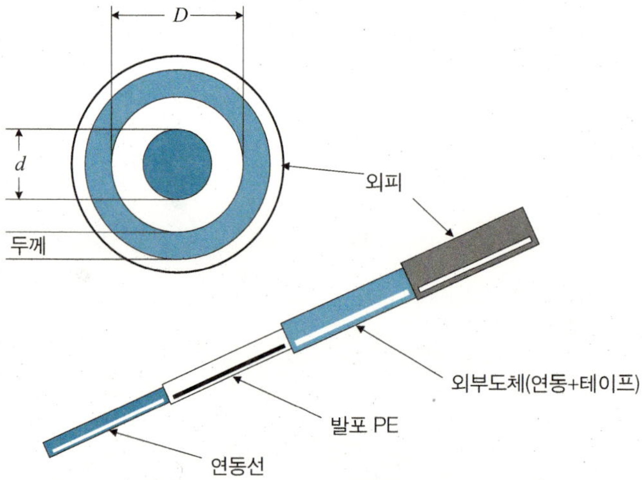

[그림 1-9] 동축 케이블의 구조

원통 좌표계에서는 $r=$일정한 원통면, $\phi=$일정 그리고 $z=$일정인 3개면의 직교면의 교차점이 공간내의 점이다. 이는 직각 좌표계에서 한 점의 위치가 $x=$일정, $y=$일정 그리고 $z=$일정인 3평면의 교차점으로 결정되는 것과 같은 맥락에서 생각할 수 있다.

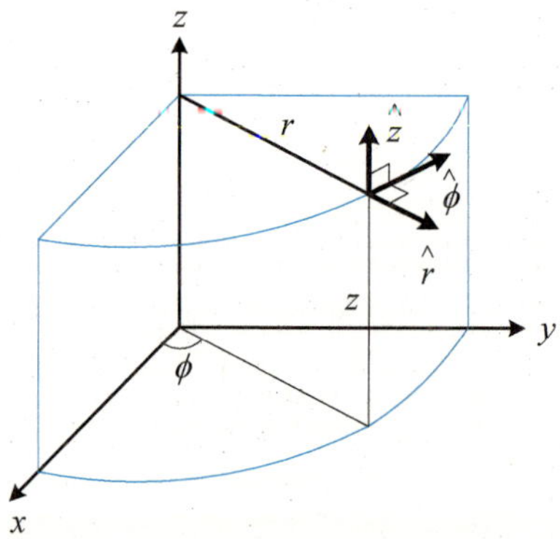

[그림 1-10] 원통좌표계의 구성요소

이 3차원 좌표계인 원통좌표계에서는 극좌표의 r, ϕ 외에 $r=0$인 직선과 직교하는 한 평면을 $z=0$인 평면으로 택하여 이 면으로부터의 거리를 z로 표시해서 3차원 공간내의 점의 위치를 정한다. 여기서 dr, $rd\phi$, dz들은 미소 소자를 표시한다.

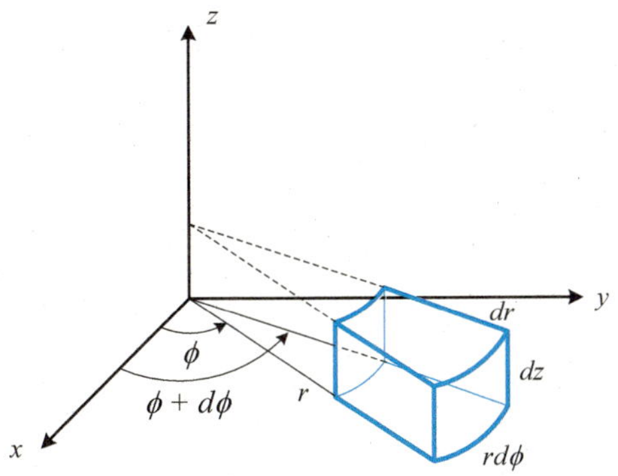

[그림 1-11] 원통좌표계에서의 미소 체적소

다음에 원통좌표계의 3개의 단위벡터를 정해야 한다. 이 좌표계에서는 좌표축이 없기 때문에 직각좌표계처럼 좌표축의 방향과 같은 방향의 단위 벡터를 취할 수는 없다. 그러나 좌표값이 일정한 면에 직각이고 좌표값이 증가하는 방향으로 직각좌표계의 단위 벡터들의 방향을 정의하면 벡터 $\hat{x}$는 $x=$일정한 면에 수직이고 x가 증가하는 방향을 갖는다. 같은 방법으로 원통좌표계에서도 $\hat{r}$, $\hat{\phi}$, $\hat{z}$를 정의할 수 있다.

이 단위 벡터들은 서로 직교성(orthogonality)을 가지며, 각 단위벡터는 서로 직교하는 3면중 자기가 속하는 면과 수직관계를 갖는 특징을 갖는다. 각 단위벡터는 $\hat{r}\times\hat{\phi}=\hat{z}$의 관계가 성립하며 (예를 들면) $\hat{z}$는 $z=$일정한 면에 직각이다.

미소 체적소는 $\hat{r}$, $\hat{\phi}$, $\hat{z}$들을 미소량 dr, $d\phi$, dz만큼 미소 증가시켜서 만들 수 있다. 반경이 r, $r+dr$인 두 원통면, $z=0$와 $z+dz=dz$의 높이에 있는 두 수평면 그리고 $\phi=$일정인 평면에 수직이고 ϕ가 증가하는 방향으로 각도가 각각 ϕ와 $\phi+d\phi$인 두 개의 방사면으로 둘러싸인 작은 체적은 [그림 1-11]과 같이 직육면체의 모양이 된다. 따라서 미소 체적소 각 면의 넓이는 각각 $rdrd\phi$, $drdz$ 및 $rd\phi dz$으로 된다.

원통좌표계에서 미소 길이에 대한 벡터는 세 좌표에 대한 미소 길이 변화의 벡터 합으로 다음과 같이 표현할 수 있다.

$$d\hat{l}=\hat{r}dr+\hat{\phi}rd\phi+\hat{z}dz \qquad (1\text{-}30)$$

원통좌표계에서의 벡터 $\vec{A}$는 스칼라 성분 A_r, A_ϕ, A_z를 가지는 데 다음과 같이 표현할 수 있다.

$$\vec{A} = \hat{r}A_r + \hat{\phi}A_\phi + \hat{z}A_z \tag{1-31}$$

한편, 체적소는 세 좌표의 방향에서 미소 길이의 변화에 대한 곱이다. 원통좌표계에서는 다음과 같이 표현할 수 있다.

$$dv = rdrd\phi dz \tag{1-32}$$

원통좌표계는 무한장 선전하 또는 전류 문제를 풀 때 그리고 원통 모양의 경계면이 존재할 때 사용되는 중요한 좌표계이다.

예제 1-11 원통좌표계에서 $\vec{F} = 2r\sin\phi\hat{r} + \cos\phi\hat{\phi}$인 벡터가 있다. $r = 2$일 때 ϕ가 0°, 90°, 180°, 270° 인 위치에서 $\vec{F}$의 크기 및 각 벡터의 방향을 구하시오.

〈풀이〉 $r = 2$이므로 $\vec{F} = 4\sin\phi\hat{r} + \cos\phi\hat{\phi}$

$\phi = 0^\circ$일 때 $\vec{F} = \hat{\phi}$, $\phi = 90^\circ$일 때 $\vec{F} = 4\hat{r}$,

$\phi = 180^\circ$일 때 $\vec{F} = -\hat{\phi}$, $\phi = 270^\circ$일 때 $\vec{F} = -4\hat{r}$

여기서 $\phi = 0^\circ$ 또는 $\phi = 180^\circ$ 일 때 $|\vec{F}| = 1$이며, $\phi = 90^\circ$ 또는 $\phi = 270^\circ$일 때 $|\vec{F}| = 4$로 나타내며 각 벡터의 방향은 각각 유일한 단위벡터만을 가지고 있으므로 한 곳을 향한다.

예제 1-12 $\vec{F} = -\sin\phi\hat{x} + 2\cos\phi\hat{y}$일 때 $\int_0^{2\pi} \vec{F}\sin\phi d\phi$를 구하시오.

〈풀이〉

$$\int_0^{2\pi} \sin\phi(-\sin\phi\hat{x} + 2\cos\phi\hat{y})d\phi = \int_0^{2\pi}(-\sin^2\phi)\hat{x}d\phi + \int_0^{2\pi} 2\sin\phi\cos\phi\hat{y}d\phi$$

$$= -\frac{2\pi}{2}\hat{x} = -\pi\hat{x}$$

8 구 좌표계

직각좌표계나 원통좌표계에서 보는 측면과 달리 구좌표계에서 주어진 좌표 값을 표현하는 방법이 있다.

첫 번째 좌표는 R로서 $R=$일정인 면이 구면이 되도록 원점으로 부터 어느 한 점까지의 거리를 R로 놓는다.

둘째 좌표는 θ로서 z축 상에서의 점과 원점을 연결하는 직선사이의 각을 표시하며 $\theta=$일정인 면은 원추면이 되고 이 원추면과 $R=$일정인 구면들은 이 두면이 교차하는 곡선상의 모든 점에서 직교한다. 이 두면의 교차선인 원의 반경은 $R\sin\theta$가 된다.

셋째 좌표는 ϕ로서 $z=0$인 평면에 투사한 선과 x축 사이의 각을 표시한다. 그러므로 구좌표계에서는 공간 중의 어느 한 점을 위에서 설명한 서로 직교하는 세 면(구면, 원추면, 평면)의 교차점으로 표시할 수 있다.

단위 벡터들을 도시하여 보면 [그림 1-12]과 같은데 이 단위 벡터들이 서로 직교하고 $\hat{R}\times\hat{\theta}=\hat{\phi}$인 관계가 성립하도록 좌표계가 오른손 구좌표계로 가정하며 각각 R, ϕ, z가 증가하는 방향을 가리키게 된다.(이와 대응하는 원통좌표는 r, ϕ, z이고 직각좌표는 x, y, z가 된다)

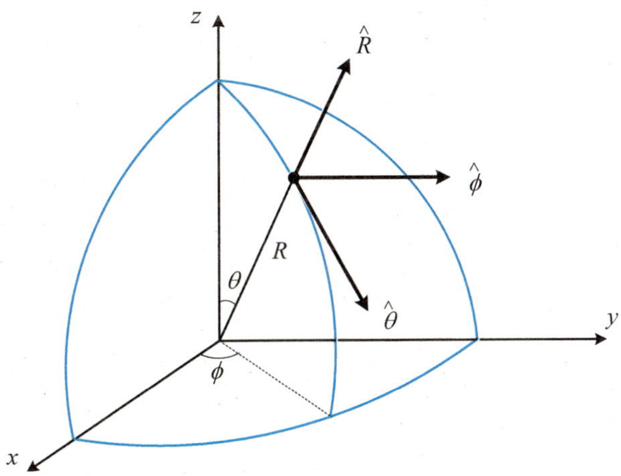

[그림 1-12] 구좌표계에서의 단위 벡터

[그림 1-12]의 좌표계는 오른손 구좌표계이며 오른손의 엄지손가락, 집게손가락 및 가운데 손가락들이 각각 R, θ, ϕ가 증가하는 방향을 가리키게 된다.(이와 대응하는 원통좌표는 r, ϕ, z이고 직각좌표는 x, y, z가 된다.)

구좌표계에서의 미소체적소는 R, θ, ϕ를 각각 dR, $d\theta$, $d\phi$만큼씩 증가시킴으로써 만들 수 있다. 이 미소체적소를 이루는 반경이 R, $R+dR$인 두 구면사이의 거리는 dR이며 좌표가 θ, $\theta+d\theta$인 두 원추면사이의 거리는 $Rd\theta$이다. 또한 좌표가 각각 ϕ, $\phi+d\phi$인 두 면 사이의 거리는 $R\sin\theta d\phi$가 되며 이 체적소의 면들의 면적은 각각 $RdRd\theta$, $R\sin\theta dRd\phi$, $R^2\sin\theta d\theta d\phi$, 체적은 $R^2\sin\theta dRd\theta d\phi$가 된다.

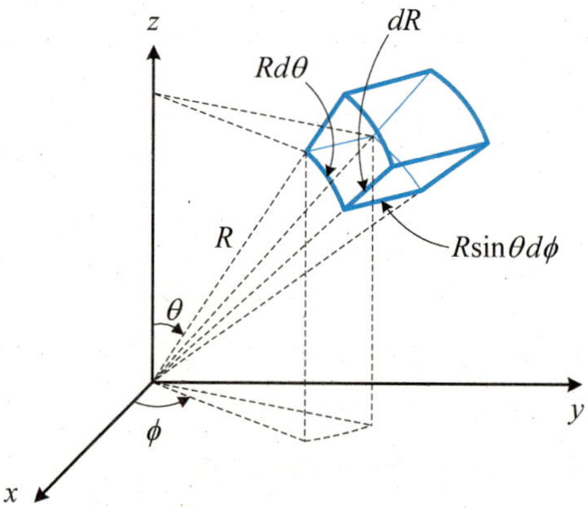

[그림 1-13] 구좌표계에서의 미소 체적소

구좌표계에서의 벡터는

$$\vec{A} = \hat{R}A_R + \hat{\theta}A_\theta + \hat{\phi}A_\phi \tag{1-33}$$

이며 일반적인 미소길이의 벡터에 대한 식은

$$d\vec{l} = \hat{R}dR + \hat{\theta}Rd\theta + \hat{\phi}R\sin\theta d\phi \tag{1-34}$$

로 표현된다.

9 좌표계 변환

공간에 주어진 한 점 P를 직각 좌표계로 나타낸 점 $P(x,\ y,\ z)$와 원통좌표계로 나타낸 점 $P(r,\ \phi,\ z)$의 좌표끼리는 일정한 변환 관계가 있다. 공간에 한 점 P가 주어져 있을 때,

직각 좌표계로 나타낸	$P(x,\ y,\ z)$
원통 좌표계로 나타낸	$P(r,\ \phi,\ z)$
구 좌표계로 나타낸	$P(R,\ \theta,\ \phi)$

의 좌표변수끼리는 서로서로 일정한 변환관계가 있다.

한 벡터의 특정방향 성분은 그 벡터와 특정방향의 단위벡터와의 내적을 취함으로써 표현할 수 있는 데 예를 들면 직각좌표계의 벡터 성분으로부터 원통좌표계의 벡터 성분으로 다음과 같이 변환할 수 있다.

$A_r = \vec{A} \cdot \hat{r},\quad A_\phi = \vec{A} \cdot \hat{\phi},\quad A_z = \vec{A} \cdot \hat{z}$는 각각

$$A_r = (\hat{x}A_x + \hat{y}A_y + \hat{z}A_z) \cdot \hat{r} \tag{1-35}$$

$$A_\phi = (\hat{x}A_x + \hat{y}A_y + \hat{z}A_z) \cdot \hat{\phi} \tag{1-36}$$

$$A_z = (\hat{x}A_x + \hat{y}A_y + \hat{z}A_z) \cdot \hat{z} \tag{1-37}$$

로 표현되며

$$\hat{x} \cdot \hat{r} = \cos\phi \tag{1-38}$$

$$\hat{y} \cdot \hat{r} = \cos\left(\frac{\pi}{2} - \phi\right) = \sin\phi \tag{1-39}$$

$$\hat{z} \cdot \hat{r} = 0 \ \text{(두 벡터의 직교관계)} \tag{1-40}$$

$$\hat{x} \cdot \hat{\phi} = \cos\left(\frac{\pi}{2} + \phi\right) = -\sin\phi \tag{1-41}$$

$$\left(\phi = \frac{\pi}{2}\text{일 때 } x\text{와 } \phi\text{가 반대방향}\right)$$

$$\hat{y} \cdot \hat{\phi} = \cos\phi \tag{1-42}$$

가 된다.

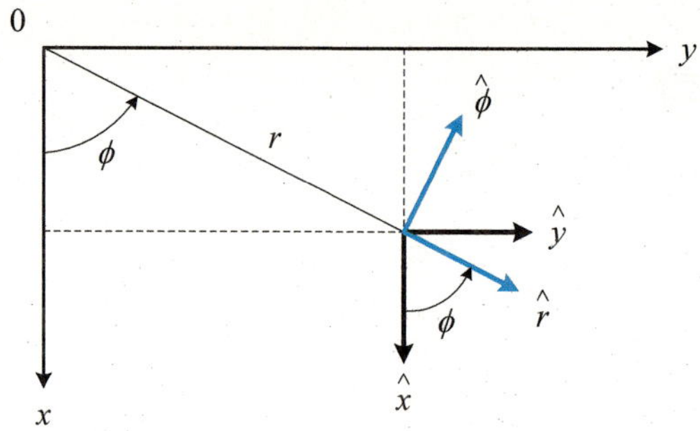

[그림 1-14] 좌표계 사이의 변환

한편, 직각좌표계와 원통좌표계와의 성분 변환을 보면

$$x = r\cos\phi \tag{1-43}$$

$$y = r\sin\phi \tag{1-44}$$

$$z = z \tag{1-45}$$

이며 그 역관계는

$$r = \sqrt{x^2 + y^2} \tag{1-46}$$

$$\phi = \tan^{-1}\frac{y}{x} \tag{1-47}$$

$$z = z \tag{1-48}$$

이다. 구좌표계와의 관계는

$$x = R\sin\theta\cos\phi \tag{1-49}$$

$$y = R\sin\theta\sin\phi \tag{1-50}$$

$$z = R\cos\theta \tag{1-51}$$

로 주어지고 그 역관계는

$$R = \sqrt{x^2 + y^2 + z^2} \tag{1-52}$$

$$\theta = \tan^{-1}\frac{\sqrt{x^2 + y^2}}{z} \tag{1-53}$$

$$\phi = \tan^{-1}\frac{y}{x} \tag{1-54}$$

이다.

예제 1-13 직각 좌표계상의 한 점 $P(1,\ 2,\ 3)$을 각각 원통좌표계 $P(r,\ \phi,\ z)$와 구좌표계 $P(R,\ \theta,\ \phi)$로 나타내시오.

〈풀이〉 원통좌표계 상의 좌표 성분은

$$r = \sqrt{x^2 + y^2} = \sqrt{5}$$

$$\phi = \tan^{-1}\frac{y}{x} = \tan^{-1}2$$

$$z = 3$$

$$\therefore\ P\left(\sqrt{5},\ \tan^{-1}2,\ 3\right)$$

구좌표계 상의 좌표 성분은

$$R = \sqrt{x^2 + y^2 + z^2} = \sqrt{14}$$

$$\theta = \cos^{-1}\frac{z}{R} = \cos^{-1}\frac{3}{\sqrt{14}}$$

$$\phi = \tan^{-1}2$$

이다.

예제 1-14 $\vec{A} = \hat{z}\dfrac{1}{z}$을 구좌표계로 변환하시오.

〈풀이〉 원통좌표계로부터 구좌표계의 변수 변환은

$$A_R = \frac{1}{z}\hat{z} \cdot \hat{R} = \frac{1}{z}\cos\theta = \frac{1}{R}$$

$$A_\theta = \frac{1}{z}\hat{z} \cdot \hat{\theta} = -\frac{1}{z}\sin\theta = -\frac{1}{R}\tan\theta$$

이므로

$$\vec{A} = \hat{R}\frac{1}{R} - \hat{\theta}\frac{\tan\theta}{R}$$

가 된다.

예제 1-15 다음 벡터를 원통좌표계로 변환하시오.

$$\vec{A} = \hat{x}x + \hat{y}z + \hat{z}\frac{y}{x}$$

〈풀이〉 $x = r\cos\phi$, $z = z$ 그리고 $y = r\sin\phi$에서 $\frac{y}{x} = \tan\phi$를 대입하여 변수변환을 행하면

$$\vec{A} = \hat{x}r\cos\phi + \hat{y}z + \hat{z}\tan\phi$$

한 벡터의 특정 방향 성분은 특정 방향의 단위벡터와 내적을 취하여 표현할 수 있으므로

$$\begin{aligned}\vec{A} &= (A_x\cos\phi + A_y\sin\phi)\,\hat{r} + (-A_x\sin\phi + A_y\cos\phi)\hat{\phi} + A_z\hat{z} \\ &= (r\cos^2\phi + z\sin\phi)\,\hat{r} + (-r\cos\phi\sin\phi + z\cos\phi)\hat{\phi} + \tan\phi\hat{z}\end{aligned}$$

로 표시된다.

학습내용요약

▌벡터의 곱셈연산은 스칼라 연산과는 달리, 내적과 외적 연산방법이 정의된다.

내적	$\vec{A} \cdot \vec{B} = \lvert\vec{A}\rvert\lvert\vec{B}\rvert\cos\theta$ • 내적은 그 결과가 스칼라가 되므로 스칼라적이라고 한다. • 두 벡터 사이의 투영치의 의미를 가진다.
외적	$\vec{A} \times \vec{B} = \hat{n}\lvert\vec{A}\rvert\lvert\vec{B}\rvert\sin\theta_{AB}$ • 외적은 결과가 벡터가 되어 벡터적이라 한다. • 면 벡터의 의미를 가진다.

▌공간벡터를 수식으로 표현하기 위해 직각좌표계, 원통좌표계, 구좌표계가 많이 사용된다.

▌각좌표계 사이의 관계를 통해 필요할 경우 좌표계 변환을 시킬 수 있다.

⇨ 좌표계 사이의 변수 변환

⇨ 좌표계 사이의 성분 변환

연습문제

제 1 장 벡터해석

01 스칼라 곱(Scalar Product)과 벡터 곱(Vector Product)의 차이점에 대하여 설명하라.

02 원점에서 점 $G(2,\ -2,\ -1)$로 향하는 방향의 단위벡터는?

03 속도 $\vec{U} = \hat{x}2y - \hat{y}(2x - 3z - 3) - \hat{z}(3y + 1)[\mathrm{m/sec}]$일 때, 점 $P(2,\ 1,\ -1)$에서의 속도의 크기는?

04 어떤 물체가 $\vec{F} = \hat{x}2 + \hat{y}3 + \hat{z}4$[N]에 의하여 점 $A(1,\ 2,\ 3)$[m]에서 점 $B(3,\ 4,\ 5)$[m]로 이동되었을 때의 일은 몇 [J]인가?

05 $\vec{A} = A_x\hat{x} + 2\hat{y} + 3\hat{k}$, $\vec{B} = -2\hat{x} + \hat{y} + 2\hat{k}$의 두 벡터가 서로 직교한다면 $\vec{A}$의 값은?

06 $\vec{A} = 5\hat{x} - 2\hat{y} + 3\hat{z}$, $\vec{B} = 2\hat{x} + 2\hat{y} - \hat{z}$가 있을 때 $\vec{A}$의 $\vec{B}$방향의 스칼라 성분은?

07 평행 4변형의 대각선 벡터가 $\vec{A}=4\hat{x}+2\hat{y}-3\hat{z}$ 및 $\vec{B}=-2\hat{x}+2\hat{y}+3\hat{z}$로 표시될 때, 두 변을 표시하는 벡터는?

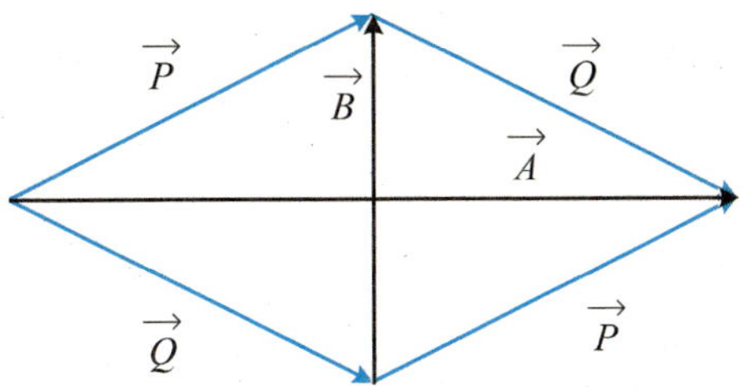

08 $\vec{A}=\hat{x}+2\hat{y}+3\hat{z}$, $\vec{B}=3\hat{x}+2\hat{y}+\hat{z}$일 때 $\vec{A}\times\vec{B}$는?

09 $\vec{r}=\hat{x}x+\hat{y}y+\hat{z}z$일 때 $\nabla\left(\frac{1}{|\vec{r}|}\right)=-\frac{\vec{r}}{|\vec{r}|^3}$임을 증명하라.

10 $\vec{r}\neq 0$, $|\vec{r}|=r=$일정, r의 시간 t에 관한 변화 $\frac{d\vec{r}}{dt}\neq 0$일 때, $\vec{r}$와 $\frac{d\vec{r}}{dt}$사이의 각도는?

Chapter

02

전장

(Static Electric Field)

1. 물질의 구조
2. Coulomb의 법칙
3. 전계강도
4. 다수의 점전하에 의한 전계
5. 무한장 선전하에 의한 전계
6. 무한 평면 전하분포에 의한 전계
7. 전력선 및 전계의 도시법

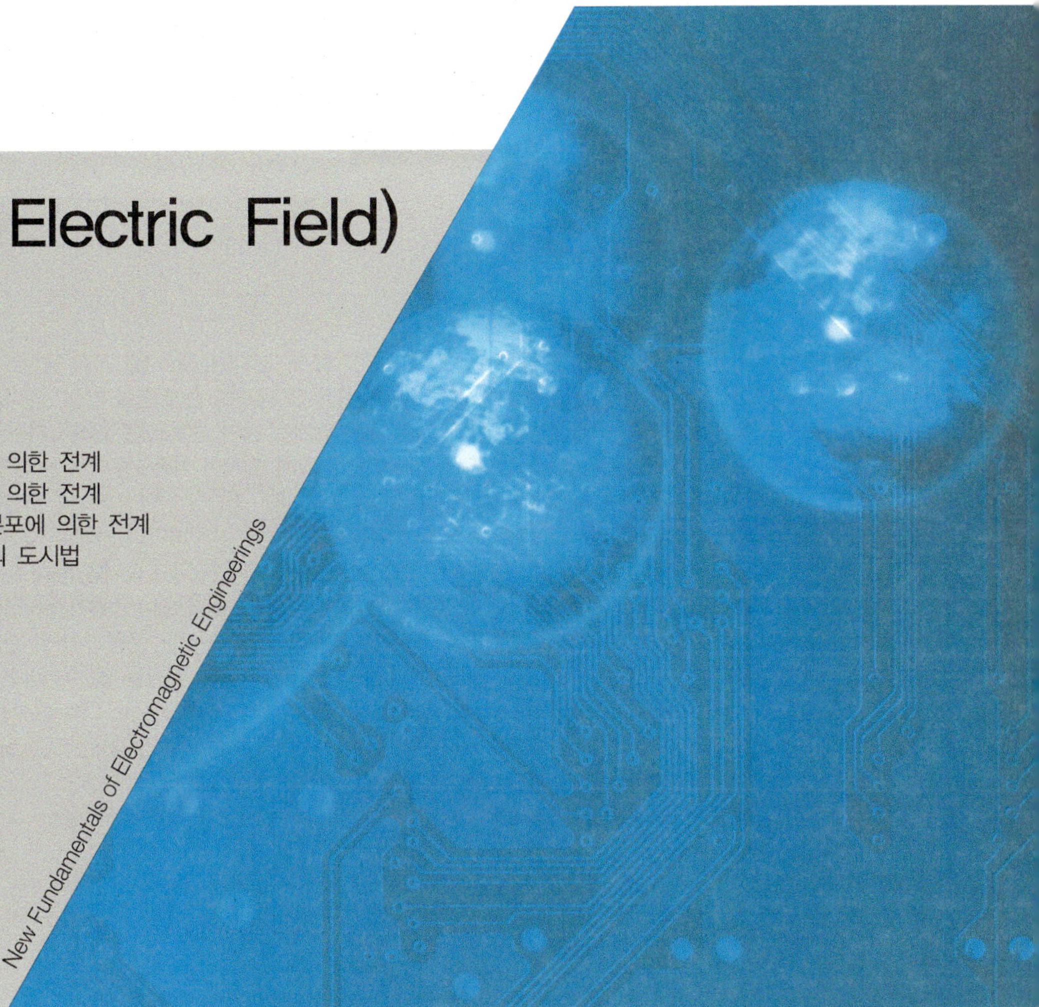

New Fundamentals of Electromagnetic Engineerings

단원개요

우주는 양전기를 띤 양자(proton)와 음전기를 띤 전자(electron)를 가진 물질로 구성되어 있으며, 정전하(靜電荷)와 동전하(動電荷)는 다른 정전하와 동전하 간에 힘을 발생시킨다. 전하의 이동유무 및 이동속도에 따라 주위에 전계, 자계 혹은 전자계 등의 장(field)을 발생시키는 데 전하가 정지해 있으면 정전계, 전하가 일정속도로 움직이면 정자계, 전하가 가속도를 가지면 전자계를 발생시킨다.

특히 정전계는 정전하에 의해 형성되는데 예를 들면, 건조한 방안의 카페트 위를 걸을 때 금속으로 만든 손잡이를 만지면 종종 스파크가 발생한다. 이는 구두 바닥과 카페트 사이의 마찰로 인하여 우리 몸에 생긴 정전하가 손가락 끝 같은 날카로운 곳으로 모이고 대기를 통하여 손잡이로 전달되는 경향이 있기 때문이다. 발생되는 전위차는 수천 볼트 될 수 있으나 전류가 워낙 미세하므로 약간의 놀람 외에는 인체에 크게 영향을 주지 않는다. 또 다른 예로는 운동과 마찰 관계로 인하여 서로 반대 전하가 발생하여 얇은 겉옷이 다른 속옷과 달라붙는 현상을 들 수 있다.

이 장에서는 자유공간(Free Space)에서 정지상태의 전하(Electric Charge)에 의하여 발생되는 전장(Electric Field)에 관하여 살펴본다. 정전하 사이의 작용력을 정의하는 Coulomb 법칙, Gauss법칙과 전속(Electric Flux)의 개념, 전기적인 높이에 해당하는 전위(Electric Potential)와 이 높이의 기울기로 표시되는 전계강도(Electric Filed Density)등에 관하여 설명한다.

학습목표

1. 전하 사이에 작용하는 힘을 정의하는 Coulomb의 법칙을 이해할 수 있다.
2. 단위 전하에 의한 힘으로 정의되는 전계의 개념 및 응용분야를 다룰 수 있다.
3. 전력선 및 전계의 도시법을 다루어 개념을 이해할 수 있다.

1 물질의 구조

한 개의 원자는 자연 원소의 가장 작은 단위로서, 이 원소는 아주 많은 같은 종류의 원자로 구성된 물질이다. 이들 원소의 결합을 화합물(compound)이라 하며, 화합물의 가장 작은 단위를 분자(molecule)라고 한다. 이 때 원자는 분자를 구성하고 있는 원소의 가장 작은 단위이다.

이 때 전자가 떨어져 나간 원자를 양전하라고 하며, 전자가 추가로 들어온 원자를 음전하라고 한다. 같은 극성의 전하끼리는 서로 반발하며 다른 극성의 전하끼리는 서로 흡인한다.

한편, 핵으로부터 멀리 떨어진 외각에 있는 가전자는 원자에 대해 느슨한 결합상태를 유지하고 있다. 이러한 전자는 외부에서 어떤 힘이 작용하게 되면 외각에서 쉽게 이탈하는 자유전자(Free Electron)가 된다.

전하량을 나타내기 위해서 Coulomb(이하 C라고 표현한다)이라는 단위를 사용하는 데 전자 1개의 전하량은 $e = 1.602 \times 10^{-19}$[C]이므로 1[C]의 전하에는 6.24×10^{18}개의 전자가 존재한다. 이러한 전하의 전하량을 계산하기 위해서는 다음과 같은 공식을 사용한다.

$$\text{전하량, } Q = \frac{\text{전자의 총수}(n)}{6.24 \times 10^{18}\text{개}} \qquad (2\text{-}1)$$

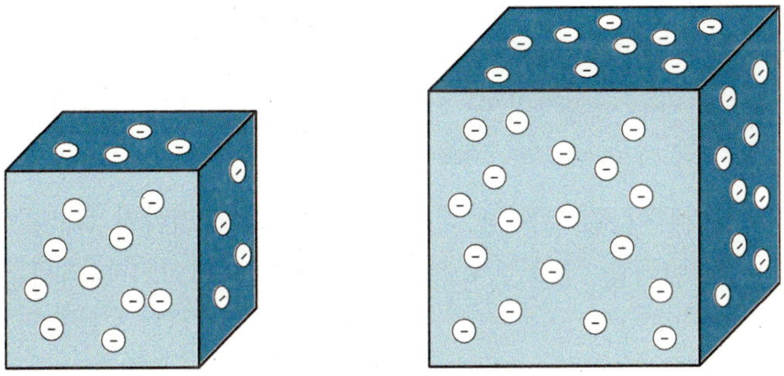

(a) 6.24X10[18]개의 전자 = 1C의 전하 (b) 12.48X10[18]개의 전자 = 2C의 전하

[그림 2-1] 전하량의 개념

전하량은 전하의 정적(static)인 양이지만 운동 상태일 경우 단위시간당 흐르는 전자수인 전류가 흐르며 단위는 암페어(A)이다. 정의에 의하면 6.24×10^{18}개의 전자(1C)가 1초 동안에 도체의 한 점을 통과할 때 1[A]의 전류가 흐른다. 공식으로 표시하면 다음과 같다.

$$\text{전류}(I)[\text{A}] = \frac{\text{전하량}(Q)[\text{C}]}{\text{시간}(t)[\text{sec}]} \qquad (2\text{-}2)$$

예제 2-1 금속 도체에 3.75×10^{19}개의 전자가 있다면 도체 내의 전하량은 몇 Coulomb인가?

〈풀이〉 $$Q=\frac{n}{6.24\times10^{18}}=\frac{3.75\times10^{19}}{6.24\times10^{18}}=6[\mathrm{C}]$$

따라서 도체에는 총 6[C]의 전하가 존재한다.

예제 2-2 5×10^{19}개의 전자가 4초 동안에 도체 내의 한 점을 통과하였다면 전류는?

〈풀이〉 $$I=\frac{Q}{t}=\frac{\frac{n}{6.24\times10^{18}}}{t}=\frac{\frac{5\times10^{19}}{6.24\times10^{18}}}{4}=\frac{8}{4}=2[\mathrm{A}]$$

즉, 2[A] 또는 12.48×10^{18}개의 전자가 매 초당 도체의 한 지점을 통과하는 것을 의미한다.

2 Coulomb의 법칙

충분히 말린 유리 막대와 가죽을 서로 마찰해도 이 유리막대와 가죽은 어느 것이나 종이 조각과 같은 가벼운 물체를 흡인하며 이 현상의 원인을 전기라고 하는데 특히 마찰 전기(Tribo Electricity)라 부른다. 이 마찰 전기는 가죽, 털, 유리, 무명 그리고 물과 기름 등 기타 임의의 두 물체 사이에도 일어남이 영국 여왕 직속으로 있었던 물리학자 Gilbert에 의해 실험되어 증명되었는데 이 마찰 전기를 가진 도체의 대전 상태를 유지되기 위해서는 이것을 절연시켜 주어야 한다.

그 후 프랑스 육군 대령 Coulomb은 1785년 특수 고안된 비틀림 저울을 사용하여 일련의 정밀한 실험을 통하여 정전기를 띠고 있는 두 물체(이하 점전하(Point Charge)라 함)간에 작용하는 힘을 정량(正量)적으로 측정하여 다음과 같은 법칙을 얻었다.

① 두 개의 점전하 사이에 작용하는 힘의 방향은 두 개의 점전하를 연결한 직선상에 존재한다.
② 두 개의 점전하 사이에 작용하는 힘은 두 전하량의 곱에 비례하고, 전하 사이의 거리의 제곱에 반비례한다.
③ 같은 종류의 점전하 사이에는 반발력이 작용하고, 다른 종류의 점전하 사이에는 흡인력이 존재한다.

예제 2-5 10^{-6}[C]의 전하와 10^{-4}[C]의 전하를 진공 중에서 30[cm] 떨어지게 해 두면 얼마의 정전력이 작용하는가?

〈풀이〉

$$|\vec{F}| = 9\times10^{9}\times\frac{10^{-6}\times10^{-4}}{0.3^2} = 10[\mathrm{N}]$$

즉, 크기는 10[N]이고 (+)부호에 의해 두 전하가 반발력을 가지고 있다는 것을 알 수 있다.

3 전계강도(전계의 세기, Electric Field Intensity)

한 대전체가 있을 때 가까이에 다른 대전체를 가져가면 이 대전체에 Coulomb의 법칙에 따라 힘이 작용한다. 이 사실은 한 질량체 근처에 중력장의 범위가 형성되는 것처럼 한 대전체 근처에는 전기력이 작용하는 범위가 형성되기 때문인데 이 전기적 세력이 미치는 영역을 전계(Electric Field)라고 하며 특히 전하가 정지해 있을 때의 전계를 정전계(Electrostatic Field)라고 한다. 이 정전계는 자계나 중력장과 같이 벡터장이다.

전계의 모양은 시험전하(Test Charge)에 작용하는 힘을 가지고 알아내는데, 일반적으로 대전체 주위의 전계 내에 전하 또는 도체를 가져갈 때에는 정전유도에 의하여 대전체상의 전하분포를 변화시키기 때문에 전계의 모양이 변한다.

지금 양전하 Q_1이 원점에 고정되어 있다고 할 때 다른 양전하 Q_2가 Q_1에 접근함에 따라 Q_2는 힘을 받는다. 이 힘은 원점으로부터 방사상으로 나가는 방향을 갖고 또 Q_2가 Q_1에 접근할 수 있도록 또 Q_1이 큰 값일수록 증가하게 된다.

시험전하 Q_2가 (+)값을 가진 단위 전하라고 가정하면 전계내의 한 점에 (+)값을 가진 단위 시험 전하를 놓았을 때 이 전하가 받은 힘의 방향 및 크기를 전계강도(또는 간단히 전계)로 정의한다.

그러므로 식(2-4)로부터 전계강도는

$$\vec{E} = \frac{\vec{F}}{Q_2} = \hat{R}\frac{Q_1}{4\pi\epsilon R^2} \qquad (2\text{-}5)$$

같이 표현된다. 이 때 전계강도의 단위는 [V/m]로 정의된다.

만일 전하 Q_1가 좌표계의 원점에 위치하지 않는다면 전계 $\vec{E}$가 존재하는 점의 위치와 전하의 위치를 반영하기 위해 단위벡터 $\hat{R}$과 거리 S의 적절한 변화가 필요하다.

[그림 2-4] (b)에서 보인 것처럼 Q_1의 위치벡터를 $\vec{S'}$으로 하고 P점의 위치벡터를 $\vec{S}$이라 하면 P점의 전계강도 $\overrightarrow{E_P}$는 식(2-5)로부터

$$\overrightarrow{E_P} = \hat{R}_{Q_1P}\frac{Q_1}{4\pi\epsilon_0\left|\vec{S}-\overrightarrow{S'}\right|^2} \quad (2\text{-}6)$$

이다. 여기서 $\hat{R}_{Q_1P}$는 전하 Q_1으로부터 P까지 단위 벡터이다.

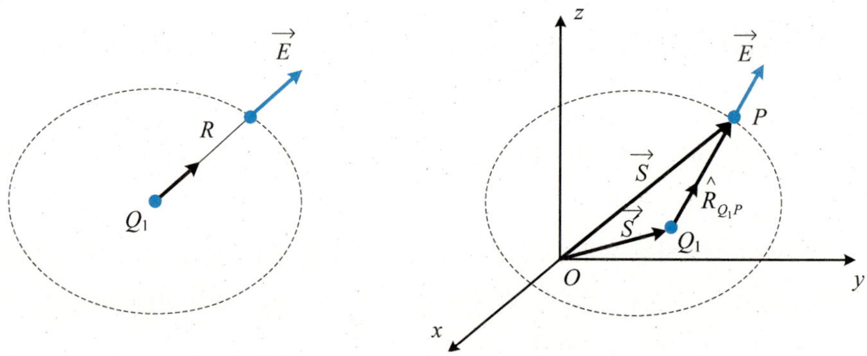

(a) 원점에 있는 점전하 (b) 원점이 아닌 곳에 있는 점전하

[그림 2-4] 점전하에 의한 전계강도

한편, Q_1의 위치가 구좌표계의 중심에 있다고 가정하면 이것을 직각 좌표계에서 구현하여 본다.

원점으로부터 어느 한 점까지의 거리를 S이라고 할 때 방향성분을 표시하면

$$\vec{S} = \hat{x}x + \hat{y}y + \hat{z}z \quad (2\text{-}7)$$

로 된다. 이때 단위벡터는

$$\vec{R} = \frac{(\hat{x}x + \hat{y}y + \hat{z}z)}{\sqrt{x^2+y^2+z^2}} \quad (2\text{-}8)$$

이 되어

$$\vec{E}=\frac{Q}{4\pi\epsilon(x^2+y^2+z^2)}\left(\frac{x}{\sqrt{x^2+y^2+z^2}}\hat{x}+\frac{y}{\sqrt{x^2+y^2+z^2}}\hat{y}+\frac{z}{\sqrt{x^2+y^2+z^2}}\hat{z}\right) \tag{2-9}$$

으로 표현된다.

예제 2-6 음의 점전하 $10[\mathrm{nC}]$이 공기 중의 직각좌표계의 원점에 있다고 한다. 원점에서 $+x$방향으로 $3[\mathrm{m}]$ 떨어진 곳의 전계는?

〈풀이〉 $$\vec{E}=\hat{x}\frac{-10\times10^{-9}}{4\pi\times\frac{10^{-9}}{36\pi}\times3^2}=-\hat{x}10[\mathrm{V/m}]$$

예제 2-7 질량이 $m=10^{-10}[\mathrm{kg}]$이고, 전하량이 $q=10^{-8}[\mathrm{C}]$인 입자가 전계 내에 놓여 있다. 이 입자는 $\hat{a}=10^2\hat{x}+10^3\hat{y}$의 가속도를 갖는 것으로 관측되었다면 입자가 놓여 있는 곳의 전계 $\vec{E}$는 어떻게 되는가?

〈풀이〉 전계 $\vec{E}$에 대해 이 입자가 미치는 힘 $\vec{F}$는

$$\vec{F}=q\vec{E}=ma$$

이므로 $$\vec{E}=\frac{m}{q}\hat{a}=\vec{x}+10\vec{y}[\mathrm{V/m}]$$

예제 2-8 자유공간에서 $1[\mathrm{C}]$의 양전하가 반경 $R_1=10[\mathrm{cm}]$의 체적을 갖는 구에 균일하게 분포되어 있을 때 구 외부와 내부에서 $\vec{E}$를 구하시오.

〈풀이〉 구 외부($R\geq R_1$)에서

$$\vec{E}=\hat{R}\frac{Q}{4\pi\epsilon_0R^2}=\hat{R}9\times10^9\times\frac{1}{R^2}$$

구 내부 ($R<R_1$)에서

$$\vec{E}=\hat{R}\frac{Q_i}{4\pi\epsilon_0R^2}\text{ 에서 }Q_i=\left(\frac{R}{R_1}\right)^3Q,$$

$$\therefore E_i=\hat{R}\frac{QR}{4\pi\epsilon_0R_1^3}=\hat{R}9\times10^{12}R$$

예제 2-9 다음과 같은 정전 편향계에서 가속 전압을 V_a라고 하면 변위 y를 구하시오.

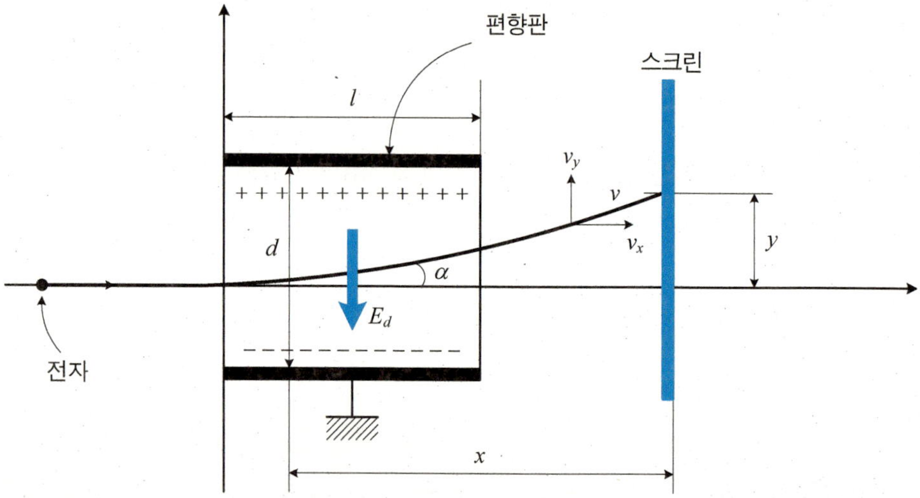

[그림 2-5] 정전 편향계

〈풀이〉 $E=\frac{1}{2}mv_x^2=qV_a$에서 $v_x=\sqrt{\frac{2qV_a}{m}}$

$F=ma_y=qE_d$에서 $v_y=\frac{qE_d}{m}t+C_1$

$t=0$에서 $v_y=0$이라면 $C_1=0$

따라서 y방향의 속도 성분 v_y는

$$v_y=a_yt=\frac{qV_d}{md}\frac{l}{v_x}$$

편향각 α는

$$\alpha=\tan^{-1}\frac{v_y}{v_x}=\tan^{-1}\frac{qV_dl}{mdv_x^2}, \qquad \therefore \alpha=\tan^{-1}\frac{V_dl}{2V_ad}$$

$x \gg l$이라고 가정하면 $\alpha=\tan^{-1}\frac{y}{x}$이므로 $y=\frac{V_dlx}{2V_ad}$

4 다수의 점전하에 의한 전계

전계는 각각의 전하의 크기 및 거리에 따른 벡터함수이므로 전체적인 전계는 개별적인 전하에 의한 전계의 벡터적인 합성으로 중첩되어진다. 이를 중첩의 원리(Principle of Superposition)라고 한다.

예를 들면, 3개의 점전하에 의한 P점의 전계는 다음과 같다.

$$\begin{aligned}\overrightarrow{E} &= \overrightarrow{E_1} + \overrightarrow{E_2} + \overrightarrow{E_3} \\ &= \widehat{R_1}\frac{Q_1}{4\pi\epsilon R_1^2} + \widehat{R_2}\frac{Q_2}{4\pi\epsilon R_2^2} + \widehat{R_3}\frac{Q_3}{4\pi\epsilon R_3^2} \\ &= \frac{1}{4\pi\epsilon}\sum_{i=1}^{3}\widehat{R_i}\frac{Q_i}{R_i^2} \end{aligned} \tag{2-10}$$

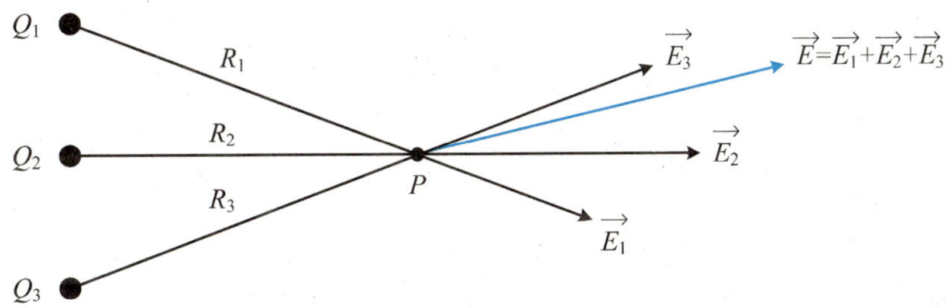

[그림 2-6] 점전하의 벡터적 중첩

예제 2-10 자유공간에서 동일 축상에 각각 $Q_1 = 3\times10^{-6}[\mathrm{C}]$과 $Q_2 = 6\times10^{-6}[\mathrm{C}]$ 두 개의 점전하가 $r = 2[\mathrm{m}]$ 떨어져 있다. (a) 두 개의 점전하간의 중심에서의 전계 강도 (b) 전계강도가 0이 되는 점을 구하라.

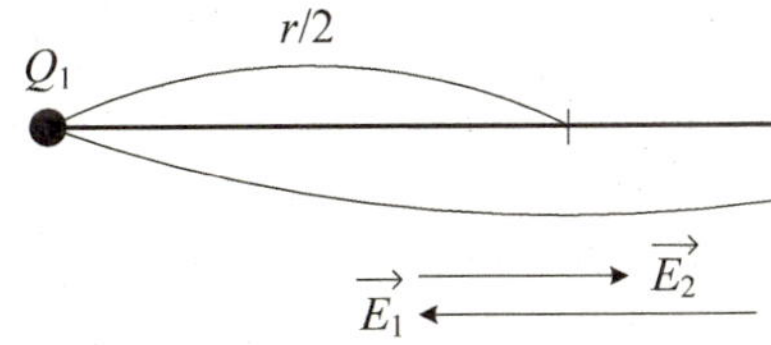

[그림 2-7] 두 개의 점전하간의 중심에서의 전계강도

〈풀이〉 (a) Q_1, Q_2 두 개의 점전하의 중점에 있어서의 전계의 세기는

$$E = E_1 + E_2 = \frac{Q_1}{4\pi\epsilon\left(\frac{r}{2}\right)^2} - \frac{Q_2}{4\pi\epsilon\left(\frac{r}{2}\right)^2}$$

$$= 27 \times 10^3 [\mathrm{V/m}]$$

으로 주어진다.

(b) Q_1으로부터의 거리를 r이라 하면

$$\frac{3}{r^2} = \frac{6}{(2-r)^2}$$

$$\therefore\ x = 0.8[\mathrm{m}]$$

이 된다.

예제 2-11 A, B에 각각 1[nC]의 양전하가 있을 때 P점의 전계는?

〈풀이〉

$$\vec{E} = \hat{x}\frac{10^{-9}}{4\pi\epsilon_0(2)^2} \times 2\cos 30^\circ = \hat{x}\frac{9\sqrt{3}}{4}[\mathrm{V/m}]$$

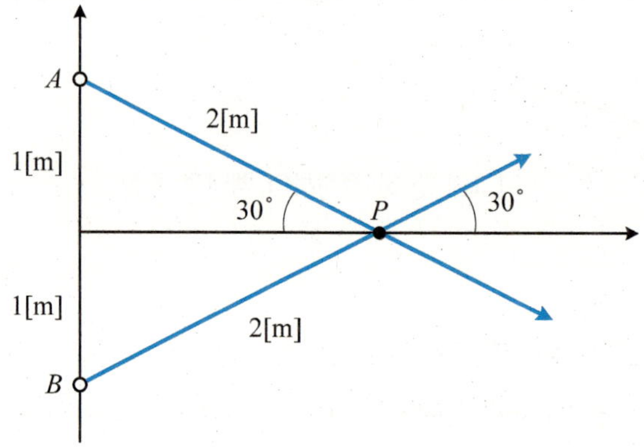

[그림 2-8] 점전하의 벡터적 중첩

예제 2-12 진공 내에서 $-1[\mathrm{nC}]$, $-1[\mathrm{nC}]$, $2[\mathrm{nC}]$의 전하들을 점 $(1, 0, 0)$, $(2, 0, 0)$ 및 $(3, 0, 0)$에 어떻게 배치하면 원점의 $\vec{E}$의 크기를 최대로 할 수 있는가? 또한 이때의 $\vec{E}$의 크기를 구하라.

〈풀이〉 원점에 가까울수록 전계는 원점으로부터 거리의 제곱에 반비례하므로 (1, 0, 0)점에 4[nC]를 놓는다.

$$|\vec{E}| = \frac{4\times9\times10^9\times10^{-9}}{1^2} - \frac{2\times9\times10^9\times10^{-9}}{2^2} - \frac{1\times9\times10^9\times10^{-9}}{3^2}$$
$$= 30.5[\mathrm{V/m}]$$

예제 2-13 원점에서 $-2[\mu\mathrm{C}]$ 점전하가 있고 $1[\mu\mathrm{C}]$의 점전하가 $+y$와 $-y$축의 $3[\mathrm{m}]$ 지점에 각각 놓여 있을 때 원점으로부터 x방향으로 $4[\mathrm{m}]$ 떨어져 있는 곳의 전계의 세기 및 방향을 구하라.

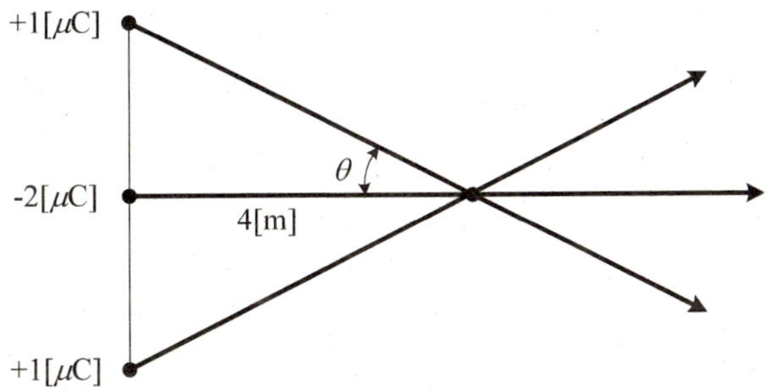

[그림 2-9] 전계에 대한 중첩

〈풀이〉
$$\overrightarrow{E_1} = \hat{x}\,9\times10^9\times\frac{10^{-6}}{5^2}\times2\cos\theta$$

$\cos\theta = \dfrac{4}{5}$이므로 $\overrightarrow{E_1} = \hat{x}\,576$

$$\overrightarrow{E_2} = -\hat{x}\,9\times10^9\times\frac{2\times10^{-6}}{4^2} = -\hat{x}1125$$

전계의 벡터적 중첩에 의해

$$\vec{E} = \overrightarrow{E_1} + \overrightarrow{E_2} = -\hat{x}\,549[\mathrm{V/m}]$$

5 무한장 선전하에 의한 전계

전자는 음극선관에서의 가늘고 예리한 빔이나 반경이 매우 작은 도선에서 전자는 운동하고 있으므로 정전계의 문제는 아니지만 전자의 운동이 정상적이고 균일하며, 이때 발생되는 자계를 무시하면 어느 순간에서나 전하분포가 동일하므로 정지하고 있는 전자들로 구성되어 있다고 생각할 수 있다.

[그림 2-10]과 같이 원통좌표계에서 z축을 따라 $-\infty$에서 ∞까지 분포된 직선전하를 생각해본다. 이 때 균일한 선전하밀도 ρ_L에 의해 생기는 모든 점의 전계를 구하기로 한다.

선전하는 무한장이므로 r을 고정하고 z를 변화시켜도 전계는 변화하지 않는다. 또 r, z를 고정하고 dz 구간의 dQ를 취하여 점전하로 생각하고 이 점전하에 의한 전계는 방사상이므로 ϕ만을 변화시켰을 때 ϕ에 대하여 전계가 발생하지 않은, 이른바 ϕ에 대한 대칭 구조이다.

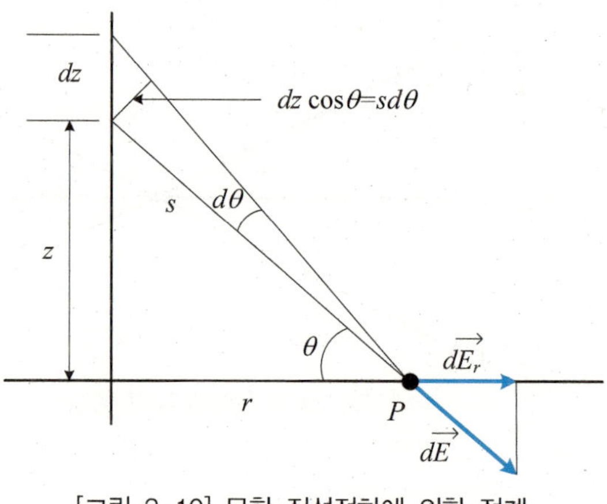

[그림 2-10] 무한 직선전하에 의한 전계

이 때 P점에서의 미소 전계는

$$dE = \frac{\rho_L dz}{4\pi\epsilon s^2}\cos\theta \tag{2-11}$$

가 된다. 이 때 ρ_L는 선전하 밀도이다.

[그림 2-10]에서 $dz\cos\theta = sd\theta$, $\cos\theta = r/s$이므로 식(2-11)에 대입하면

$$dE = \frac{\rho_L}{4\pi\epsilon s^2} s\,d\theta = \frac{\rho_L}{4\pi\epsilon}\frac{1}{s}d\theta = \frac{\rho_L}{4\pi\epsilon}\frac{\cos\theta}{r}d\theta \quad (2\text{-}12)$$

가 된다.

식(2-12)의 적분을 취하면

$$E = \frac{\rho_L}{4\pi\epsilon r}\int_{-\pi/2}^{+\pi/2}\cos\theta d\theta = \frac{\rho_L}{2\pi\epsilon r} \quad (2\text{-}13)$$

으로 표시된다.

그러므로 무한장 선로에서 P점의 전계강도는

$$\boxed{\vec{E} = \hat{r}\,\frac{\rho_L}{2\pi\epsilon r}} \quad (2\text{-}14)$$

가 된다.

결론적으로 ϕ와 z를 일정하게 하고 r을 변화시키면 전계강도는 달라지며 r이 증가함에 따라 전계가 약해짐을 알 수 있다. 따라서 전계는 r에 따라서만 변하고 있는 것을 알 수 있다.

학습활동

무한장 선로의 특징

전송선로의 종단을 특성 임피던스로 종단시켰을 경우 전송선로 각 지점의 임피던스는 모두 동일할 뿐만 아니라 전송로 도중 각 지점의 전압과 전류의 위상각은 일정하다. 이 때 전송선로의 종단에서 최대 전압 반사가 없다. 이러한 선로를 무한장 선로라고 한다. 무한장선로에서는 진행파만 존재하며, 유한장선로에서는 진행파와 반사파가 공존한다. 무한장선로는 현실에 존재하지 않는 선로이다.

점전하의 경우 전계의 세기가 Coulomb의 법칙에 의해 거리의 제곱에 반비례하여 줄어들지만 무한장 선로에서는 선전하로부터의 거리에 반비례하여 전계의 세기가 줄어듦을 알 수 있다. 그래서 점전하로부터 10배만큼 떨어진 곳에서 전계의 세기는 100배만큼 반비례하여 작아지나 무한장 선전하에서 10배만큼 거리가 떨어져 있는 곳의 전계의 세기는 10배만큼 작아진다.

예제 2-14 진공 중에 $d[\mathrm{m}]$의 간격으로 단위 길이당 $\pm\lambda[\mathrm{C/m}]$인 전하를 갖는 평행 무한장 선로가 있다. $+\lambda$로부터 $r[\mathrm{m}](d>r)$떨어진 점의 전계 강도는?

〈풀이〉 그림에서 P점의 전계 $\vec{E}_p$는 $\vec{E}_1$과 $\vec{E}_2$의 합성이다.

$$\vec{E}_1=\hat{r}\frac{+\lambda}{2\pi\epsilon r},\quad \vec{E}_2=\hat{r}\frac{-\lambda}{2\pi\epsilon(d-r)}$$

그러므로 전체 전계는

$$\vec{E}_P=\vec{E}_1-\vec{E}_2=\hat{r}\frac{\lambda}{2\pi\epsilon_0}\left(\frac{1}{r}+\frac{1}{d-r}\right)\ [\mathrm{V/m}]$$

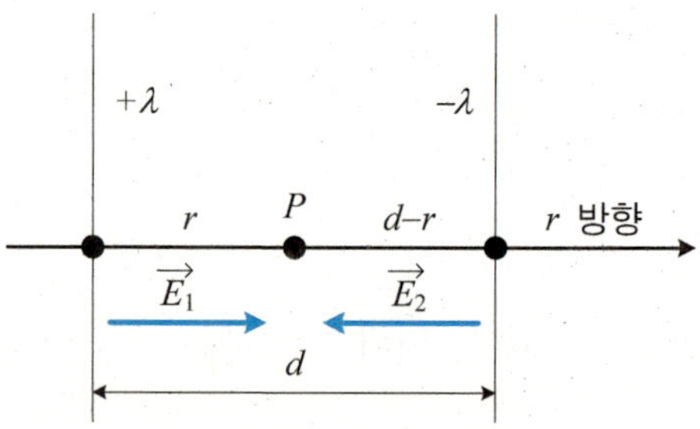

[그림 2-11] 평행 무한장 선로에서의 전계

예제 2-15 공기 중에 한 변이 $1[\mathrm{m}]$인 정삼각형의 한 변이 ρ_L이 존재할 때 정점에서의 전계는?

〈풀이〉

$$\begin{aligned}E&=\frac{\rho_L}{4\pi\epsilon_0 r}\int_{-\pi/6}^{+\pi/6}\cos\theta\,d\theta\\&=\frac{\rho_L}{4\pi\epsilon_0(\sqrt{3}/2)}\left[\sin\frac{\pi}{6}-\sin\left(-\frac{\pi}{6}\right)\right]\\&=\frac{\rho_L}{2\pi\epsilon_0(\sqrt{3})}[\mathrm{V/m}]\end{aligned}$$

예제 2-16 $z=0$인 평면 내의 $y=\pm x$인 직선상에 $\rho_L = 50[\mathrm{nC/m}]$인 선전하 밀도를 갖는 두 무한길이 균일 선전하들이 있다. 이 때 점 $(0,\ 0,\ 4)$에서의 $\vec{E}$를 구하라.

〈풀이〉 대칭 구조를 고려하면

$$\vec{E} = 2\hat{z}\frac{\rho_L}{2\pi\epsilon r} = 2\hat{z}\frac{50\times10^{-9}\times9\times10^{9}\times2}{4} = \hat{z}\,900[\mathrm{V/m}]$$

6 무한 평면 전하분포에 의한 전계

균일한 면전하 밀도 $\rho_s[\mathrm{C/m^2}]$를 갖는 무한 평면판을 고찰하여 본다. 이 전하분포는 평판커패시터나 스트립전송 등에서 근사적으로 널리 이용된다. 이 때 정전하는 도체의 평면에만 존재하고 내부에는 존재하지 않는다.

학습활동

마이크로 스트립 안테나

평면 안테나의 하나로서 절연체 양면에 접착한 도체판 중 한쪽의 도체판을 스트립(얇은 강판)으로 한 것을 마이크로스트립 선로라고 하는데, 이 판을 인쇄판으로 제작하여 미세 구조로 할 수 있기 때문에 마이크로라는 이름이 붙었다. 스트립과 도체판이 2개의 급전선이 되어 선로가 된다. 스트립 선로를 종단에서 반 파장 위치로 절단하고, 전송 선로 대신에 스트립의 중심에 엇갈린 점을 지판의 아래쪽에서 동축 선로에 급전한 것이 마이크로스트립 안테나이다. 스트립의 폭을 넓게 하면 주파수 대역폭이 넓어지고 전파도 방사하기 쉽게 된다.

마이크로스트립 안테나는 인쇄기판으로 제작하기 때문에 대량 생산에 적합하며, 높이가 낮고 평면상으로 되어 있어 견고하다. 이 때문에 대량의 작은 안테나를 필요로 하는 배열 안테나 소자로서 많이 사용된다.

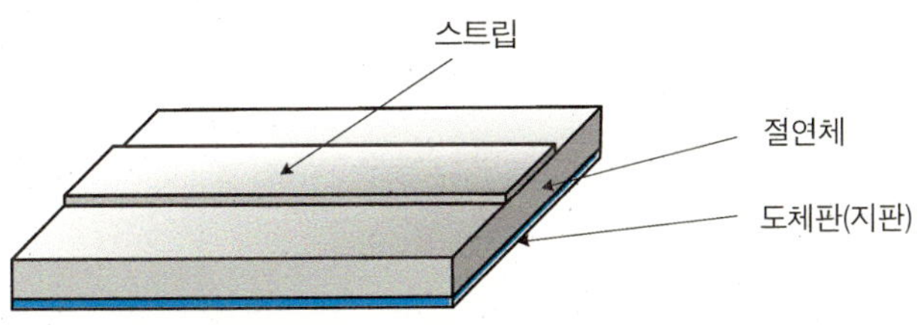

[그림 2-12] 마이크로스트립 안테나

그러면 반경 r에 분포한 반지 모양의 전하에 의한 P점의 전계를 유도하여 보기로 한다.

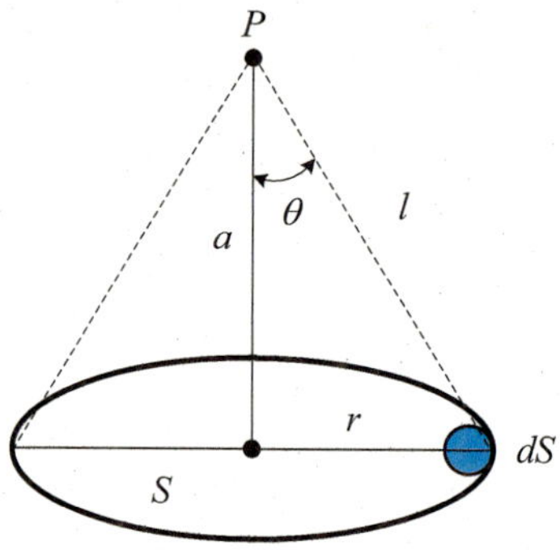

[그림 2-13] 면전하분포에 의한 전계

반지 모양에 분포된 전하는

$$Q = \int_s \rho ds \tag{2-15}$$

에서 미소 반경에 분포된 미소 전하는

$$dQ = 2\pi r \rho_s dr \tag{2-16}$$

이므로 이에 의한 P점의 전계는 대칭 구조에 의한 전계의 벡터적 중첩을 고려하면 면에 나란한 전계 성분이 상쇄된다. 그러므로

$$dE = \frac{1}{4\pi\epsilon}\frac{2\pi r \rho_s dr}{l^2}\cos\theta \tag{2-17}$$

$a\tan\theta = r,\ \dfrac{a}{\cos\theta} = a\sec\theta = l$이므로

$$\begin{aligned} dE &= \frac{\rho_s}{2\epsilon}\frac{\tan\theta \cdot \sec^2\theta \cdot \cos\theta}{\sec^2\theta}d\theta \\ &= \frac{\rho_s}{2\epsilon}\sin\theta d\theta \end{aligned} \tag{2-18}$$

이다.

평면 전체에 대하여 전체 전계를 구하면

$$E = \frac{\rho_s}{2\epsilon}\int_0^{\frac{\pi}{2}} \sin\theta d\theta$$

$$= \boxed{\frac{\rho_s}{2\epsilon}} \tag{2-19}$$

가 된다.

이 식에서 전계는 어디서나 크기와 방향이 일정한 것을 알 수 있다.광원의 비유로 생각하여 보면 넓은 공간의 천정에 균일한 광원이 존재하고 있으면 마루의 조도가 천정에 불과 몇 m 떨어진 곳의 밝기와 같다는 것이다. 즉 마치 지상에서 수직방향으로 떨어진 거리에 위치되어 있는 단일 광원에서 멀어질수록 밝기가 낮아지지만 광원이 전체면에 퍼져 있을 때는 거리에 따라 무관한 것과 같은 원리이다.

예제 2-17 반구 모양의 컵 표면상에 표면전하밀도 ρ_s가 존재한다. 반구의 중심에 q의 점전하가 있을 때 대칭성을 가정하여 점전하가 받는 힘을 구하라.

〈풀이〉 구좌표계를 사용하여 미소 전계를 구하면

$$dE = \frac{dQ}{4\pi\epsilon R^2} = \frac{\rho_s ds}{4\pi\epsilon R^2}$$

$$= \frac{\rho_s 2\pi R^2 \sin\theta\, d\theta}{4\pi\epsilon R^2}$$

대칭성을 고려하여 적분하면

$$E = 2\int_0^{\frac{\pi}{2}} dE\cos\theta$$

$$= \frac{\rho_s}{\epsilon}\int_0^{\frac{\pi}{2}} \sin\theta\cos\theta\, d\theta$$

$$= \frac{\rho_s}{2\epsilon}\left[-\frac{\cos 2\theta}{2}\right]_0^{\frac{\pi}{2}}$$

$$= \frac{\rho_s}{2\epsilon}$$

이 점전하 q가 받는 힘은

$$F = qE = \frac{q\rho_s}{2\epsilon}$$

이다.

7 전력선 및 전계의 도시법

새로운 전하분포에 의한 전계의 식은 복잡해서 식을 통해 전계가 어떤 모양을 하고 있는가를 나타내기가 더욱 어려워진다. 매우 복잡한 설명보다는 이를 그림으로 그리면 간단히 표시할 수 있다.

그러므로 전계를 구함에 있어 정전현상을 보다 간편하게 취급하기 위해서는 Faraday에 의해 일찍이 제안된 전력선(Line of Electric Force, Electric Line)이라고 하는 선을 가상하면 편리하다.

어느 점에서 전계강도를 표시하려면 그 점에서의 수직 단면을 통과하는 전력선의 밀도로써 표현하면 쉽게 구할 수 있다.

$$\text{전계의 세기}[\mathrm{V/m}] = \frac{\text{전력선수}}{\text{수직 단면적}}\ [\text{개}/\mathrm{m}^2]$$

[그림 2-14]와 같이 내부와 외부가 완전히 차단된 폐곡면(Closed Surface)을 통과하는 전력선의 크기와 방향은 상자 속에 들어 있는 전하의 유형에 따라 달라짐을 알 수 있다. 즉 그림(a)의 경우 폐곡면 내부에서 외부로 전력선이 나가고 있으므로 폐곡면 안에 전력선을 발생시키는 원천(source)이 되는 양전하가 존재하고 있음을 알 수 있고 그림(b)의 경우는 전력선이 폐곡면 내부로 들어오고 있으므로 폐곡면 안에 전력선을 흡수시키는 싱크(sink)가 되는 음전하가 존재하고 있음을 알 수 있다.

또한 그림(c)에서는 폐곡면 안으로 들어오는 전력선과 밖으로 나가는 전력선이 같으므로 폐곡면 내부에서는 양전하와 음전하의 양이 같아 폐곡면 내부의 전체 전하량은 0이 됨을 알 수 있다.

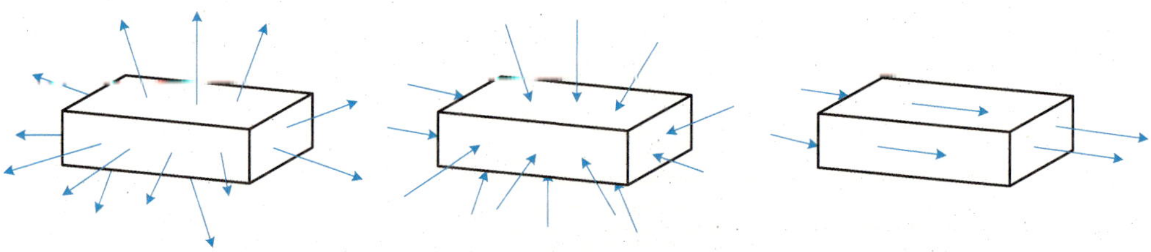

(a) 상자속에 양전하 존재 (b) 상자속에 음전하 존재 (c) 상자속에 전하 없음

[그림 2-14] 폐곡면을 통과하는 전력선

한편, 여기서 알아 두어야 할 것은 전력선의 성질인데, 전력선의 성질은 다음과 같다.

① 전력선의 방향은 그 점의 전계의 방향이다.
② 전력선의 밀도는 그 점의 전계의 세기와 같다.
③ 전력선은 (+)전하에서 출발하여 (-)전하에서 끝난다.
④ 전하가 없는 곳에서는 전력선의 발생, 소멸이 없다. 즉 연속적이다.
⑤ 단위 전하에서는 진공 중에서 $1/\epsilon_0$개의 전력선이 출입한다. 그러나 일반 매질에서는 $Q/\epsilon = Q/\epsilon_0\epsilon_r$이 되어 전기력선이 $1/\epsilon_r$배가 되므로 항상 매질에 관계없이 그 수가 일정한 전속과는 다르다.
⑥ 전력선은 전위가 높은 점에서 낮은 점으로 향하여 전력선 자체만으로는 폐곡선이 되지 않고, 2개의 전력선이 서로 교차되지도 않는다.
⑦ 전력선은 등전위면과 직교하고, 도체 표면에 수직으로 혼입한다. 단 전계가 0인 곳에서는 이 조건은 성립하지 않는다.
⑧ 전력선 중에는 무한 원점에서 출입하는 것이 있다.
⑨ 무한 원점에 있는 전하까지를 고려하면 전하의 총량은 항상 0이다.

전계를 표시하는 방법으로 적당한 그림을 그려서 쉽게 구할 수 있다. [그림 2-15]는 전력선의 몇 가지 모양을 나타낸다.

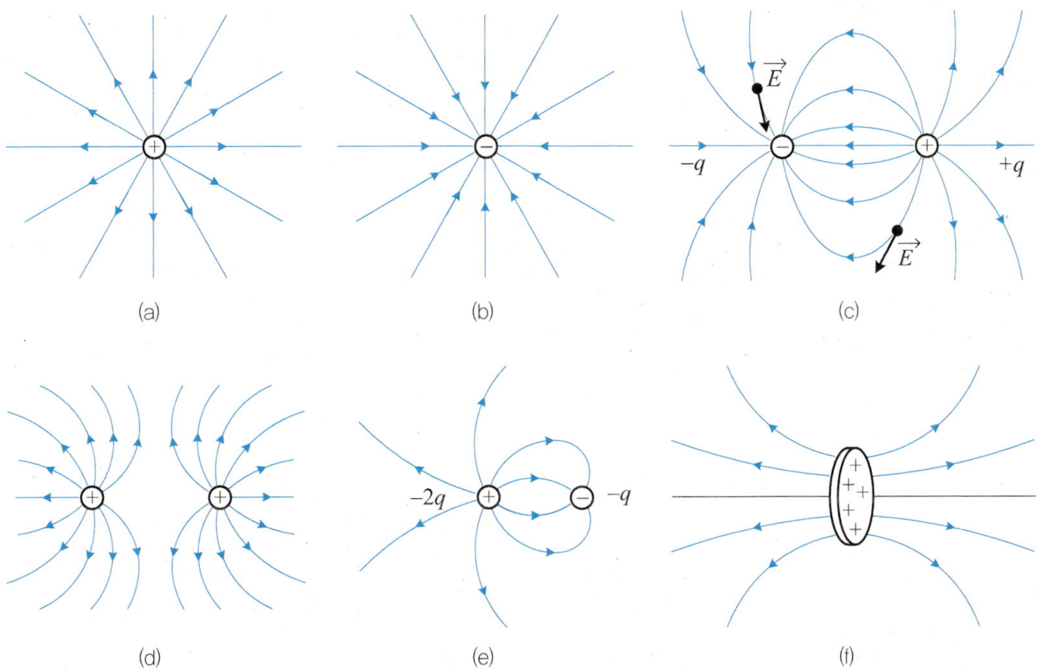

[그림 2-15] 전력선의 일반적인 표시법

즉, 전하를 기점으로 하는 연속적인 선을 그리고 이 선 상의 전계의 세기 E의 방향이 그 점에서의 이 선에 대한 접선 방향과 일치되도록 한다. 이 선을 속선(Flux Line),방향선(Directional Line) 또는 유선(Stream Line)이라 부르며, 전계에 대해서는 전력선(Line of Electric Force)이라 한다.

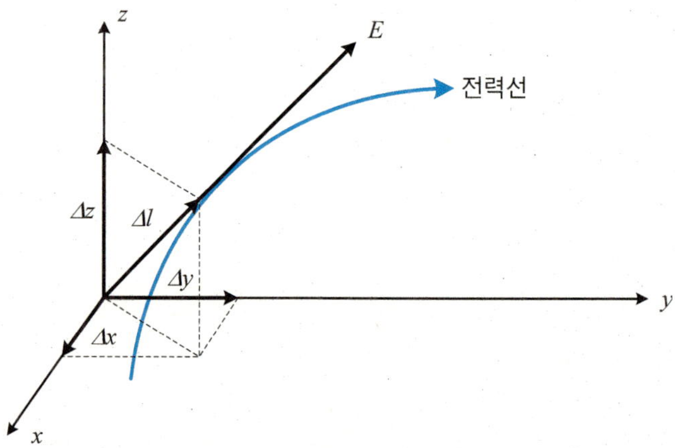

[그림 2-16] 전력선과 전계와의 관계

[그림 2-16]에서 전력선과 어느 한 점의 전계성분의 기하적인 관계를 고려하면 x, y, z성분은 서로 비례하므로

$$\frac{dx}{E_x} = \frac{dy}{E_y} = \frac{dz}{E_z} \quad (\text{직각좌표계}) \tag{2-20}$$

$$\frac{dr}{E_r} = \frac{rd\phi}{E_\phi} = \frac{dz}{E_z} \quad (\text{원통좌표계}) \tag{2-21}$$

$$\frac{dR}{E_R} = \frac{Rd\theta}{E_\theta} = \frac{R\sin\theta d\phi}{E_\phi} \quad (\text{구좌표계}) \tag{2-22}$$

가 성립되어 서로 함수관계를 알면 그에 대한 미분방정식을 풀어서 전력선의 방정식을 구할 수 있다.

예제 2-18 점 전하 Q가 원점에 있을 때 전력선의 방정식을 구하라.

〈풀이〉 전계는 원점에 대하여 대칭이므로 xy 평면상의 전력선을 구하면 되므로 전력선의 방정식으로부터 다음과 같이 구한다.

$$\frac{dx}{\frac{Q}{4\pi\epsilon R^2}\frac{x}{R}} = \frac{dy}{\frac{Q}{4\pi\epsilon R^2}\frac{y}{R}}$$

그러므로

$$\frac{dx}{x} = \frac{dy}{y}$$

이 된다. 여기서 C를 상수라고 할 때

$$\log\frac{x}{y} = C \quad \text{따라서} \quad y = Cx$$

그러므로 전력선은 원점을 통과하는 직선이 된다.

예제 2-19 $\vec{E} = x\hat{x} - y\hat{y}$일 때 다음 점들을 지나는 전력선의 방정식을 구하라.

(a) 점 (1, 3) (b) 점 (2, 4)

〈풀이〉 $\frac{dy}{dx} = -\frac{y}{x}$이므로 $\frac{dy}{y} = \frac{-dx}{x}$

그러므로 $\log y = -\log x + C$

C를 상수라고 하면 $xy = C$

(a) 점(1, 3)에서 $C=3$이므로 $xy=3$

(b) 점(2, 4)에서 $C=8$이므로 $xy=8$

학습내용요약

Coulomb의 법칙

⇨ 두 전하 Q_1, Q_2 사이에는 전기력이 작용한다.

⇨ 전기력의 크기는 전하량의 곱에 비례하고 거리 제곱에 반비례한다.

$$\vec{F} = \hat{R}\frac{1}{4\pi\epsilon}\frac{Q_1 Q_2}{R^2}[\mathrm{N}]$$

전하 Q_2를 단위 전하($=1[\mathrm{C}]$)라 할 때, 전하 Q_1에 의해 전하 Q_2가 받는 힘을 그 점에서 전하 Q_1에 의한 전계로 정의한다.

$$\vec{E} = \frac{\vec{F}}{Q_2} = \hat{R}\frac{Q_1}{4\pi\epsilon R^2}[\mathrm{N/C}]$$

전력선

⇨ 전계의 분포상태를 가시적으로 나타낸 선을 전력선으로 정의한다.

⇨ 전력선 수는 전계의 세기가 클수록 단면적이 클수록 많다.

연습문제

제 2 장 전장

01 진공 중에서 10^{-5}[C]과 1[μC]의 2개의 점전하가 50[cm] 떨어져 있을 때 작용하는 힘[N]은?

02 공기 중에 한 변이 1[m]인 정3각형의 각 정점에 $Q = 10^{-5}$[C]의 전하가 놓여 있을 때, 각 전하가 받는 힘[N]은?

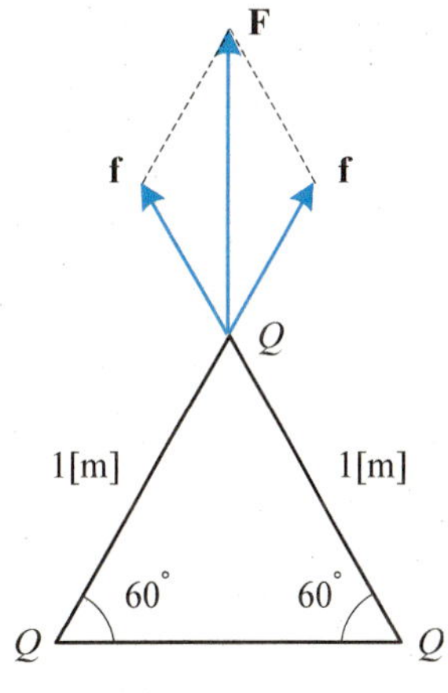

03 진공 중에서 서로 2[m] 떨어져 있는 3[μC]과 6[μC]의 두 전하를 연결하는 직선상에서 전계의 세기가 0이 되는 점은 3[μC]의 전하로부터 약 몇 [m]인 점인가?

04 진공 중의 점 $A(0,\ 1,\ 1)$[m]에 0.3×10^{-9}[C], 점 $B(1,\ 0,\ 1)$[m]에 0.4×10^{-9}[C]의 두 점 전하가 있을 때, 점 $P(1,\ 1,\ 1)$[m]의 전계강도의 크기는?

05 $\vec{E}=\dfrac{2x}{x^2+y^2}\hat{x}+\dfrac{2y}{x^2+y^2}\hat{y}\,[\mathrm{V/m}]$일 때, 점(3, 4, 0)을 지나는 전기력선의 방정식은?

06 어떤 점의 점전하에 의한 전계의 세기를 n배 되게 하려면 점전하로부터의 거리를 어떻게 하면 되는가?

07 반지름 $a[\mathrm{m}]$인 구도체 표면의 면전하밀도가 $\sigma[\mathrm{C/m^2}]$일 때, 구 중심으로부터 $r[\mathrm{m}]$ $(r>a)$인 점의 전계의 세기[V/m]는?

08 그림과 같이 진공 중에 서로 평행한 무한 길이 두 직선 전하 A, B가 있다. A, B간의 거리는 d[m], A, B의 선전하 밀도를 각각 ρ_1[C/m], ρ_2[C/m]라고 할 때 A, B를 연결하는 직선상에서 A로부터 $d/3$[m]인 점의 전계의 세기가 0이다. 이 때 점 B의 선전하 밀도 ρ_2와 점 A의 선전하 밀도 ρ_1과의 관계식은?

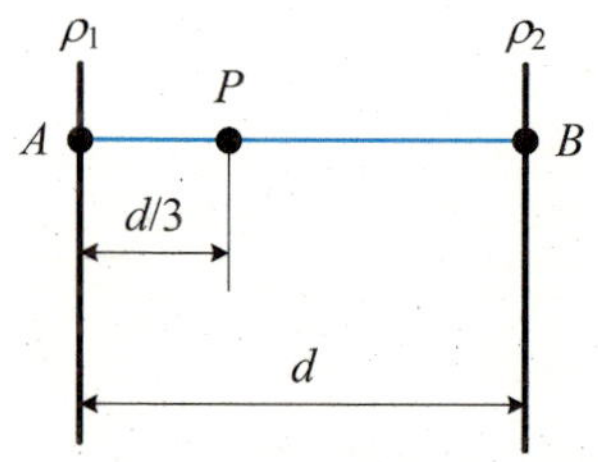

09 진공 중에 밀도가 $25\times10^{-9}[\mathrm{C/m}]$인 무한히 긴 선전하가 z축상에 있을 때 (3, 4, 0)[m]의 전계의 세기는?

10 전하 e[C], 질량 m[kg]인 전자가 전계 E[V/m]내에 놓여 있을 때 최초에 정지해 있었다고 한다면 t[sec] 후에는 전자는 어떠한 속도를 얻게 되는가?

Chapter

03

전속밀도 및 Gauss의 정리

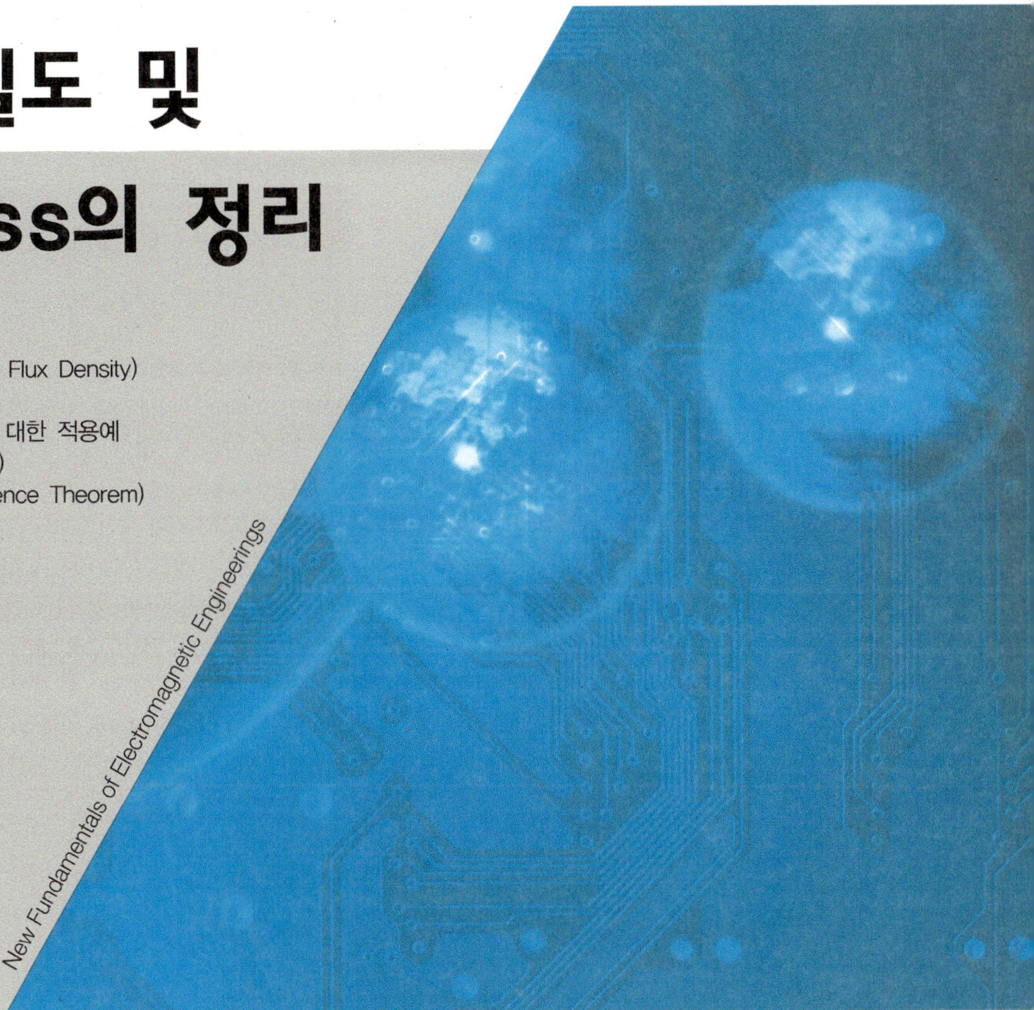

New Fundamentals of Electromagnetic Engineerings

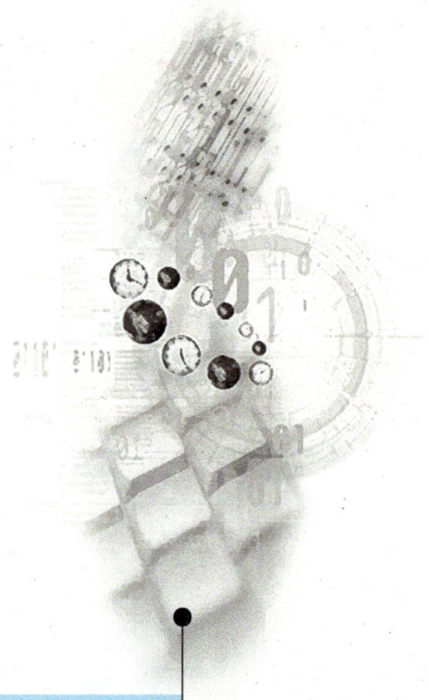

단원개요

Faraday는 두 개의 동심구에서 내부 도체에 분포시킨 (+) 전하에 의하여 발생하는 전계를 살펴보기 위한 실험을 하면서, 전계의 세기와 방향을 시각적으로 나타내기 위해 선을 그려놓고 전속(Electric Flux)이라고 하였다. 그는 1[C]의 (+) 전하는 하나의 전속선을 발생시킨다는 사실을 발견하고 전속의 단위를 [C] 또는 [개]로 결정하였다.

전력선이 전계의 상태를 나타내기 위하여 가상한 선이었던 것과 같이 전속도 전계 중에서 가상한 선이다. 진공 중에 놓인 정전하 Q[C]에서 나오는 전기력선의 수는 Q/ϵ_0개이고, 진공이 아닌 유전율 ϵ의 값에 따라 그 수가 변하게 된다. 그러나 전속은 매질에 따라 변하는 것이 아니고, 매질에 관계없이 1[C]의 전하에서 1개의 선이 나오는 것으로 정의된다. 이와 같이 전하로부터 나오는 전력선과 전속의 수는 다르지만 전력선의 모양과 전속의 모양은 같다.

본 장에서는 이와 같은 전속의 개념을 도입하여 앞장에서 다룬 전계에 의해서 시험전하에 미치는 벡터 성분을 용이하게 해석하는 방법을 알아본다.

학습목표

1. Faraday의 성질을 이용하여 전속밀도를 이해할 수 있다.
2. 전하와 전계 사이의 관계를 나타내는 Gauss의 정리를 이해할 수 있다.
3. Gauss의 정리를 실제적으로 적용하여 전계를 구할 수 있다.

1 전속밀도(Electric Flux Density)

Faraday는 절연된 두 동심도체구중 한 도체에 전하를 주었을 때 다른 도체에 유도된 전하의 크기는 도체 사이의 유전체의 종류에 관계없이 처음 도체에 준 전하량의 크기와 같다는 것을 발견했다. 그래서 그는 매질에 관계없이 도체 사이에 어떤 종류의 벡터 성분이 있다는 결론을 내렸다.

그러므로 유전체 중에 있는 대전 도체 표면의 미소 면적 Δs의 주위에서 발산하는 전속으로 이루어지는 관, 이른 바 전력관(Tube of Electric Force)을 제시하였는데 특히 Δs내의 +1[C]의 전하에서 -1[C]의 전하로 연결되는 한 개의 관을 패러데이관(Faraday Tube)이라고 한다.

매질의 종류에 관계없이 1[C]의 전하로부터는 이 관을 통하여 1개의 선이 나온다고 하고 이것을 전[력]속(Electric Flux) 또는 유전속(Dielectric Flux)이라 한다.

전속을 ψ라 하고 도체상의 전 전하를 Q라고 하면, 다음과 같은 실험결과를 얻을 수 있다.

$$\psi = Q \tag{3-1}$$

즉, Q의 전하에서 발생되는 전속 Ψ는 Q와 같다. 이때 전속의 단위는 전하와 같이 Coulomb이다.

[그림 3.1]에서 도체 1과 도체 2 사이의 표면에 분포되는 전하를 각각 $+Q$, $-Q$라고 하면 다른 양적인 관계를 가질 수 있다. 이 때 전속 ψ의 경로는 두 도체 사이의 대칭 분포를 갖는 유선(Stream Line)으로 표시된다.

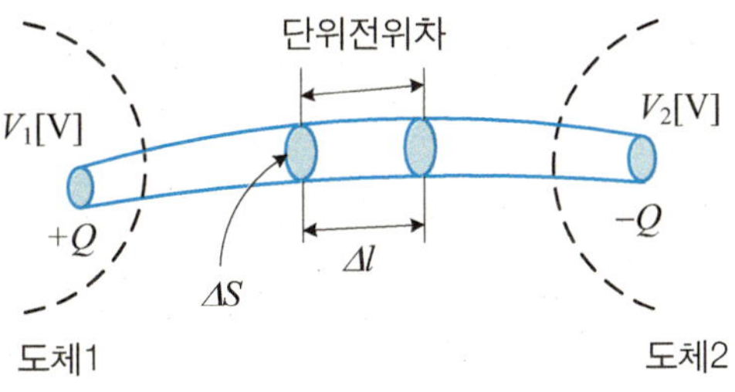

[그림 3-1] 대전 도체 사이의 Faraday Tube

이것을 절연된 동심 도체구에 적용하여 보면 절연된 내부 도체에 전하를 주었을 때 외부 도체에서의 크기는 구 사이의 유전체의 종류에 관계없이 내부 도체로부터의 전하량의 크기와 같다는 것이다.

이상에서 Faraday의 성질을 정리하여 보면 다음과 같다.

① Faraday관 양단에 (+), (-)의 단위 전하가 있다.
② Faraday관내의 전속수는 일정하다.
③ 전하가 없는 점에서는 Faraday관은 연속적이다.
④ Faraday관의 밀도는 전속밀도와 같다.

일반적으로 직경(diameter)이 $2a$인 구 표면에 균일하게 분포되어 있는 Q의 전하에서 전력관을 통하여 전속이 나가는 데 이때의 전속밀도는 $\psi/4\pi a^2$ 또는 $Q/4\pi a^2[\mathrm{C/m^2}]$가 되며, 단위 벡터 $\hat{R}$ 방향 성분만을 갖는다. 여기서, 전속밀도를 $\overrightarrow{D}$로 표시하기로 한다.

전속밀도 $\overrightarrow{D}$로 표시되는 계는 벡터계이며, 어떤 점에서 D의 방향은 그 점을 통과하는 전속의 방향을 표시하며, 크기는 구 표면의 단위 면적을 통과하는 전속수를 그 표면의 면적으로 나눈 값과 같으며 전속수는 Faraday의 법칙에 의해 외부 도체에 유기된 전하의 크기와 같다.

내구의 중심으로부터 R인 거리에 있는 점에서의 값은

$$\overrightarrow{D} = \frac{Q}{4\pi R^2}\hat{R} \quad (a \leq R \leq b)\ [\mathrm{C/m^2}] \tag{3-2}$$

가 된다.

[그림 3-1]에서 전속밀도의 방향은 방사상의 화살표의 방향과 같고 그 값은

$$\overrightarrow{D}_{R=a} = \frac{Q}{4\pi a^2}\hat{R}\ (\text{내구}) \tag{3-3}$$

$$\overrightarrow{D}_{R=b} = \frac{Q}{4\pi b^2}\hat{R}\ (\text{외구}) \tag{3-4}$$

가 된다.

이 결과를 자유 공간내의 점전하에 의한 전계의 세기

$$\overrightarrow{E} = \frac{Q}{4\pi\epsilon_0 R^2}\hat{R} \tag{3-5}$$

과 비교해 보면, 진공 중에서는 전계의 세기나 전속밀도는 다같이 벡터이며 그 방향은 일치한다. 즉

$$\boxed{\overrightarrow{D} = \epsilon_0\overrightarrow{E}} \tag{3-6}$$

가 성립함을 알 수 있다. 이와 같이 $\vec{D}$와 $\vec{E}$는 정수 ϵ_0에 의해서 관계되어 있다. 그러나 $\vec{E}$는 Coulomb의 법칙으로부터 정의되며 $\vec{D}$는 전하로부터 정의되기 때문에 본질적으로 다르다.

예제 3-1 $\vec{D} = \hat{x}2xy + \hat{y}3yz + \hat{z}4zx\,[\mathrm{C/m^2}]$로 표시되는 전속이 있다. $x = 3$, $-1 \le y \le 2$, $0 \le z \le 4$인 평면을 통과하는 전속수는?

〈풀이〉 $\mathrm{D}_x = 2xy$, $ds = dydz$이므로

$$\begin{aligned}\psi_x &= \int_s D_x dS \\ &= \int_{y=-1}^{2}\int_{z=0}^{4} 2xydzdy \\ &= 36[\mathrm{C}]\end{aligned}$$

이 된다.

예제 3-2 반지름이 R[m]인 구에 $\vec{D} = \hat{R}\dfrac{50}{R}[\mathrm{mC/m^2}]$가 존재할 때, $R = 5$인 구의 표면을 뚫고 오는 전속선의 수는?

〈풀이〉 $\psi = \int_{\phi=0}^{2\pi}\int_{\theta=0}^{\pi} 10 \times 10^{-3} \times 5^2 \sin\theta d\theta d\phi = \pi$ [C 또는 개]

2 Gauss의 정리

Faraday의 실험에서 어떤 폐곡면을 지나는 전속은 그 폐곡면에 의해서 둘러싸여 있는 전체 전하와 같다. 즉, 임의의 폐곡면을 통하여 밖으로 나가는 전체 전력선수의 ϵ_0배는 폐곡면 내에 있는 전하의 대수합과 같다는 Gauss의 정리를 유도할 수 있다. 그러면 Gauss의 정리를 전력선수의 측면과 전속의 측면에서 생각하여 본다.

쉼 터

Gauss(1777~1855) 인물사

독일의 수학자, 물리학자 그리고 측지학자로서 말을 배우기 전에 계산부터 할 수 있을 정도의 신동으로 자와 컴퍼스에 의한 정십칠각형 작도법을 발견함으로써 그의 뜻이 수리과학으로 향해지게 되었다고 일컬어진다. 정수론, 초기하급수론, 곡면론, 복소함수론 등의 연구, 퍼텐셜 이론에 대한 기여 등이 유명하다. 소행성 세레스의 궤도계산을 하여, 1801년에 피아치가 발견해서 잠시 추적하다가 잃어버렸던 이 별의 재출현 데이터를 구해 멋지게 적중시켰다. 이때 이미 최소 2승법을 활용하고 있었다. 지자기 연구로부터 측정기의 개발, 관측망의 정비 등을 행했으며, 전자기 측정을 위한 단위에 공헌했다.

2.1 전력선의 개념에서 본 정리

미소 면적 $d\omega$는 평면이라 가정할 수 있고 $d\omega$라는 양 뿐만 아니라 공간에서 방향까지도 가진다. 다시 말해서 미소면적은 벡터량으로 표시할 수 있다. $d\omega$에 관계되는 방향은 폐곡면에 대해서 항상 바깥쪽을 향하게 된다.

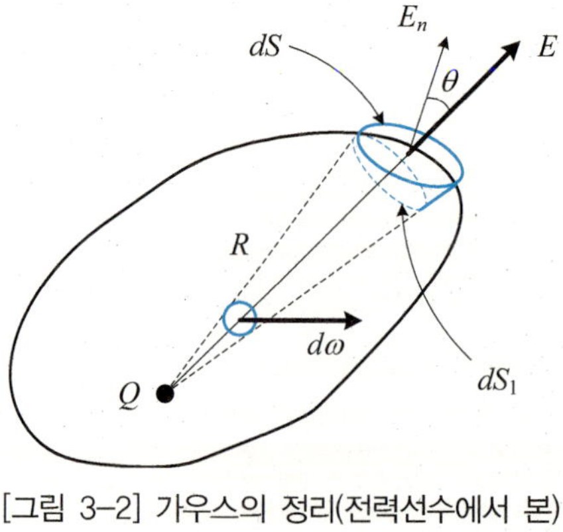

[그림 3-2] 가우스의 정리(전력선수에서 본)

점 전하 Q에 의한 dS 면상의 전계의 세기를 $\vec{E}$, 그 수직 성분을 E_n, 그 사이의 각을 θ로 한다.

그러므로 전력선과 수직인 dS면을 지나는 전력선수 dN은

$$dN = \vec{E} \cdot d\vec{S} = EdS\cos\theta \tag{3-7}$$

로 되며 이 값은 dS를 지나는 전력선수이다.

[그림 3-3(a)]와 같이 균일 전계 내에 임의의 각도로 위치한 같은 면적의 단면들을 관통하는 전력선수는 서로 다를 것이다. 즉 전계의 방향과 단면이 이루는 각에 따라 단면을 관통하는 전력선수가 변화한다.

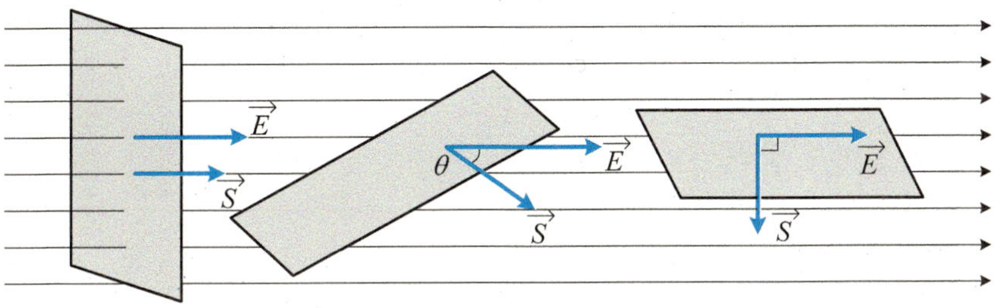

(a) $N = \vec{E} \cdot \vec{S} = ES$ $(\theta = 0°)$ (b) $N = \vec{E} \cdot \vec{S} = ES\cos\theta$ (c) $N = \vec{E} \cdot \vec{S} = 0$ $(\theta = 90°)$

[그림 3–3] 임의 단면을 통과하는 전력선수

한편, 전체 전력선수는

$$N = \int dN = \oint \vec{E} \cdot d\vec{S} = \frac{\psi}{\epsilon_0} = \frac{Q}{\epsilon_0} \tag{3-8}$$

가 된다. 그러므로 **전속수는 전체 전력선수의 ϵ_0배**와 같다는 것을 알 수 있다.

식(3-8)에서 [그림 3-4]와 같이 단위면적을 통과하는 전력선수가 많은 공간은 강전계가 되고 전력선수가 적은 공간은 약전계가 된다.

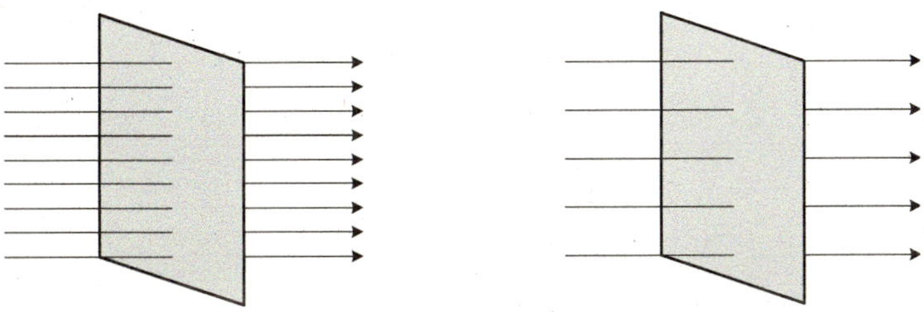

(a) 강전계 (b) 약전계

[그림 3–4] 강전계와 약전계

2.2 전속의 개념에서 본 정리

한 점 P에서 미소면적 ΔS와 θ의 각을 이루는 $\overrightarrow{D_s}$를 생각해 본다. ΔS를 지나는 전속은 $\overrightarrow{D_s}$의 $\Delta \vec{S}$에 대한 투영선분이다. 즉,

$$\Delta\psi = \Delta S\text{를 지나는 전속} = D_s \cos\theta \Delta S = \overrightarrow{D_s} \cdot \Delta\vec{S}$$

이므로 임의의 폐곡면을 지나는 총 전속은 각각의 면적 $\Delta\vec{S}$를 지나는 전속의 합으로써 얻어진다.

$$\psi = \oint_s d\psi = \oint \overrightarrow{D_s} \cdot d\vec{S} \tag{3-9}$$

Gauss의 법칙에 따라 ψ는 폐곡면 내부의 전하와 같게 되므로

$$\boxed{\psi = \oint \overrightarrow{D_s} \cdot d\vec{S} = Q} \tag{3-10}$$

가 된다.

임의의 폐곡면이라 함은 사면체, 육면체, 원기둥, 각기둥, 원뿔, 각뿔, 구, 타원, … 등을 포함하는 임의의 형태의 입체 표면이라고 이해하면 충분하다. 따라서 Gauss 법칙은 임의의 폐곡면에 대해서 성립한다.

다만 전하의 분포가 반드시 대칭 형태를 가져야 하며 이에 따라 Gauss 표면을 적절히 선택해야만 Gauss 법칙을 이용하여 쉽게 $\vec{D}$를 구할 수 있다.

예를 들어 원점에 놓인 점전하 하나가 있다고 가정할 때 이 전하는 대칭 형태, 즉 방사 대칭 형태를 갖고 있다. 이 때 Gauss 표면을 어떻게 선택할 것인가 하는 문제가 생기는데 가장 현명한 방법은 중심을 원점에 두는 구형의 Gauss 표면을 선택하는 것이다. 그 이외의 선택을 하더라도 Gauss 법칙을 만족한다. 그러나 계산이 복잡하거나 불가능하다.

임의의 폐곡면으로 둘러싸인 전하는 점전하, 선전하, 면전하 또는 체적 전하의 형태를 갖는다. 점전하는

$$Q = \sum_{k=1}^{n} Q_k \tag{3-11}$$

로 나타내고, 점전하가 모여서 형성된 선전하가 있다면

$$Q = \int \rho_L dL \quad (\rho_L : \text{선전하 밀도}) \tag{3-12}$$

로 나타내고, 선전하가 모여서 형성된 면전하일 경우

$$Q = \iint \rho_s dS \quad (\rho_s \text{ : 면전하 밀도}) \tag{3-13}$$

로 나타내고, 또, 체적전하 분포에 대해서

$$Q = \iiint \rho dv \quad (\rho \text{ : 체적전하 밀도}) \tag{3-14}$$

가 된다.

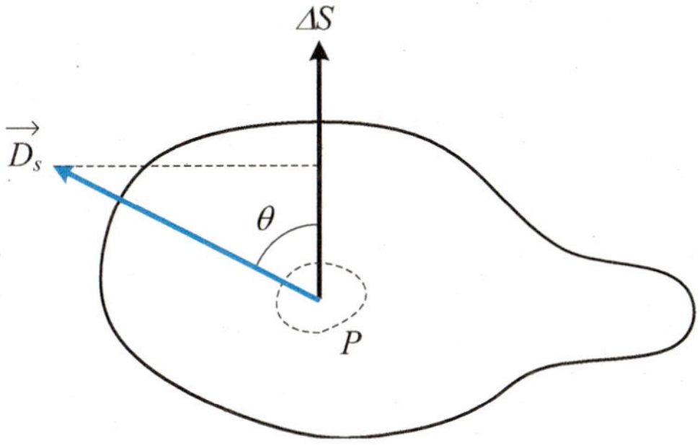

[그림 3-5] 가우스의 정리(전속의 개념에서 본)

Gauss의 법칙은 전하분포에 관한 일반적인 식으로 다음과 같이 쓸 수 있다.

$$\oint \overrightarrow{D_s} \cdot d\vec{S} = \int \rho dv \tag{3-15}$$

이 식의 의미는 임의의 폐곡면을 향해서 밖으로 나가는 전속선의 수는 그 폐곡면 내에 있는 총 전하량과 같다는 것이다.

정리

① 임의의 폐곡면을 지나는 전속수는 폐곡면 내의 전체 전하량 Q와 같다.

$$\oint \overrightarrow{D_s} \cdot d\vec{S} = Q[\text{C}]$$

② 임의의 폐곡면을 지나는 전력선수는 폐곡면 내의 전체 전하량 Q의 $1/\varepsilon$과 같다.

$$\oint \vec{E} \cdot d\vec{S} = \frac{Q}{\epsilon}$$

③ 폐곡면 내에 전하가 없을 때에는 폐곡면을 출입하는 전속(또는 전력선)의 합은 0이다.

예제 3-3 자유 공간에서 10^3 [V/m]인 동일 전계 중에 면적 20 [cm^2]의 구형 코일의 면이 전계와 60°의 각을 이루고 있을 때, 코일 내를 지나는 전속은? 단 $\epsilon_0 = 8.85 \times 10^{-12}$ [F/m]이다.

〈풀이〉 전속수는 폐곡면 내의 전하량과 동일하므로

$$\begin{aligned}\Psi &= Q = DS\cos\theta \\ &= \epsilon_0 ES\cos\theta \\ &= 8.85 \times 10^{-12} \times 10^3 \times 20 \times 10^{-4} \times \frac{1}{2} \\ &= 8.85 \times 10^{-12} [\mathrm{C}]\end{aligned}$$

예제 3-4 지구 표면에서 대지로 향한 전계강도가 $E = 20$ [V/m]이라 하면 그 지표면의 전하밀도 [C/m^2]는?

〈풀이〉 면전하 밀도는 전속밀도와 동일하므로

$$\rho = \epsilon_0 E$$

가 된다. 그러므로

$$\rho = \epsilon_0 E = 20\epsilon_0 \ [\mathrm{C/m^2}]$$

으로 표현되며 대지로 향하므로 대지에는 (-)전하가 있다.

예제 3-5 $r = a$인 표면이 면전하 밀도 ρ_s로 균일하게 대전되어 있다. 원통좌표계에서 $r < a$ 및 $r > a$인 영역내의 D_r을 구하라.

〈풀이〉 단위면적당 분포되어 있는 전하량인 면전하 밀도는 전속밀도와 동일하므로 내부에서는 이 면전하 밀도가 존재하지 않는다.

$r < a$ (구 내부)인 영역 : $D_r = 0$

$r > a$ (구 외부)인 영역 : $\rho_s 2\pi a = D_r 2\pi r$

$$D_r = \frac{a}{r}\rho_s [\mathrm{C/m^2}]$$

예제 3-6 자유공간에서 $\vec{E} = \hat{x}x + \hat{y}y + \hat{z}z$일 때 직경 R인 구의 전체 전속은?

〈풀이〉 $\vec{E}$를 구좌표계로 바꾸면

$$\vec{E} = \hat{x}x + \hat{y}y + \hat{z}z = \hat{R}\frac{R}{2}$$

이다.

따라서 $\vec{D} = \epsilon_0 \vec{E} = \hat{R}\epsilon_0 \frac{R}{2}$ 이므로 전체 전속은 구좌표계에서

$$\begin{aligned}\psi &= \int_0^{2\pi}\int_0^{\pi} \hat{R}\epsilon_0 \frac{R}{2} \cdot \hat{R}\left(\frac{R}{2}\right)^2 \sin\theta d\theta d\phi \\ &= 4\pi\epsilon_0\left(\frac{R}{2}\right)\left(\frac{R}{2}\right)^2 \\ &= \frac{1}{2}\pi\epsilon_0 R^3\end{aligned}$$

예제 3-7 공기 중에 있는 반지름 $a\,[\mathrm{m}]$인 구내의 전하분포가 $\rho = \rho_0\left(\frac{r}{a}\right)^{\frac{3}{2}}[\mathrm{C/m^3}]$($r$은 구중심으로부터의 거리)일 때, 구표면의 전계의 세기$[\mathrm{V/m}]$는 얼마인가?

〈풀이〉 구내의 총전하량 Q는

$$\begin{aligned}Q &= \int_v \rho dv = \int_0^a \rho 4\pi r^2 dr = \int_0^a \rho_0\left(\frac{r}{a}\right)^{\frac{3}{2}} 4\pi r^2 dr \\ &= \frac{8\pi}{9}\rho_0 a^3[\mathrm{C}]\end{aligned}$$

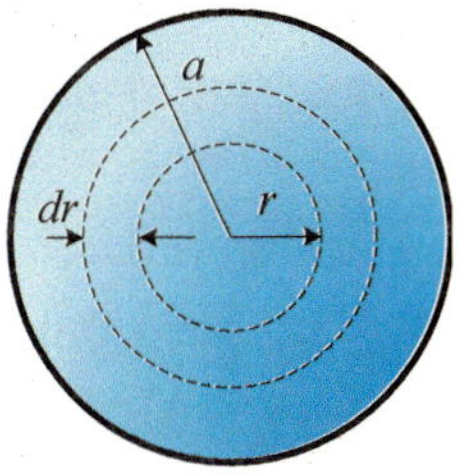

$dv = 4\pi r^2 dr$

따라서 $r = a$인 구표면의 전계 E는 Gauss의 정리에서

$$\int \vec{D} \cdot d\vec{S} = Q, \quad 4\pi a^2 D = Q$$

$$\therefore\ D = \frac{Q}{4\pi a^2} = \frac{2}{9}\rho_0 a[\mathrm{C/m^2}]$$

$$\therefore\ E = \frac{2}{9\epsilon_0}\rho_0 a[\mathrm{V/m}]$$

3 Gauss의 정리에 대한 적용예

Gauss의 정리는 Coulomb의 법칙으로부터 유도된다. 따라서 이 정리는 Coulomb 법칙을 다르게 설명한 것에 불과하다. 그러나 전하분포가 대칭인 경우에는 Coulomb의 법칙을 사용하지 않고도 쉽게 전계를 구할 수 있다.

가우스의 정리의 식 $Q=\oint \vec{D}\cdot d\vec{S}$를 이용하여 전속밀도 $\vec{D}$를 구하려면 $\vec{D}$가 적분 내에 포함되어 있으므로 적분 방정식을 풀어야 한다.

일반적으로 적분 방정식을 푸는 것은 용이하지 않지만 다음과 같은 두 가지 조건이 만족되면 쉽게 적분 방정식을 풀 수 있다.

① 모든 점에서 $\vec{D}$가 접하거나 수직으로 되어서 $\vec{D}\cdot d\vec{S}$가 DdS로 되거나 0이 되게 한다.
② 폐곡면 상에서 $\vec{D}\cdot d\vec{S}$가 0이 아닌 점에서는 $\vec{D}$가 일정하다.

그러므로 Gauss의 정리를 이용함에 있어서 대칭성을 이용해야 함은 당연하다. Gauss의 정리의 적용여부는 대칭성에 달려 있기 때문이다.

3.1 구좌표계에 의한 전계

중심을 원점으로 한 반경 R인 구면에 대하여 Q에 의한 전속이 방사상으로 발산하고 전속밀도는 대칭의 정리에 의하여 구면상에서 일정하다.

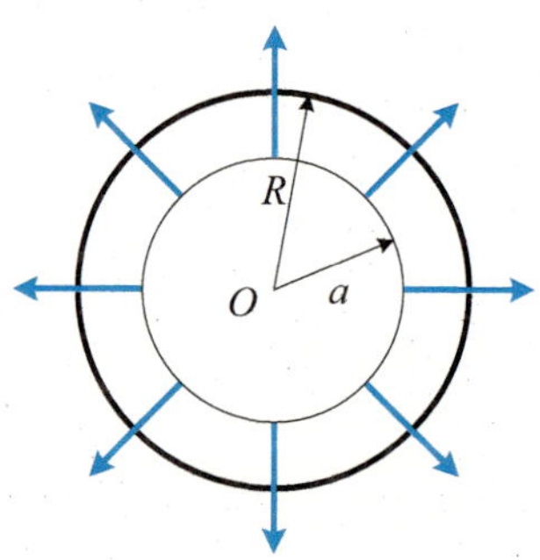

[그림 3-6] 반경 R인 구면상의 전계강도

Gauss의 정리에 의하면

$$\begin{aligned} Q &= \oint \vec{D} \cdot d\vec{S} \\ &= D\int_0^{2\pi}\int_0^{\pi} R^2 \sin\theta \, d\theta \, d\phi \\ &= 4\pi R^2 D \, [\mathrm{C}] \end{aligned} \tag{3-16}$$

이 된다.

이때 전속의 방향은 밖으로 향하는 방사성 방향이므로 전속밀도 $\vec{D}$는

$$\vec{D} = \frac{Q}{4\pi R^2}\hat{R} \, [\mathrm{C/m^2}] \tag{3-17}$$

이며 전계강도는 자유공간에서

$$\vec{E} = \frac{Q}{4\pi\epsilon_0 R^2}\hat{R} \, [\mathrm{V/m}] \tag{3-18}$$

이다.

예를 들어 반경이 R_1인 구가 균일한 전하밀도 ρ를 가지고 있을 때 $\vec{D}$를 구하기로 한다. 구 내부($0 \le R \le R_1$)에서는

$$Q_i = \int \rho dv = \rho V_i = \rho \frac{4}{3}\pi R^3 \, [\mathrm{C}] \tag{3-19}$$

이 되어

$$\begin{aligned} \vec{D} &= \frac{Q_i}{4\pi R^2}\hat{R} = \frac{1}{4\pi R^2}\rho\frac{4}{3}\pi R^3 \hat{R} \\ &= \rho\frac{R}{3}\hat{R} \, [\mathrm{C/m^2}] \end{aligned} \tag{3-20}$$

$$\vec{E} = \frac{\rho R}{3\epsilon_0}\hat{R} \, [\mathrm{V/m}] \quad (\text{자유공간에서}) \tag{3-21}$$

가 된다. 구 외부($R_1 \le R$)에서는

$$Q_0 = \rho V_0 = \rho\frac{4}{3}\pi {R_1}^3 \, [\mathrm{C}] \tag{3-22}$$

이 되어

$$\vec{D} = \frac{Q_0}{4\pi R^2}\hat{R} = \frac{1}{4\pi R^2}\rho\frac{4}{3}\pi {R_1}^3\hat{R} \tag{3-23}$$

$$= \rho\frac{{R_1}^3}{3R^2}\hat{R}[\mathrm{C/m^2}]$$

$$\vec{E} = \frac{\rho}{3\epsilon_0}\frac{{R_1}^3}{R^2}\hat{R}\ [\mathrm{V/m}] \quad (\text{자유공간에서}) \tag{3-24}$$

가 된다.

이것을 도시하여 보면 다음과 같다.

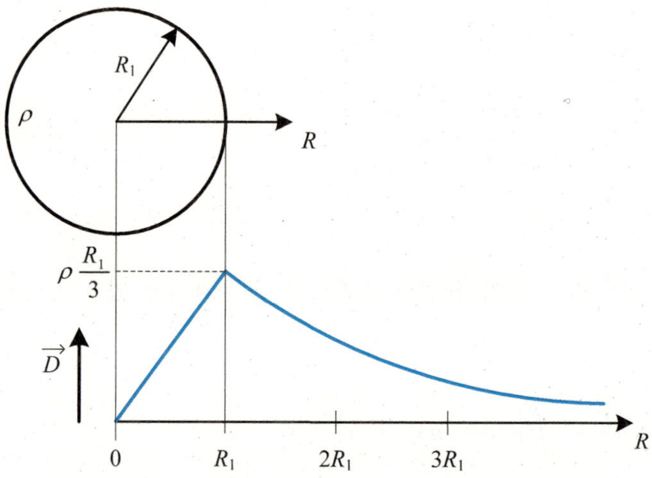

[그림 3–7] 균일한 전하밀도를 가진 경우의 전속밀도

이에 대해 반경의 함수인 전하밀도 $\rho = kR$인 경우에서 전하량은

$$Q = 4\pi\int_0^{R_1} kR^3 dR$$

$$= 4\pi\frac{1}{4}k{R_1}^4$$

$$= k\pi {R_1}^4\,[\mathrm{C}] \tag{3-25}$$

이 된다.

구 내부($0 \le R \le R_1$)에서는

$$\overrightarrow{D} = \frac{k\pi R^4}{4\pi R^2}\hat{R} = \frac{kR^2}{4}\hat{R}\,[\mathrm{C/m^2}] \tag{3-26}$$

$$\overrightarrow{E} = \frac{kR^2}{4\epsilon_0}\hat{R}\,[\mathrm{V/m}] \quad (\text{자유공간에서}) \tag{3-27}$$

이 된다.

구 외부($R_1 \le R$)에서는

$$\overrightarrow{D} = \frac{k\pi {R_1}^4}{4\pi R^2}\hat{R} = \frac{k{R_1}^2}{4}\left(\frac{R_1}{R}\right)^2\hat{R}[\mathrm{C/m^2}] \tag{3-28}$$

$$\overrightarrow{E} = \frac{k{R_1}^2}{4\epsilon_0}\left(\frac{R_1}{R}\right)^2\hat{R}[\mathrm{V/m}] \tag{3-29}$$

이 된다.

이것을 도시하여 보면 다음과 같다.

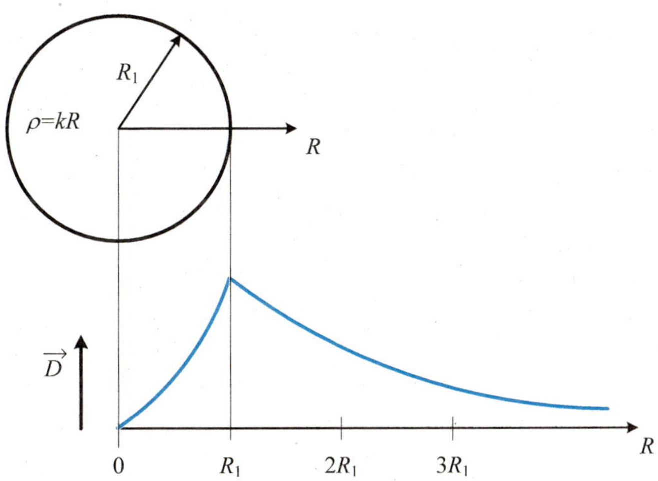

[그림 3-8] $\rho = kR$인 경우의 전속밀도

예제 3-8 공기 중에 반지름 a[m]인 구 내부가 체적전하밀도 $\rho[\mathrm{C/m^3}]$으로 균일하게 대전되어 있으며 구 중심으로부터 R[m]($R < a$)인 점의 전계강도는 구 표면의 전계강도보다 몇 배인가?

〈풀이〉

$$Q = \int \rho dv = \rho\int_0^R 4\pi R^2 dR = \frac{4}{3}\pi R^3 \rho[\mathrm{C}]$$

이 되므로 R[m]인 점의 전계 E_R은

$$E_R = \frac{Q}{4\pi\epsilon_0 R^2} = \frac{\rho R}{3\epsilon_0}\ [\mathrm{V/m}]$$

으로 표현된다.
따라서 반지름 a인 점의 전계 E_a는

$$E_a = \frac{a\rho}{3\epsilon_0}\ [\mathrm{V/m}]$$

가 되어

$$E_R = \frac{R}{a} E_a\ [\mathrm{V/m}]$$

로 주어진다.

예제 3-9 **반경이 R_1, R_2인 동심구가 있다. 반경 R_1인 구 껍질에는 $+Q_1$의 전하가 분포되어 있고 반경 R_2의 구 껍질에는 $+Q_2$의 전하가 분포되어 있다. 대칭성을 이용하여 모든 점에서 전계 E를 구하라.(원통 사이의 매질은 자유공간)**

〈풀이〉 $R \le R_1$에서는 면 전하밀도가 없으므로

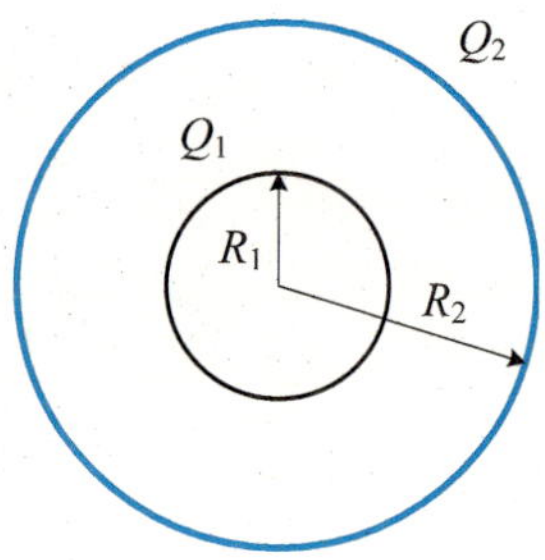

$$E = 0$$

$R_1 \le R \le R_2$에서는 반경 R_1인 구 껍질에서의 전하만이 존재하므로

$$E = \frac{Q_1}{4\pi\epsilon_0 R^2}\ [\mathrm{V/m}]$$

$R_2 \le R$에서 반경 R_1인 구 껍질에서의 전하와 반경 R_2인 구 껍질에서의 전하 모두 존재하므로

$$E = \frac{Q_1 + Q_2}{4\pi\epsilon_0 R^2}$$

3.2 무한장 선전하에 의한 전계

무한장 선전하에 의한 전계는 직선을 축으로 하는 방사상의 분포를 가진다. 따라서 직선 도체에서 반지름 r[m], 길이 L[m]의 원통면은 가우스 폐곡면이 되므로 무한장 선전하에 의한 임의의 점의 전계는 대칭의 정리에 의하여 원통면상에서 일정하다.

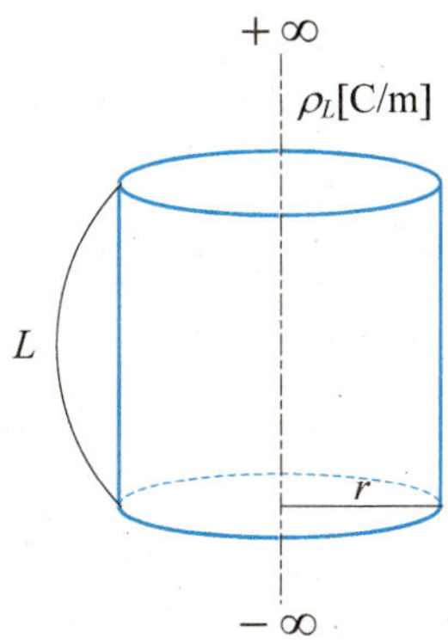

[그림 3-9] 무한장 선전하에 의한 전계

그림에서와 같이 $z=0$, $z=L$ 사이의 반경 r인 원통면을 폐곡면으로 취하여 Gauss의 정리를 적용하면

$$\begin{aligned} Q &= \oint \vec{D} \cdot d\vec{S} \\ &= \int_0^L \int_0^{2\pi} D_r r\, d\phi\, dz \\ &= D_r 2\pi r L \end{aligned} \tag{3-30}$$

가 된다. 이 식에서

$$D_r = \frac{Q}{2\pi r L}\,[\mathrm{C/m^2}] \tag{3-31}$$

이다.

선전하밀도를 ρ_L이라 할 때 원통내의 총전하량은

$$Q = \rho_L L\,[\mathrm{C}] \tag{3-32}$$

이 되어 식(3-32)를 식(3-31)에 대입하면

$$D_r = \frac{\rho_L L}{2\pi r L} = \frac{\rho_L}{2\pi r}\ [\mathrm{C/m^2}] \tag{3-33}$$

또는

$$E_r = \frac{\rho_L}{2\pi\epsilon_0 r}\ [\mathrm{V/m}]\ (\text{자유공간인 경우}) \tag{3-34}$$

으로 표시되어

$$\boxed{\vec{E} = \frac{\rho_L}{2\pi\epsilon_0 r}\hat{r}\ [\mathrm{V/m}]} \tag{3-35}$$

가 된다.

예제 3-10 진공 중에 선전하 밀도가 25×10^{-9}[C/m]인 무한히 긴 선전하가 z축상에 있을 때 (3, 4, 0)[m]의 전계의 세기는?

〈풀이〉 무한장 선전하에 의한 전계는 $\vec{E} = \hat{r}\frac{\rho_L}{2\pi\epsilon r}$이며 거리 r방향의 단위벡터를 직각좌표계에서 표현하면

$$\hat{r} = \frac{\hat{x}3+\hat{y}4}{\sqrt{3^2+4^2}} = \frac{\hat{x}3}{5}+\frac{\hat{y}4}{5}$$

이 되므로 이 때 전계의 세기는

$$\vec{E} = \hat{r}\frac{\rho_L}{2\pi\epsilon r} = 18\times10^9\times\frac{25\times10^{-9}}{5}\left(\hat{x}\frac{3}{5}+\hat{y}\frac{4}{5}\right)$$
$$= \hat{x}54+\hat{y}72$$

3.3 동축 케이블(Coaxial Cable)에 의한 전계

안쪽 반지름 a, 바깥쪽 반지름 b인 무한장 원통도체에서 내부 도체의 외부 표면상에 면전하 밀도 ρ_s가 분포되어 있다고 한다.

$r < a$인 점에서는 전계는 전하가 표면에만 존재하므로 0이고 $r > b$인 점에서는 전계는 내부 도체에 $+\rho_s$, 외부 도체에 $-\rho_s$의 면전하가 유도되므로 0이 된다. 그러므로 전계는 $a < r < b$인 영역에만 존재한다.

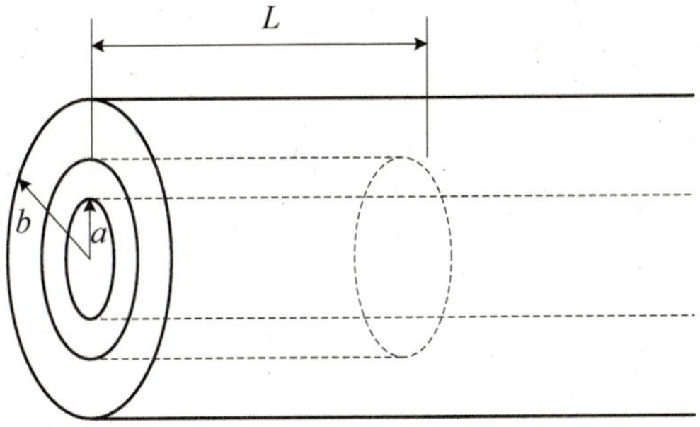

[그림 3-10] 동축 케이블에 의한 전계

길이 L인 내부 도체상의 전체 전하량은

$$Q = \int_{z=0}^{L} \int_{\phi=0}^{2\pi} \rho_s a d\phi dz = 2\pi a L \rho_s \tag{3-36}$$

이며 식(3-36)을 식(3-31)에 대입하면

$$\begin{aligned} D_r &= \frac{Q}{2\pi r L} \\ &= \frac{2\pi a L}{2\pi r L} \rho_s \\ &= \frac{a}{r} \rho_s \, [\mathrm{C/m^2}] \end{aligned}$$

$$\overrightarrow{D} = \frac{a \rho_s}{r} \hat{r} \, [\mathrm{C/m^2}] \tag{3-37}$$

이다.

원통 사이의 매질이 자유공간이라면 전계는

$$\overrightarrow{E} = \frac{a \rho_s}{\epsilon_0 r} \hat{r} \, [\mathrm{V/m}] \tag{3-38}$$

이다.

선전하 밀도는 식(3-36)에 의해

$$\rho_L = \frac{Q}{L} = \frac{2\pi a L \rho_s}{L} = 2\pi a \rho_s \tag{3-39}$$

에서

$$\rho_s = \frac{\rho_L}{2\pi a} \tag{3-40}$$

인 관계가 성립하여 식(3-40)을 식(3-38)에 대입하면

$$E = \frac{\rho_L}{2\pi\epsilon_0 r}\,[\mathrm{V/m}] \tag{3-41}$$

으로 주어진다.

전계의 방향은 방사선 방향이므로 전계강도(또는 간단히 전계) E와 전속밀도 D는 다음과 같다.

$$\vec{E} = \frac{\rho_L}{2\pi\epsilon_0 r}\hat{r}\ \ [\mathrm{V/m}] \tag{3-42}$$

이 식에서 알 수 있는 바와 같이 동축 케이블의 원통 사이의 전계는 무한장 선전하에 의한 전계와 같다.

예제 3-11 반지름 a, $b\,[\mathrm{m}]\,(b > a)$인 무한장 동심 원통도체를 가진 동축 케이블에 각각 ρ_a, $\rho_b\,[\mathrm{C/m^2}]$의 전하가 분포되어 있을 때 중심축으로부터 $r\,[\mathrm{m}]\,(r > b)$인 점의 전계강도가 0이 되는 조건은?

〈풀이〉 반지름 $r\,[\mathrm{m}]\,(a < r < b)$, 길이 $L\,[\mathrm{m}]$인 동축 원통면은 가우스 폐곡면이 되므로 이 원통면에 가우스의 정리를 적용하면 다음과 같다.

$$\oint \vec{D}\cdot d\vec{S} = Q_a + Q_b = 0$$

그러므로

$$Q_a = 2\pi a L\rho_a,\quad Q_b = 2\pi b L\rho_b$$

가 되어

$$\rho_a = -\frac{b}{a}\rho_b$$

으로 표현된다.

3.4 무한 면전하에 의한 전계

무한히 넓은 xy평면에 면전하 밀도 $\rho_s\,[\mathrm{C/m^2}]$의 전하가 분포되어 있는 경우 전력선은 면에 수직으로 나와 평행하게 발산한다.

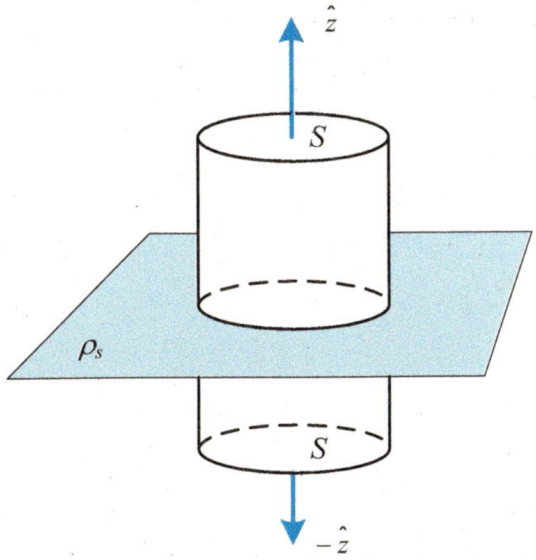

[그림 3-11] 면전하에 의한 전계

따라서 면에 수직한 원통면은 가우스 폐곡면이 되므로 여기서 가우스의 정리를 적용하면

$$\oint \overrightarrow{D} \cdot d\overrightarrow{S} = Q = \rho_s S \tag{3-43}$$

가 되며, 여기서 면적 적분 구간은 면적 S인 양쪽의 평면 2개와 둥근 면으로 구성된다. 즉,

$$\oint \overrightarrow{D} \cdot d\overrightarrow{S} = \iint_{\text{둥근면}} \overrightarrow{D} \cdot d\overrightarrow{S} + 2\int \overrightarrow{D} \cdot d\overrightarrow{S} \tag{3-44}$$

이 된다.

첫 항의 면 벡터는 둥근 면에 수직 방향이고 $\overrightarrow{D}$벡터는 대칭성에 의하여 화살표 방향의 성분 뿐이므로 직각이 되어

$$\overrightarrow{D} \cdot d\overrightarrow{S} = 0 \tag{3-45}$$

이 된다.

우측 2번째 항의 2는 양끝 면의 면 벡터와 면전하로부터 발생하는 $\overrightarrow{D}$벡터가 같은 방향에 있고 전속의 방향을 고려하면

$$\vec{D} = +\frac{\rho_s}{2}\hat{z} \ (z > 0) \tag{3-46}$$

$$\vec{D} = -\frac{\rho_s}{2}\hat{z} \ (z < 0) \tag{3-47}$$

의 관계식이 성립하게 된다.

마찬가지로 자유공간에서 전계강도 $\vec{E}$는

$$\vec{E} = +\frac{\rho_s}{2\epsilon_0}\hat{z} \quad (z > 0) \tag{3-48}$$

$$\vec{E} = -\frac{\rho_s}{2\epsilon_0}\hat{z} \quad (z < 0) \tag{3-49}$$

가 된다.

예제 3-12 그림과 같이 면 전하 밀도가 $+\rho_s[\mathrm{C/m^2}]$와 $-\rho_s[\mathrm{C/m^2}]$인 평행판 전하가 간격 $d[\mathrm{m}]$만큼 떨어져 있을 때 임의점에서의 전계를 구하라.

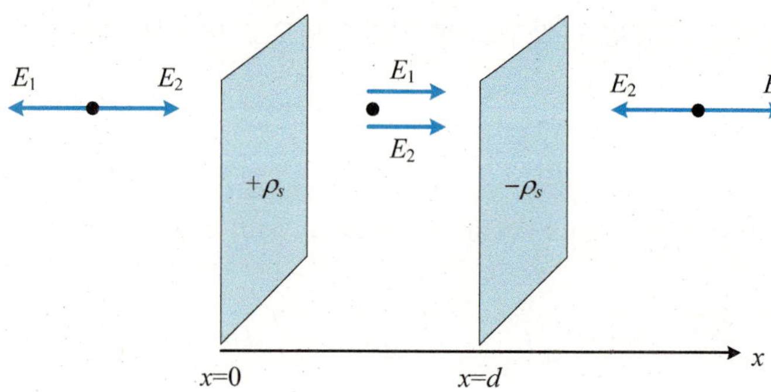

〈풀이〉 평행판 전하에 의한 전계의 세기는 각각의 판 전하에 의한 전계를 합한 것과 같으므로 $x < 0$인 영역에서는

$$E_1 = -\hat{x}\frac{\rho_s}{2\epsilon_0}, \quad E_2 = \hat{x}\frac{\rho_s}{2\epsilon_0}$$

가 되어 전체 전계는

$$E = E_1 + E_2 = 0$$

마찬가지로 $x > d$인 영역에서도

$$E_1 = \hat{x}\frac{\rho_s}{2\epsilon_0}, \quad E_2 = -\hat{x}\frac{\rho_s}{2\epsilon_0}$$

이 되어 합성 전계는

$$E = E_1 + E_2 = 0$$

이 되어 평행판 외부에서는 전계가 존재하지 않는다. 그러나 $0 < x < d$인 영역에서는 각각의 판 전하에 의한 전계의 방향이 같으므로

$$E_1 = \hat{x}\frac{\rho_s}{2\epsilon_0}, \quad E_2 = \hat{x}\frac{\rho_s}{2\epsilon_0}$$

이 되어 합성 전계는

$$E = E_1 + E_2 = \hat{x}\frac{\rho_s}{\epsilon_0} \quad [\mathrm{N/C}]$$

이 되어 평행판 사이에서는 하나의 판 전하에 의한 전계의 두 배가 됨을 알 수 있다.

학습활동

전하에 따른 전계의 세기

	점 전하	선 전하	면 전하
전계의 세기	$\frac{Q}{4\pi\epsilon_0}\left(\frac{1}{R^2}\right)$	$\frac{\rho_L}{2\pi\epsilon_0}\left(\frac{1}{r}\right)$	$\frac{\rho_s}{2\epsilon_0}$ (거리에 무관)

4 발산(Divergence)

4.1 발산의 유도

이제까지 취급한 문제와는 달리 전혀 대칭성을 갖지 않는 경우 Gauss의 정리를 사용하는 방법을 고찰해 본다. 일반적으로 전하분포가 대칭성을 갖지 않으면 $\vec{D}$의 법선 성분이 폐곡면 상의 모든 점에서 일정한 값을 갖거나 0이 되는 폐곡면을 설정할 수 없으므로, 미소 면적을

취하여 이 표면상에서 $\vec{D}$가 거의 일정한 값을 갖도록 하고, $\vec{D}$에 대한 Taylor 전개식의 첫 2개항으로 $\vec{D}$의 미소 증가량을 표시하여 주어진 문제에 대한 해를 구한다.

이 방법으로 얻어진 결과는 폐곡면이 작으면 작을수록 더욱 정확해지므로 이 체적의 극한치가 0이 되는 경우를 고찰하면 정확한 결과를 얻을 수 있다.

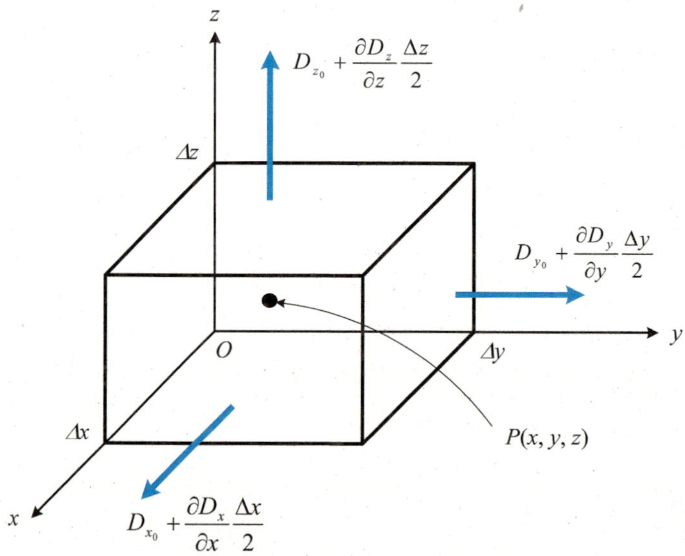

[그림 3-12] 가우스 정리의 미분형

직각 좌표계에서 한 점 P를 취하면 P점에서의 $\vec{D}$는

$$\vec{D} = \hat{x}D_{x_0} + \hat{y}D_{y_0} + \hat{z}D_{z_0} \tag{3-50}$$

로 표시할 수 있다.

이 때 P점에 중심이 있고 변의 길이가 각각 Δx, Δy, Δz인 미소 입방체의 표면에 대하여 가우스의 정리를 적용하면

$$\oint \vec{D} \cdot d\vec{S} = \Delta Q \tag{3-51}$$

이다. 여기서 ΔQ는 미소입방체의 전하량이다.

이 때

$$\oint \vec{D} \cdot d\vec{S} = \int_{전} + \int_{후} + \int_{좌} + \int_{우} + \int_{상} + \int_{하} \tag{3-52}$$

이므로 각 표면에서 D가 일정하다고 간주하면

$$\int_{전} \simeq D_f \cdot \Delta S_f \simeq \hat{x} D_f \cdot (\hat{x} \Delta y \Delta z) \simeq D_{xf} \Delta y \Delta z \tag{3-53}$$

이고 D_{xf}를 Taylor 전개식의 첫 2개항만 사용하면

$$\begin{aligned} D_{xf} &\simeq D_{x0} + (x\text{에 대한 } D_x\text{의 변화율} \cdot \frac{\Delta x}{2}) \\ &\simeq D_{x0} + \left(\frac{\partial D_x}{\partial x}\frac{\Delta x}{2}\right) \end{aligned} \tag{3-54}$$

가 되어 식(3-54)을 식(3-53)에 대입하면

$$\int_{전} \simeq \left(D_{x0} + \frac{\Delta x}{2}\frac{\partial D_x}{\partial x}\right)\Delta y \Delta z \tag{3-55}$$

이다.

한편, 여기서 이 미소 체적소의 후면에 대해 고찰하면

$$\int_{후} \simeq D_b \cdot \Delta S_b \simeq (\hat{x} D_x) \cdot (-\hat{x} \Delta y \cdot \Delta z) \simeq -D_{xb} \Delta y \Delta z \tag{3-56}$$

이고, D_{xb}를 Taylor전개식의 첫 2개항만 사용하면

$$D_{xb} \simeq D_{x0} - \frac{\Delta x}{2}\frac{\partial D_x}{\partial x} \tag{3-57}$$

가 되어 식(3-57)을 식(3-56)에 대입하면

$$\int_{후} \simeq \left(-D_{x0} + \frac{\Delta x}{2}\frac{\partial D_x}{\partial x}\right)\Delta y \Delta z \tag{3-58}$$

가 된다. 이 두 적분을 합치면,

$$\int_{전} + \int_{후} \cong \frac{\partial D_x}{\partial x}\Delta x \Delta y \Delta z \tag{3-59}$$

가 된다. 같은 방법으로

$$\int_{우} \simeq \left(D_{y0} + \frac{\Delta y}{2}\frac{\partial D_y}{\partial y}\right)\Delta x \Delta z \tag{3-60}$$

$$\int_{좌} \simeq \left(-D_{y0} + \frac{\Delta y}{2}\frac{\partial D_y}{\partial y}\right)\Delta x \Delta z \tag{3-61}$$

이 되어 이 두 적분을 합치면

$$\int_{좌} + \int_{우} \cong \frac{\partial D_y}{\partial y}\Delta x \Delta y \Delta z \tag{3-62}$$

으로 주어진다. 동일한 방법으로

$$\int_{상} \simeq \left(D_{z0} + \frac{\Delta z}{2}\frac{\partial D_z}{\partial z}\right)\Delta x \Delta y \tag{3-63}$$

$$\int_{하} \simeq \left(-D_{z0} + \frac{\Delta z}{2}\frac{\partial D_z}{\partial z}\right)\Delta x \Delta y \tag{3-64}$$

이 되어 이 두 적분을 합치면

$$\int_{상} + \int_{하} \cong \frac{\partial D_z}{\partial z}\Delta x \Delta y \Delta z \tag{3-65}$$

가 된다.

그러므로 이들 적분을 합치면

$$\begin{aligned}\oint \vec{D} \cdot d\vec{S} &\simeq \left(\frac{\partial D_x}{\partial x} + \frac{\partial D_y}{\partial y} + \frac{\partial D_z}{\partial z}\right)\Delta x \Delta y \Delta z \\ &\simeq \left(\frac{\partial D_x}{\partial x} + \frac{\partial D_y}{\partial y} + \frac{\partial D_z}{\partial z}\right)\Delta v = \rho \Delta v\end{aligned} \tag{3-66}$$

가 된다. 이 식은 근사식이므로 Δv가 작을수록 점점 정확해진다.

식 (3-66)은 Δv가 작을수록 더 정확해지므로 미소 입방체의 체적 Δv를 무한히 작게 하고 양변을 Δv로 나누면 다음 식과 같다. 즉

$$\lim_{\Delta v \to 0} \frac{1}{\Delta v} \oint \vec{D} \cdot d\vec{S} = \rho \tag{3-67}$$

이다.

따라서 식(3-67)의 좌변은 전하가 공간적으로 분포하고 있는 경우 단위 체적당 발산하는 전속선의 수를 의미하며 이것을

$$\mathrm{div}\,\vec{D} = \nabla \cdot \vec{D} = \rho \qquad (3\text{-}68)$$

라고 표시하며, 가우스 정리의 미분형으로서 식(3-68)의 좌변은 divergence D 또는 발산 D라고 부른다.

이것은 정전계 및 정상 자계에 적용되는 4개의 Maxwell 방정식 중의 첫 번째 경우이며 미소 체적소에 대하여 벡터의 발산이 3개의 편미분 계수의 합이라는 것을 고려할 때 가우스 정리의 미분형과 동일하다.

학습활동

2선식 트위스티드 케이블(Twisted Pair Cable)에서 케이블을 꼬는 이유

병렬로 된 평행한 전선을 사용할 경우 외부 전원(source)에 의해 발생한 전자기적 간섭에 의해 발산(divergence)이 유발되어 인접 회선에 전자기적 간섭을 일으켜 누화와 같은 현상이 일어난다. 전원에 근접한 전선이 전원에 멀리 떨어진 전선에 비해 더 높은 전위를 가지므로 고르지 않은 부하와 손상된 신호를 유발한다.

4.2 발산의 의미

전계의 발산식은 전계의 미분으로 표현되므로 이는 전계의 변화율을 의미한다. [그림 3-13]에서 보는 바와 같이 전계 $\vec{E}$가 A점을 통과하면서 증가하면 A점에서 전계의 발산은 (+)값을 가지며 B점에서는 전계 $\vec{E}$가 감소하였으므로 전계의 발산은 (-)값을 갖게 된다. 점 C에서는 전계의 변화가 일어나지 않으므로 발산값은 영(zero)이 된다.

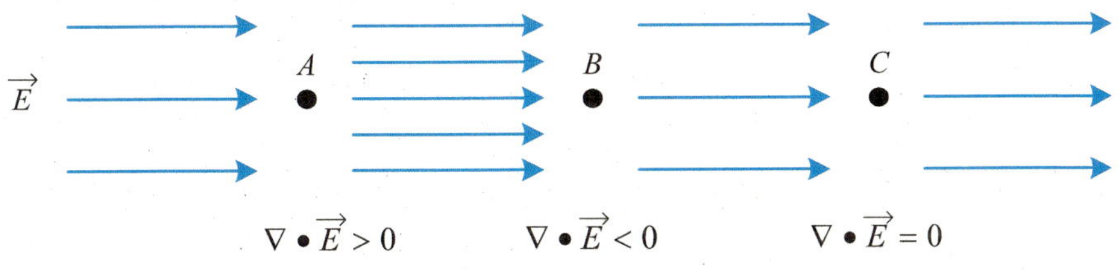

[그림 3-13] 발산의 의미

다시 말하면 점 A에서 전계가 증가하므로 전계의 발산은 (+)값을 갖게 되는데 양의 전하밀도가 분포되어 있음을 뜻한다. 반대로 점 B에서는 전계가 감소하였으므로 전계의 발산은 (-)값을 갖게 되고 이는 그 점에 음의 전하밀도가 분포되어 있음을 알 수 있다.

이상으로부터 발산의 의미를 다음과 같이 요약할 수 있다.

즉, 어느 한 점에서 벡터의 발산이 양(+)이면 그 점에 벡터의 원천(source)이 있고 벡터의 발산이 음(-)이면 그 점에 벡터의 씽크(sink)가 있으며 영(zero)이면 그 점에서 벡터의 변화가 없이 연속적이다.

5 발산정리(Divergence Theorem)

발산은 벡터에 대하여 행하는 연산으로 그 결과는 스칼라이므로 전속밀도 D의 발산 즉 div는 스칼라이다.

따라서 형식적으로는 $\vec{D}$와의 스칼라 곱으로,

$$\frac{\partial D_x}{\partial x}+\frac{\partial D_y}{\partial y}+\frac{\partial D_z}{\partial z} \tag{3-69}$$

인 스칼라가 되는 어떤 곱으로 생각할 수 있다.

이 벡터는

$$\nabla = \hat{x}\frac{\partial}{\partial x}+\hat{y}\frac{\partial}{\partial y}+\hat{z}\frac{\partial}{\partial z} \tag{3-70}$$

이라 하고 식(3-70)으로 정의된 벡터 연산자와 전속밀도 D와의 스칼라곱을 계산하면

$$\begin{aligned}\nabla \cdot \vec{D} &= \left(\hat{x}\frac{\partial}{\partial x}+\hat{y}\frac{\partial}{\partial y}+\hat{z}\frac{\partial}{\partial z}\right)\cdot(\hat{x}D_x+\hat{y}D_y+\hat{z}D_z)\\ &= \frac{\partial D_x}{\partial x}+\frac{\partial D_y}{\partial y}+\frac{\partial D_z}{\partial z}\end{aligned} \tag{3-71}$$

가 되어 식(3-68)에서 표현된 $\vec{D}$의 발산과 같으므로

$$\mathrm{div}\,\vec{D} = \nabla \cdot \vec{D} = \frac{\partial D_x}{\partial x}+\frac{\partial D_y}{\partial y}+\frac{\partial D_z}{\partial z} \tag{3-72}$$

인 결과식을 얻는다.

그러면 편미분 소자를 갖는 각각의 좌표계에 대하여 정리해 보면

$$\text{div}\ \vec{D} = \frac{\partial D_x}{\partial x} + \frac{\partial D_y}{\partial y} + \frac{\partial D_z}{\partial z}\ (\text{직각 좌표계}) \tag{3-73}$$

$$\text{div}\ \vec{D} = \frac{1}{r}\frac{\partial}{\partial r}(rDr) + \frac{1}{r}\frac{\partial D_\phi}{\partial \phi} + \frac{\partial D_z}{\partial z}\ (\text{원통 좌표계}) \tag{3-74}$$

$$\text{div}\ \vec{D} = \frac{1}{R^2}\frac{\partial}{\partial R}(R^2 D_R) + \frac{1}{R\sin\theta}\frac{\partial}{\partial\theta}(\sin\theta D_0) + \frac{1}{R\sin\theta}\frac{\partial D_\phi}{\partial\phi}\ (\text{구좌표계}) \tag{3-75}$$

로 된다.

전하가 공간적으로 분포된 경우 공간내에 존재하는 총 전하량은

$$Q = \int \rho dv = \int \nabla \cdot \vec{D} dv \tag{3-76}$$

으로서 다음과 같은 발산정리를 얻는다. 즉

$$\iint \vec{D} \cdot d\vec{S} = \int (\nabla \cdot \vec{D}) dv \tag{3-77}$$

이다.

이 식이 갖는 물리적 의미는 어떤 벡터계 내의 임의의 한 폐곡면을 취할 때, 이 폐곡면 전체에서 행한 벡터의 법선 성분의 적분은 폐곡면 내의 체적 전체에 대한 이 벡터의 발산의 체적 적분과 같다는 정리이며 벡터 면적적분을 스칼라 체적적분으로 변환하는데 쓰인다.

예제 3-13 $\vec{D} = \hat{x}2x^2 + \hat{y}y^2 + \hat{z}2yz$일 때, $(2,\ 3,\ 2)$점의 미소 체적에서의 전하량은? 이때 미소 체적을 Δv라고 한다.

〈풀이〉

$$\Delta Q = \left(\frac{\partial D_x}{\partial x} + \frac{\partial D_y}{\partial y} + \frac{\partial D_z}{\partial z}\right)\Delta v$$

$$= (4x + 2y + 2y) \times \Delta v \,|_{x=2,\, y=3,\, z=2}$$

$$= 20\Delta v\ [\text{C}]$$

예제 3-14 $\vec{E} = (\hat{x}\cos x + \hat{y}\sin x)e^{-y}$인 전계가 자유공간에서 존재한다. 공간 내의 모든 곳에서 전하밀도를 구하라.

〈풀이〉

$$\begin{aligned} \rho &= \nabla \cdot \vec{D} \\ &= \nabla \cdot \epsilon_0 \vec{E} \\ &= \epsilon_0\left(\frac{\partial}{\partial x}E_x + \frac{\partial}{\partial y}E_y\right) \\ &= \epsilon_0(-\sin x - \sin x)e^{-y} \\ &= -2\epsilon_0 e^{-y}\sin x \end{aligned}$$

예제 3-15 전속밀도 $\vec{D} = \hat{r}r^2$으로 주어질 때 폐곡면을 다음과 같이 취할 경우 전체 전하량을 구하라.
$r = 3,\ 0 \le z \le 2$(원통좌표계)

〈풀이〉 방법1;

$$\nabla \cdot \vec{D} = \frac{1}{r}\frac{\partial}{\partial r}r^3 = \frac{1}{r}\cdot 3r^2 = 3r$$

$$\begin{aligned} \int \nabla \cdot \vec{D}dv &= 4\pi\int_0^3 3r^2 dr \\ &= 108\pi \end{aligned}$$

방법2;

$$\begin{aligned} \oint \vec{D}\cdot d\vec{S} &= \int_0^2\int_0^{2\pi} r^2 \cdot r\,d\phi\,dz \\ &= 4\pi r^3\big|_{r=3} \\ &= 108\pi \end{aligned}$$

예제 3-16 $\vec{E} = \hat{R}R^{-1} + \hat{\theta}\sin\theta\sin\phi - \hat{\phi}\sin\theta\sin\phi$의 발산을 구하라.

〈풀이〉

$$\begin{aligned} \nabla \cdot \vec{E} &= \frac{1}{R^2}\frac{\partial}{\partial R}(R^2 E_R) + \frac{1}{R\sin\theta}\frac{\partial}{\partial\theta}(\sin\theta E_\theta) + \frac{1}{R\sin\theta}\frac{\partial E_\phi}{\partial\phi} \\ &= \frac{1}{R^2}\frac{\partial}{\partial R}\left(R^2\frac{1}{R}\right) + \frac{1}{R\sin\theta}\frac{\partial}{\partial\theta}(\sin\theta\sin\theta\sin\phi) + \frac{1}{R\sin\theta}\frac{\partial}{\partial\phi}(-\sin\theta\sin\phi) \\ &= \frac{1}{R^2} + \frac{1}{R\sin\theta}\sin\phi\frac{\partial}{\partial\theta}\left(\frac{1-\cos2\theta}{2}\right) - \frac{\cos\phi}{R} \\ &= \frac{1}{R^2} + \frac{\sin\phi}{R\sin\theta}2\sin\theta\cos\theta - \frac{\cos\phi}{R} \\ &= \frac{1}{R^2} + \frac{2}{R}\sin\phi\cos\theta - \frac{\cos\phi}{R} \end{aligned}$$

예제 3-17 벡터 $\vec{A} = 3xy\hat{x} + x^2\hat{y} + xz\hat{z}$가 분포하는 공간이 있다. 이 공간에서 $0 \le x,\ y,\ z \le 1$인 정육면체에서 성립하는 발산 정리를 증명하라.

〈풀이〉

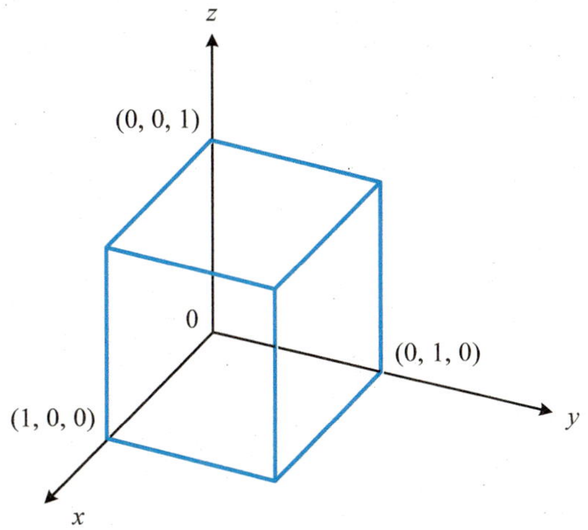

[그림 3-14] 벡터 $\vec{A}$가 만족하는 발산 정리

$$\oint_S \vec{A} \cdot d\vec{S} = \int_v \nabla \cdot \vec{A} dv$$

i) 등식의 좌변

$$\oint_S \vec{A} \cdot d\vec{S} = \int_{x=0}^{1}\int_{y=0}^{1} A_z\Big|_{z=1} dxdy + \int_{x=0}^{1}\int_{y=0}^{1} (-A_z)\Big|_{z=0} dxdy$$
$$+ \int_{z=0}^{1}\int_{x=0}^{1} A_y\Big|_{y=1} dxdz + \int_{z=0}^{1}\int_{x=0}^{1} (-A_y)\Big|_{y=0} dxdz$$
$$+ \int_{y=0}^{1}\int_{z=0}^{1} A_x\Big|_{x=1} dzdy + \int_{y=0}^{1}\int_{z=0}^{1} (-A_x)\Big|_{x=0} dzdy$$

이다. 여기서 $A_x = 3xy,\ A_y = x^2,\ A_z = xz$를 대입하여 적분하면,

$$\oint_S \vec{A} \cdot d\vec{S} = \int_{x=0}^{1}\int_{y=0}^{1} xz\Big|_{z=1} dxdy + \int_{x=0}^{1}\int_{y=0}^{1} (-xz)\Big|_{z=0} dxdy$$
$$+ \int_{z=0}^{1}\int_{x=0}^{1} x^2\Big|_{y=1} dxdz + \int_{z=0}^{1}\int_{x=0}^{1} (-x^2)\Big|_{y=0} dxdz$$
$$+ \int_{y=0}^{1}\int_{z=0}^{1} 3xy\Big|_{x=1} dzdy + \int_{y=0}^{1}\int_{z=0}^{1} (-3xy)\Big|_{x=0} dzdy$$

정리하면, 결과식은 다음과 같다.

$$\oint_S \vec{A} \cdot d\vec{S} = \int_{x=0}^{1}\int_{y=0}^{1} x(1-0)dxdy + \int_{z=0}^{1}\int_{x=0}^{1} (x^2-x^2)dxdz$$
$$+\int_{y=0}^{1}\int_{z=0}^{1} 3y(1-0)dzdy$$
$$= \int_{x=0}^{1} xdx + \int_{y=0}^{1} 3ydy = \frac{1}{2}+\frac{3}{2} = 2$$

ii) 등식의 우변

$$\nabla \cdot \vec{A} = 3y+0+x = 3y+x$$

이므로

$$\int_v \nabla \cdot \vec{A}\,dv = \int_{z=0}^{1}\int_{y=0}^{1}\int_{x=0}^{1} (3y+x)\,dxdydz$$
$$= \int_{z=0}^{1}\int_{y=0}^{1} \left[3yx+\frac{x^2}{2}\right]\Bigg|_0^1 dydz$$
$$= \int_{z=0}^{1}\int_{y=0}^{1} \left(3y+\frac{1}{2}\right)dydz = \left(\frac{3}{2}y^2+\frac{1}{2}y\right)\Bigg|_0^1 = 2$$

위의 (i)과 (ii)에 의하여 결과값이 동일하므로 발산정리가 증명된다.

학습내용요약

패러데이관

유전체 중에 있는 대전 도체 표면의 미소 면적 Δs의 주위에서 발산하는 전속으로 이루어지는 관[전력관]에서 Δs 내의 +1[C]의 전하에서 -1[C]의 전하로 연결되는 한 개의 관을 패러데이관(Faraday Tube)이라고 한다.

전속밀도

⇨ 구 표면의 단위 면적을 통과하는 전속수를 그 표면의 면적으로 나눈 값을 말한다.

⇨ 내구의 중심으로부터 R인 거리에 있는 점에서의 값은

$$\overrightarrow{D} = \frac{Q}{4\pi R^2}\hat{R} \ (a \leqq R \leqq b) \ [\mathrm{C/m^2}]$$

가 된다.

전계의 발산

⇨ 전하분포가 일정하지 않은 경우에는 폐곡면을 무한히 작게 하여 하나의 점으로 귀착시켜 그 점에서 전하와 전계 사이의 관계를 나타낼 수 있다.

⇨ Gauss 법칙의 미분형이라고 부른다.

$$\nabla \cdot \overrightarrow{D} = \rho$$

발산정리

⇨ 위의 두 식을 이용하여 폐곡면 적분과 체적 적분 사이의 관계를 만든 것이다.

Gauss의 정리

⇨ 전하와 그로 인해 발생되는 전계 사이의 정량적인 관계를 나타낸 것이다.

⇨ 임의의 폐곡면을 뚫고 나가는 전체 전기력선은 폐곡면 내의 전하량을 유전율(ϵ_0)로 나눈 값으로 표현한다.

⇨ Gauss의 정리의 적분형이라고 부른다.

$$\oint E \cdot dS = \frac{Q}{\epsilon_0} \ (Q : \text{폐곡면 내의 전하량})$$

연습문제

제 3 장

전속밀도 및 Gauss의 정리

01 패러데이관에 대해 서술하라.

02 $\overrightarrow{A} = \hat{x} + 2y\hat{y} + z\hat{z}$에 대한 $\int_s \overrightarrow{A} \cdot dS$의 값은? 단, S는 원점을 중심으로 하는 반지름 1인 구의 표면적이다.

03 $\vec{r} = \hat{x}x + \hat{y}y + \hat{z}z$, $r = |\vec{r}| = \sqrt{x^2 + y^2 + z^2}$ 일 때 $\nabla \cdot \left(\frac{\vec{r}}{r^3}\right)$의 값은?

04 $f = xyz$, $\overrightarrow{A} = \hat{x}x + \hat{y}y + \hat{z}z$일 때 점$(1,\ 1,\ 1)$에서의 $\nabla \cdot (f\overrightarrow{A})$는?

05 $\overrightarrow{D} = 2xy\hat{x} + 3yz\hat{y} + 8zx\hat{z}\,[\mathrm{C/m^2}]$로 표시되는 전속이 있다.
이때 $x = 4, -1 \leq y \leq 3,\ 0 \leq z \leq 2$인 평면을 통과하는 전속은?

06 $\overrightarrow{D} = 2xy\hat{x} + xy^2\hat{y} + yz\hat{z}\,[\mathrm{C/m^2}]$의 전속이 지나는 전계중의 점 $P(1,\ 2,\ 3)$의 전하밀도$[\mathrm{C/m^3}]$는?

07 반지름 $1[\mathrm{m}]$인 구 내부의 전하분포로 인하여 전계가 $\vec{E}=3x\hat{x}+2y\hat{y}+z\hat{z}[\mathrm{V/m}]$로 될 때, 구 표면을 뚫고 나가는 전기력선의 총수는?

08 가우스의 정리를 전력선의 측면과 전속의 측면에서 설명하라.

09 가우스의 정리의 미분형과 적분형을 유도하고, 이 정리의 물리적 의미를 설명하라.

Chapter 04

전위, 전위차

1. 전하를 이동시키는데 필요한 일
2. 전위차 및 전위의 정의
3. 전하계에 의한 전위: 중첩의 정리
4. 전위 경도
5. 모멘트에 의한 전계 해석

New Fundamentals of Electromagnetic Engineerings

전기자기학

단원개요

중력장에서 물체를 더 높은 곳으로 이동시키기 위해서는 일을 해 주어야 한다. 마찬가지로 전장에 놓인 전하에는 그의 전장에 의한 힘이 작용하므로 전하를 움직이는 데에는 일이 필요하다.

두 점 사이를 이동하는 데 필요로 하는 일은 이동시킬 전하량, 전계의 세기, 이동한 거리 등에 따라 달라질 것이며 단위전하를 이동시키는 데 필요한 일을 두 점의 전위차라고 하고 흔히 무한원점으로부터 어느 점까지 단위 전하를 이동시키는데 소요되는 일을 그 점의 전위라고 한다.

일의 계산에는 벡터적인 계산 즉, 선적분이 사용되며 이 장에서는 여러 가지 전하분포에 의한 전위의 계산에 대해 배움으로써 도체와 유전체에서도 그 개념을 적용하는 데 익숙하도록 하기 위함이다.

전하와 전계 사이의 관계를 Gauss의 정리를 통해 적분형(면적분)과 미분형(발산)으로 나타낼 수 있듯이 전계와 전위 사이의 관계도 적분형(면적분)과 미분형(전위경도)로 표현될 수 있다.

전기자기학

학습목표

1. 전위를 정의하고 보존장의 개념을 알아볼 수 있다.
2. 전위의 정의식을 통해 전계 내의 임의점에서 전위를 구할 수 있다.
3. 전위경도의 의미와 연산방법 등을 알아볼 수 있다.

1 전하를 이동시키는데 필요한 일

전계 내에 전하가 존재하면 Coulomb에 의한 힘을 받게 되며 정전하가 전계와 반대방향으로 운반되려면 외력이 가해져야 하므로 일을 외부에서 해 주어야 한다. 이 때 전계내의 한 점에 +1[C]의 시험 전하를 놓았을 때 이 전하에 작용하는 힘이 그 점의 전계의 세기이다. 전계 내에서 시험전하의 위치를 이동시키기 위해서는 전계가 이 전하에 작용하는 힘과 크기가 같고 방향이 반대인 힘을 가해 주어야 한다.

전계 E 내에서 시험[점]전하 Q를 이동시켰을 때 이 전계에 의해서 Q에 작용하는 힘은

$$F = QE \text{ [N]} \tag{4-1}$$

이 되며 전하를 전계방향으로 ΔL만큼 이동시킬 때 필요한 일은

$$\Delta W = \vec{F} \cdot \Delta \vec{L} = Q\vec{E} \cdot \Delta \vec{L} \tag{4-2}$$

이다.

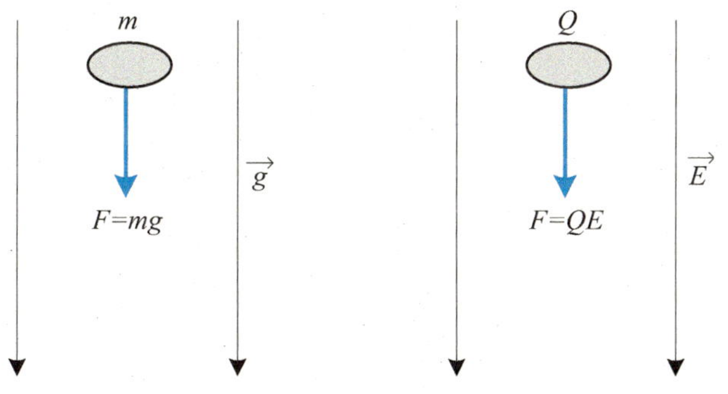

[그림 4-1] 중력장과 전기장 내에 작용하는 힘

만일 이 전하를 전계와 반대방향으로 이동시키려면 전계와 반대방향의 힘 $-\vec{F} = -Q\vec{E}$를 외부에서 가하여 주어야 하므로, 전하를 전계와 반대방향으로 이동시키는 데 필요한 일은

$$dW = -Q\vec{E} \cdot d\vec{L} = -QEdL\cos\theta \tag{4-3}$$

로 표시된다. 여기서 θ는 힘의 방향과 이동거리의 벡터가 이루는 각이다.

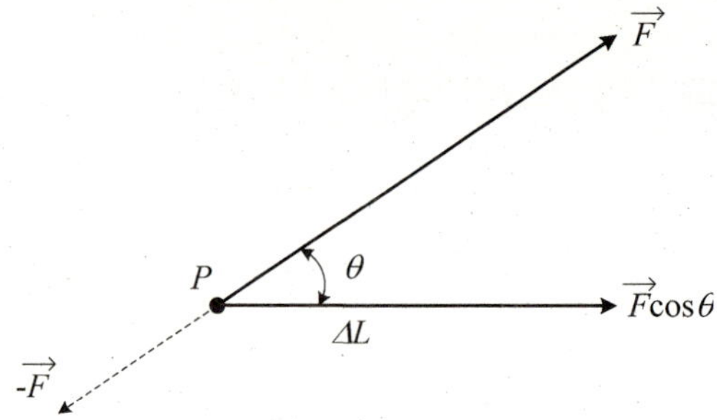

[그림 4-2] 전하를 움직이는 데 필요한 일

이 미분량의 일이 0이 되는 조건은 쉽게 구할 수 있다. 이 조건은 E나 Q 또는 dL이 0이 되어도 되지만 이것은 무의미하며, 실제로 중요한 것은 E와 dL이 직각을 이루어 0이 되는 경우이다. 즉, 전하의 이동이 전계방향과 직각일 때 일은 0이 된다.

전계 내에서 전하를 유한거리만큼 이동시키는 경우 필요한 일은 앞의 미분량의 일을 유한거리만큼 적분해야 한다. 즉 일 W는

$$W = -Q\int_A^B \vec{E} \cdot d\vec{L} \tag{4-4}$$

가 되며, 이것은 한 점 A에서 임의의 점 B까지의 적분치로 표시된다.

식 (4-4)으로부터 알 수 있듯이 전하를 A점에서 B점까지 이동시킬 때 요하는 일은 적분경로와는 무관하다. 왜냐하면 일은 스칼라 양으로 과정과는 무관하게 결과에 의해서만 결정되는 양이다. 이는 마치 산의 정상에 오르는 경우 경사가 완만한 능선을 타고 돌아서 올라오거나 경사가 급한 등산로를 따라 오르거나 정상에까지 오르는 데 소요된 일은 같게 되는 것과 마찬가지가 된다.

한편, 이 경로를 극히 작은 다수의 선분으로 나누고 각 선분 벡터의 스칼라 성분들을 ΔL_1, ΔL_2, $\cdots$, ΔL_n, 이 선분 벡터방향의 $\vec{E}$성분에 대한 스칼라 성분들을 각각 E_{L_1}, E_{L_2}, $\cdots$, E_{L_n}이라고 하면 점 A에서 B까지 전하 Q를 이동시키는데 요하는 일은 각 선분 벡터의 전계 성분과 선분 길이를 곱한 것을 합하면 된다.

$$W = -Q(E_{L_1}\Delta L_1 + E_{L_2}\Delta L_2 + \cdots + E_{L_n}\Delta L_n) \tag{4-5}$$

또는

$$W = -Q(\vec{E}_1 \cdot \Delta\vec{L}_1 + \vec{E}_2 \cdot \Delta\vec{L}_2 + \cdots + \vec{E}_n \cdot \Delta\vec{L}_n) \tag{4-6}$$

가 된다.

여기서 전계는 균일하므로

$$\vec{E}_1 = \vec{E}_2 = \cdots = \vec{E}_n = \vec{E} \tag{4-7}$$

이며 따라서

$$\begin{aligned} W &= -Q\vec{E} \cdot (\Delta\vec{L}_1 + \Delta\vec{L}_2 + \cdots + \Delta\vec{L}_n) \\ &= -Q\vec{E} \cdot \vec{L}_{AB} \end{aligned} \tag{4-8}$$

이다. 여기서 $\Delta\vec{L}_1 + \Delta\vec{L}_2 + \cdots + \Delta\vec{L}_n = \Delta\vec{L}_{AB}$로서 시점 A로부터 종점 B로 향하는 선분벡터이다.

한편 정적분을 사용하면

$$\begin{aligned} W &= -Q\int_A^B \vec{E} \cdot d\vec{L} = -Q\vec{E} \cdot \int_A^B d\vec{L} \\ &= -Q\vec{E} \cdot \vec{L}_{AB} \end{aligned} \tag{4-9}$$

로 되며 여기서 전계가 균일한 경우 **E**를 적분기호 밖으로 내놓을 수 있다.

따라서 전계강도가 균일한 경우 전하를 이동시키는 데 필요한 일은 Q, $\vec{E}$ 및 경로의 시점에서 종점까지의 선분 벡터 $\vec{L}_{AB}$에 의해서 결정되므로 이동경로와는 관계없다.

일반적으로 직각 좌표계, 원통 좌표계 및 구좌표계에서 변위 벡터 $d\vec{L}$은 각각 다음 식과 같다.

$$d\vec{L} = dx\hat{x} + dy\hat{y} + dz\hat{z} \qquad \text{(직각 좌표계)}$$
$$d\vec{L} = dr\hat{r} + rd\phi\hat{\phi} + dz\hat{z} \qquad \text{(원통 좌표계)}$$
$$d\vec{L} = dR\hat{R} + Rd\theta\hat{\theta} + R\sin\theta d\phi\hat{\phi} \qquad \text{(구좌표계)}$$

예제 4-1 $2\hat{x}$ [V/m]인 균등 전계 내에서 -1 [C]의 전하를 x방향으로 2 [m] 옮긴 경우 요하는 일은 얼마인가?

〈풀이〉 $W = -(-1)\int_0^2 2\hat{x} \cdot \hat{x}\,dx = \int_0^2 2dx = 4$ [J]

예제 4-2 위의 문제에서 전하의 이동방향이 전계와 45° 를 이룰 때, 일을 얼마인가?

〈풀이〉

$$W = \int_0^2 2\cos 45^\circ\, dx \simeq 2.83\,[\mathrm{J}]$$

예제 4-3 $\vec{E} = 10\hat{x} - 12\hat{y} - 4\hat{z}\ [\mathrm{V/m}]$인 전계가 있다. $2\,[\mathrm{C}]$의 시험 전하를 원점으로부터 $2\hat{x} - \hat{y} - 0.5\hat{z}$의 방향으로 $10^{-4}[\mathrm{m}]$ 이동시키는데 요하는 일을 구하라.

〈풀이〉

$$\begin{aligned}\Delta W &= -Q\vec{E}\cdot d\vec{L}\\ &= -2(10\hat{x} - 12\hat{y} - 4\hat{z})\cdot 10^{-4}(2\hat{x} - \hat{y} - 0.5\hat{z})\\ &= -2\times 10^{-4}(20+12+2)\\ &= -68\times 10^{-4}[\mathrm{J}]\end{aligned}$$

예제 4-4 전계의 세기가 $\vec{E} = 3x^2\hat{x} + 6y\hat{y} + z\hat{z}\,[\mathrm{V/m}]$일 때 다음 경로를 따라서 $0.3\,[\mathrm{C}]$의 전하를 점 (2, 0, 0)에서 점 (0, 2, 0)까지 이동시키는데 요하는 일을 구하라.

경로 : $x + y = 2,\quad z = 0$

〈풀이〉

$$\begin{aligned}W &= -Q\int_{\text{시점}}^{\text{종점}} \vec{E}\cdot d\vec{L}\\ &= -0.3\left(\int_2^0 3x^2dx + \int_0^2 6ydy\right)\\ &= -0.3\left(-3\times\frac{1}{3}\times 8 + 6\times\frac{1}{2}\times 4\right)\\ &= -1.2\,[\mathrm{J}]\end{aligned}$$

이 전하를 이동시키려면 전계와 반대 방향의 힘을 외부에서 가해주어야 한다.

예제 4-5 전계 $\vec{E} = \hat{x}2x - \hat{y}3y$인 공간상에 두 경로를 따라 $2\,[\mathrm{C}]$의 전하를 원점에서 점 B까지 이동시키는 데 필요한 일을 서로 비교하라.

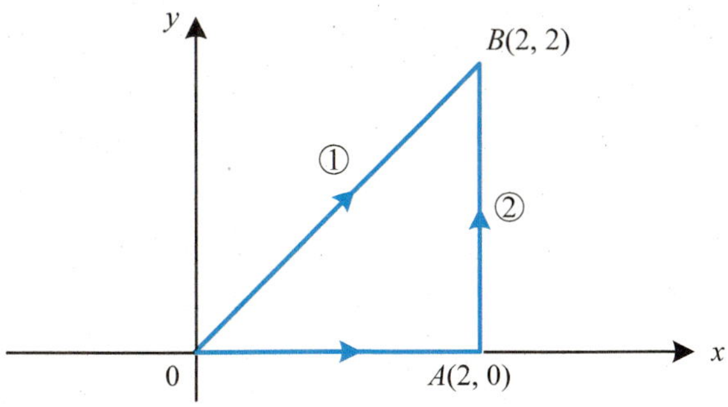

〈풀이〉 먼저 ①번 경로를 이용하여 전하를 이동시킬 때 필요한 일

$$W = -2\int_0^B \vec{E}\cdot d\vec{L}$$

이며 경로상에서는 $y = x$이 되며

$$\begin{aligned}\vec{E}\cdot d\vec{L} &= (\hat{x}2x - \hat{y}3y)\cdot(\hat{x}dx + \hat{y}dy)\\ &= 2xdx - 3ydy\end{aligned}$$

가 되므로

$$W = -2\int_0^2 (-x)dx = 4[\mathrm{J}]$$

이 된다.

다음으로 ②번 경로를 이용하는 경우에는 0→A→B로 이동하므로 적분 구간을 2개로 나누어 표현할 수 있다. 그러므로

$$W = -2\left[\int_0^A \vec{E}\cdot d\vec{L} + \int_A^B \vec{E}\cdot d\vec{L}\right]$$

이 때 전하를 0→A로 이동하는 동안 $d\vec{L} = \hat{x}dx$가 되고 A→B로 이동하는 동안에는 $d\vec{L} = \hat{y}dy$가 되므로

$$\begin{aligned}W &= -2\left[\int_0^2 2xdx + \int_0^2 (-3y)dy\right]\\ &= 4\,[\mathrm{J}]\end{aligned}$$

이 되므로 서로 다른 적분 경로를 이용하여 전하를 이동시키더라도 시점과 종점이 같으면 이동시키는 데 요하는 일은 서로 같음을 알 수 있다.

2 전위차 및 전위의 정의

전계 **E**내에서 전하 Q를 시점에서 종점까지 이동시키는 데 필요한 에너지는

$$W = -Q\int_{시점}^{종점} \vec{E} \cdot d\vec{L}$$

로 표시된다. 이때 특히 단위전하 Q가 1[C]일 때의 에너지를 시점과 종점의 전위차(Potential Difference)라고 한다. 즉 시점과 종점 사이의 전위차는

$$V_{AB} = -\int_{시점}^{종점} \vec{E} \cdot d\vec{L} \tag{4-10}$$

로 정의되며 이는 단위전하를 전계방향과 반대방향으로 시점에서 종점까지 이동시키는 데 필요한 일이 된다.

전위가 높은 곳에서 낮은 곳으로 전계가 존재하고 이러한 전계가 진행하는 공간에서 단위전하를 전위가 낮은 곳에서 높은 곳으로 이동시키는 데 일이 필요하며 이 때 소요된 일의 양은 두 점 사이의 전위차가 같음을 나타낸다. 이는 중력장 내에서 물체를 낮은 곳에서 높은 곳으로 이동할 때 소요된 일의 양은 두 지점에서 물체가 갖는 위치에너지의 차이가 되는 것과 동일한 원리이다.

다시 말하면 방사선 방향으로 무한장 선전하를 r_1점에서 r_2점까지 이동시킬 때 요하는 일은 자유공간에서 다음과 같이 표현될 수 있다. 이 때 ϕ방향과 z방향의 변화가 없으므로 $d\vec{L} = dr\hat{r}$로 표시된다.

$$\begin{aligned} W &= -Q\int_{시점}^{종점} \frac{\rho_L}{2\pi\epsilon_0 r}\hat{r} \cdot dr\hat{r} \\ &= -Q\int_{r_1}^{r_0} \frac{\rho_L}{2\pi\epsilon_0}\frac{dr}{r} \\ &= Q\frac{\rho_L}{2\pi\epsilon_0}\ln\frac{r_1}{r_2} \end{aligned} \tag{4-11}$$

가 된다. 그러므로 두 점 사이의 전위차를 V_{12}라고 하면

$$V_{12} = \frac{W}{Q} = \frac{\rho_L}{2\pi\epsilon_0}\ln\frac{r_1}{r_2} \tag{4-12}$$

가 된다.

또한 점전하 Q로부터 R_A, R_B인 거리에 있는 점 A와 B 사이의 전위차를 구하기로 한다.

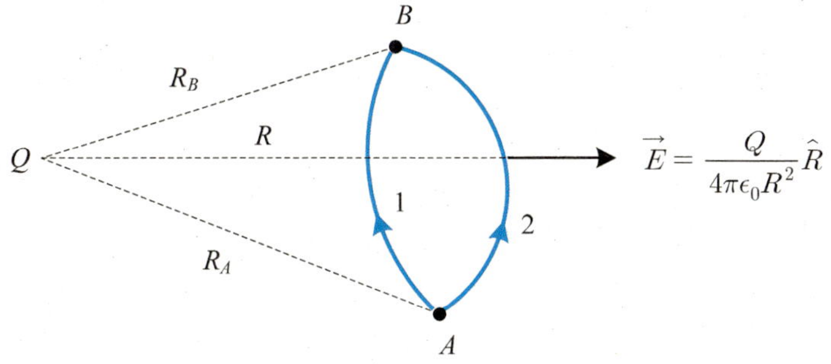

[그림 4-3] 점전하에 의한 전위차

Q가 있는 점을 원점으로 하고 A와 B가 방사선 상에 있는 경우에는

$$\vec{E} = \hat{R}E_R = \hat{R}\frac{Q}{4\pi\epsilon_0 R^2} \tag{4-13}$$

$$d\vec{L} = \hat{R}dR \tag{4-14}$$

인 관계가 성립하므로 구좌표계를 사용한다.

따라서 두 점 A, B간의 전위차(상대전위)는

$$\begin{aligned} V_{AB} &= V_B - V_A \\ &= -\int_A^B \vec{E}\cdot d\vec{L} \\ &= -\int_{R_A}^{R_B}\frac{Q}{4\pi\epsilon_0 R^2}\hat{R}\cdot(dR\hat{R}+Rd\theta\hat{\theta}+R\sin\theta d\phi\hat{\phi}) \\ &= -\int_{R_A}^{R_B}\frac{Q}{4\pi\epsilon_0 R^2}dR \\ &= \frac{Q}{4\pi\epsilon_0}\left[\frac{1}{R}\right]_{R_A}^{R_B} \end{aligned}$$

$$V_{AB} = \frac{Q}{4\pi\epsilon_0}\left(\frac{1}{R_B}-\frac{1}{R_A}\right) \tag{4-15}$$

이 된다. 여기서 V_A와 V_B는 반드시 동일한 영전위를 가져야 한다.

이 계산 결과가 (+)($V_{AB} > 0$)이면 점 B에서 단위 정전하가 갖는 위치 에너지는 점 A에서보다 V_{AB}만큼 높다는 것을 의미하며, (-)($V_{AB} < 0$)이면 점 B에서 전하가 갖는 위치 에너지는 점 A에서보다 낮다는 것을 의미한다.

계산상 두 점사이의 전위차 대신 흔히 한 점의 전위(potential)를 사용하는데 이것은 어느 특정 기준점을 영으로 생각하고 이 점과의 전위차를 나타내는데 사용되며, 흔히 무한 원점을 영전위로 택한다. 이는 보통 지구로부터 비교적 멀리 떨어져 있는 점에 대한 문제에 적용된다. 즉 대전운을 비행기가 지날 때 대전됨으로써 날개 끝에 나타나는 전계에 관한 문제이거나 원자내의 전계와 같은 문제들이다.

즉, 두 점 사이의 전위차라고 하기보다는 한 점의 전위 또는 절대전위를 쓰는 것이 더 편리하다. 점전하 Q로부터 R만큼 떨어진 전계내의 임의의 점에서의 전위는 자유공간에서 무한 원점으로부터 전하 Q를 R [m]만큼 떨어진 점까지 전계와 반대방향으로 운반하는 데 필요한 일 또는 무한 원점에서 임의의 위치까지 단위 점전하를 이동시킬 때 전계가 하는 일로 정의된다. 그러므로 전위라는 양이 어떤 물리적 의미를 갖기 위해서는 영전위에 대한 기준이 미리 정해져야 한다.

전위의 기준을 무한 원점에 놓으면 식 (4-15)에서

$$V_B = \frac{Q}{4\pi\epsilon_0 R_B} \tag{4-16}$$

가 된다. 이와 같이 전계가 0이 되는 무한 원점을 기준점으로 하고 특정한 점 B의 전위를 나타낸 것을 절대전위라고 한다.

일반적으로 점전하에 의한 전위는

$$V = \frac{Q}{4\pi\epsilon_0 R} + C \tag{4-17}$$

이다.

이밖에 실험적으로 일반적인 영전위점은 접지로서 이는 대지 자체의 표면전위를 뜻한다. 이론적으로 지표면을 영전위에 있는 무한평면으로 본다.

원통대칭성을 갖는 경우에는 무한원점을 영전위 기준점으로 택하면 오히려 불편하므로, 일정한 반경을 갖는 원통표면을 기준으로 택하는 것이 편리하다. 예로써 동축케이블에서 외부 도체 원통면을 영전위면으로 택한다.

학습활동

전위차(Potential Difference)

고도로 축적된 전하는 고전압을 유기하고 미약하게 축적된 전하는 저전압을 유기한다. 전압은 기전력(Electromotive Force)이라고도 하며, 2개의 반대되는 양전하와 음전하가 존재하는 데 이 전압의 크기는 회로에 가해지는 전위차(Potential Difference)로 표시하기도 한다. 전압은 전자의 흐름 또는 전류로 인해 발생되는 힘, 압력, 전위차 또는 기전력으로 V로 표시한다.

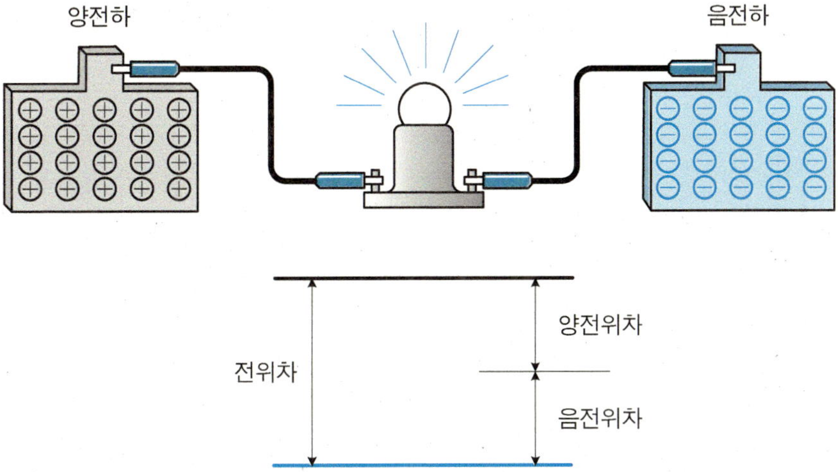

[그림 4-4] 전위차

예제 4-6 원점에 $3\,[\mathrm{nC}]$의 점전하가 있을 때 무한원점에 대한 $R=5\,[\mathrm{m}]$인 점의 전위를 자유공간에서 구하라.

〈풀이〉

$$V=-\int_{\infty}^{5}\frac{3\times10^{-9}}{4\pi\epsilon_0R^2}dR$$
$$=\frac{3\times10^{-9}}{4\pi\epsilon_0}\left(\frac{1}{5}-\frac{1}{\infty}\right)$$
$$=9\times10^{9}\times0.6\times10^{-9}$$
$$=5.4\,[\mathrm{V}]$$

예제 4-7 점 $A(1,\ 0,\ 0)$, $B(2,\ 0,\ 0)$ 및 $C(0.5,\ 0,\ 0)$가 있다. 점 $(0,\ 0,\ 0)$에 놓여 있는 전하에 의한 전계에서 $V_A = 10[\mathrm{V}]$, $V_B = 15[\mathrm{V}]$일 때 V_C를 구하라.

〈풀이〉

$$V_A = 10 = \frac{Q}{4\pi\epsilon \times 1} + C$$

$$V_B = 15 = \frac{Q}{4\pi\epsilon \times 2} + C$$

V_A, V_B에서 $\dfrac{Q}{4\pi\epsilon} = -10$

이것을 V_A 또는 V_B에 대입하면 $C = 20$

$$\therefore\ V_C = \frac{Q}{4\pi\epsilon \times \left(\dfrac{1}{2}\right)} + C = -20 + 20 = 0$$

예제 4-8 원점에 $10^{-6}[\mathrm{C}]$인 전하가 있다. $R = 10[\mathrm{m}]$에서 $V = 0$일 때 $R = 6[\mathrm{m}]$인 점의 전위를 자유공간에서 구하라.

〈풀이〉 일반적으로 원점에 놓인 점전하에 의한 전위는

$$V = \frac{Q}{4\pi\epsilon_0 R} + C$$

이므로

$$0 = \frac{Q}{4\pi\epsilon_0} \times \frac{1}{10} + C$$

에서

$$C = -\frac{Q}{4\pi\epsilon_0} \times \frac{1}{10}$$

이다. 그러므로 $R = 6[\mathrm{m}]$인 점의 전위는

$$\begin{aligned} V &= \frac{10^{-6}}{4\pi\epsilon_0}\left(\frac{1}{6} - \frac{1}{10}\right) \\ &= 0.6 \times 10^3 \\ &= 600\,[\mathrm{V}] \end{aligned}$$

가 된다.

3 전하계에 의한 전위 : 중첩의 정리

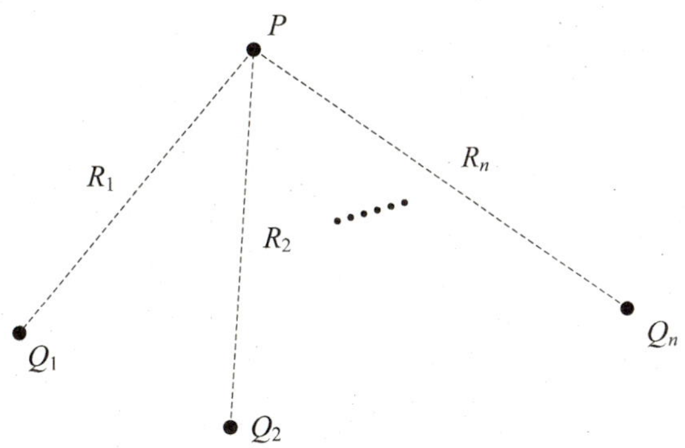

[그림 4–5] n개의 점전하에 의한 전위

전계 내에 점전하, 선전하, 면적전하와 체적 전하가 분포되어 있는 경우 P점의 전위에 대해 알아보기로 한다. 이 때 앞 절에서 한 점의 전위를 단위 양전하를 무한 원점으로부터 임의의 점까지 가져오는 데 쓰이는 일로서 정의하였고, 경로와는 무관하다고 가정했으며 여기서도 이 개념을 도입하여 적용한다.

[그림 4-5]와 같이 n개의 점전하 Q_1, Q_2, $\cdots$, Q_n에 의한 P점의 각 전계는 각 전하에 의한 전계를 벡터적으로 합한다. 즉,

$$\overrightarrow{E} = \overrightarrow{E_1} + \overrightarrow{E_2} + \overrightarrow{E_3} + \cdots + \overrightarrow{E_n} \tag{4-18}$$

이므로 P점의 전위 V_P는 자유공간에서

$$\begin{aligned} V_P = V &= -\int_{\infty}^{R} \overrightarrow{E} \cdot d\overrightarrow{L} \\ &= -\int_{\infty}^{R} (\overrightarrow{E}_1 + \overrightarrow{E}_2 + \cdots + \overrightarrow{E}_n) \cdot d\overrightarrow{L} \\ &= \left(-\int_{\infty}^{R_1} \overrightarrow{E}_1 \cdot d\overrightarrow{L}\right) + \left(-\int_{\infty}^{R_2} \overrightarrow{E}_2 \cdot d\overrightarrow{L}\right) + \cdots + \left(-\int_{\infty}^{R_n} \overrightarrow{E}_n \cdot d\overrightarrow{L}\right) \\ &= \frac{Q_1}{4\pi\epsilon_0 R_1} + \frac{Q_2}{4\pi\epsilon_0 R_2} + \cdots + \frac{Q_n}{4\pi\epsilon_0 R_n} \\ &= \sum_{m=1}^{n} \frac{Q_m}{4\pi\epsilon_0 R_m} = \sum_{m=1}^{n} V_m \end{aligned} \tag{4-19}$$

으로 된다.

식(4-19)에서 알 수 있는 바와 같이 전위는 스칼라량을 가지고 있기 때문에 n개의 점전하에 의한 임의의 점 P의 전위는 각 점전하에 의한 전위의 대수합과 같다.

만일 각 점전하를 연속적으로 분포되어 있는 미소 체적전하 $\rho\Delta v$로 치환하면

$$V=\frac{\rho_1\Delta v_1}{4\pi\epsilon_0 R_1}+\frac{\rho_2\Delta v_2}{4\pi\epsilon_0 R_2}+\cdots+\frac{\rho_n\Delta v_n}{4\pi\epsilon_0 R_n} \tag{4-20}$$

가 되며 미소 체적의 수를 무한대로 하면 다음과 같은 적분식을 얻는다.

$$V=\int_{vol}\frac{\rho dv}{4\pi\epsilon_0 R} \tag{4-21}$$

또한 선전하 또는 면전하분포를 가진 경우에는 식(4-21)은 전하가 분포되어 있는 선 또는 면적에 대한 적분으로 표시된다.

$$\text{선전하 분포}:\ V_L=\int\frac{\rho_L dl}{4\pi\epsilon_0 R} \tag{4-22}$$

$$\text{면전하 분포}:\ V_s=\int\frac{\rho_s ds}{4\pi\epsilon_0 R} \tag{4-23}$$

전위는 스칼라 양이므로 점전하, 선전하, 면전하 그리고 체적전하가 분포되어 있는 경우

$$V=\frac{1}{4\pi\epsilon_0}\left(\sum_1^N\frac{Q_n}{R_n}+\int\frac{\rho_L}{R}dl+\int_s\frac{\rho_s}{R}ds+\int_v\frac{\rho}{R}dv\right) \tag{4-24}$$

으로 표현된다. 즉, 전위는 양적인 합으로 표현되며 이를 전위에 대한 중첩의 원리라고 한다.

한편, 폐경로를 따라 한 바퀴 이동하면서 벡터 필드 $\vec{E}$를 선적분한 전위값이 0인 경우

$$V=-\oint_c\vec{E}\cdot d\vec{L}=0 \tag{4-25}$$

로 표시할 수 있다. 이런 특성을 만족하는 벡터 필드 $\vec{E}$를 보존장(Conservative Field) 또는 라멜라 필드(Lamella Field)라고 한다. 이 식을 다시 말하면 두 지점 사이의 선적분을 계산한 값은 적분 경로와 무관하다고 할 수 있다. 정전계에서는 항상 성립하지만 시간적으로 변하는 장(field)에서는 성립하지 않는다.

예를 들면 중력장에서 한 물체를 들어 올릴 때에는 외부에서 일을 해 주어야 하지만 물체를 다시 원위치로 내릴 때에는 같은 양의 에너지를 받게 되므로 중력장은 보존장이며 전계도 이에 포함된다.

예제 4-9 자유공간에서 동일한 전하량인 두 개의 점전하 $Q_1 = \sqrt{2}\times 10^{-6}$[C], $Q_2 = -\sqrt{2}\times 10^{-6}$[C]와 균일한 선전하 $\rho_L = 10$[pC/m]이 한 변의 길이가 2[m]인 정사각형에 존재하고 있다. 정사각형의 중심점 P에서의 전위를 구하라. 이 때, 무한원점을 기준점으로 한다.

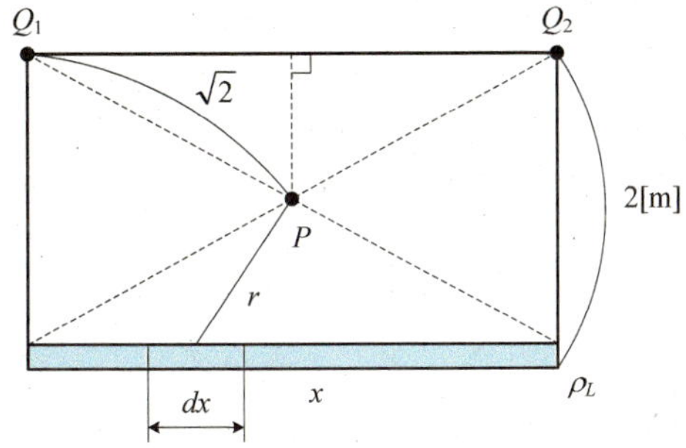

〈풀이〉 전하 Q_1에 의한 P점의 전위는

$$V_1 = \frac{1}{4\pi\epsilon_0}\frac{Q_1}{r} = 9\times 10^9 \times \frac{\sqrt{2}\times 10^{-6}}{\sqrt{2}} = 9\times 10^3\,[\text{V}]$$

Q_2에 의한 P점의 전위도 전하량과 거리가 같으므로 동일한 값을 갖는다. 따라서 점전하들에 의한 P점의 전위는

$$V_P = V_1 + V_2 = 0$$

한편, 선전하에 의한 P점의 전위는

$$\begin{aligned} V &= \frac{1}{4\pi\epsilon_0}\int_{-1}^{1}\frac{10^{-11}}{\sqrt{1+x^2}}dx \\ &= 9\times 10^9\times 10^{-11}\log\frac{1+\sqrt{1^2+1^2}}{-1+\sqrt{1^2+(-1)^2}} \\ &= 9\times 10^{-2}\times 0.766 \\ &= 6.894\times 10^{-2}[\text{V}] \end{aligned}$$

• **부정적분 $\int \frac{1}{\sqrt{1+x^2}}dx$의 해**

$x = \tan\theta\left(-\frac{\pi}{2} < \theta < \frac{\pi}{2}\right)$라고 할 때

$$dx = \sec^2\theta\, d\theta,\quad \sqrt{1+x^2} = \sec\theta$$

$$\begin{aligned} \int\frac{1}{\sqrt{1+x^2}}dx &= \int \sec\theta\, d\theta = \ln|\sec\theta + \tan\theta| + c \\ &= \ln|\sqrt{1+x^2}+x| + c \end{aligned}$$

이 때, c는 상수이다.

예제 4-10 그림과 같이 xy평면상에 반지름 $a = 3\,[\mathrm{m}]$인 원주상에 선전하 밀도 $\rho_L = 9 \times 10^{-6}\,[\mathrm{C/m}]$이 균일하게 분포된 경우 z축상의 원점에서의 전위는? (자유공간에서)

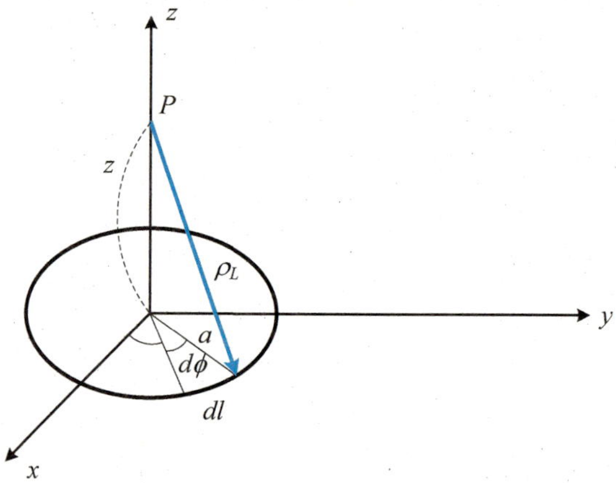

〈풀이〉 전하밀도 ρ_L이 분포되어 있는 경우 축상의 전위는

$$V = \int \frac{\rho_L}{4\pi\epsilon_0 R} dl$$

이다. 전하와 z축상의 원점 사이의 거리는

$$R = \sqrt{a^2 + z^2} = \sqrt{9+0} = 3\,[\mathrm{m}]$$

으로 일정하며 전하가 분포되어 있는 거리는 $dl = ad\phi$으로 표현된다.
그러므로

$$V = \int_0^{2\pi} \frac{\rho_L 3 d\phi}{4\pi\epsilon_0 \cdot 3}$$

$$= 9 \times 10^9 \times 9 \times 10^{-6} \times 3 \times 2\pi \times \frac{1}{3}$$

$$= 162\pi \times 10^3\,[\mathrm{V}]$$

쉼 터

Volta 인물사

전압의 단위인 V는 배터리의 발명으로 유명한 이태리의 물리학자 Volta(1745~1827)의 업적을 기리기 위해 명명된 것이다. 그는 1801년에 전류의 발생에 대한 실험 내용을 보여주기 위해 나폴레옹으로부터 파리로 초청을 받기도 하였다.

4 전위 경도

앞에서 언급한 바와 같이 전계의 세기는 단위 시험전하에 작용하는 힘(Coulomb의 법칙)에서나 수직 단면적을 통과하는 전기력선 밀도(Gauss의 정리)에서 구할 수 있었으나 세 번째 방법으로, 전위를 알고 있는 경우에는 각 방향의 전위경도(Potential Gradient)를 구함으로써 알 수 있다.

전계의 방향으로 ΔL만큼 단위 점전하를 이동시켰을 때 전위의 강하를 $-\Delta V$라고 하면

$$-\Delta V = E\cos\theta \Delta L = \vec{E} \cdot \Delta\vec{L} \tag{4-26}$$

$$\lim_{\Delta L \to 0} \frac{\Delta V}{\Delta L} = \frac{dV}{dL} = -E\cos\theta \tag{4-27}$$

이다. 여기서 θ는 $\vec{E}$와 ΔL 사이의 각이다.

여기서 전계의 세기의 크기를 최대로 하기 위해서는

$$\left.\frac{dV}{dL}\right|_{max} = E \tag{4-28}$$

가 되어야 하는데 거리에 대한 전위의 변화율의 최대치와 같다.

그리고 이 최대치는 거리의 증분의 방향이 $\vec{E}$의 방향과 반대가 되는 경우 즉 식(4-27)에서 $\theta = 180^\circ$ 이므로 $\vec{E}$의 방향이 전위의 증가가 일어나고 있는 방향과 반대이다. $\vec{E}$는 고찰하고 있는 점에서 방향이 일정한 벡터이며 dL의 방향과는 무관하다고 가정한다.

등전위면이란 **거리의 변화에 따른 전위의 변화가 없는 면**이며 전계의 방향은 등전위면상의 $d\vec{L}$ 양단의 전위차가

$$dV = -\vec{E} \cdot \Delta\vec{L} = -EdL\cos\theta = 0 \tag{4-29}$$

이므로 $\vec{E} \neq 0$, $d\vec{L} \neq 0$에서 $\theta = 90^\circ$가 되어 $\vec{E} \perp d\vec{L}$(전계의 방향은 등전위면과 전위가 감소하는 방향으로 직각)이 된다.

따라서 등전위면의 법선 방향을 $\hat{n}$이라 하면

$$\vec{E} = -\left.\frac{dV}{dL}\right|_{max} \hat{n} \tag{4-30}$$

이다.

$\left.\dfrac{dV}{dL}\right|_{max}$ 는 $\hat{n}$과 같은 방향에서 생기므로

$$\left.\frac{dV}{dL}\right|_{max} = \frac{dV}{dn} \tag{4-31}$$

즉,

$$\vec{E} = -\frac{dV}{dn}\hat{n} \tag{4-32}$$

이 된다.

즉 V의 경도= grad $V = (dV/dn)\hat{n}$을 사용하면

$$\vec{E} = -\text{grad } V \tag{4-33}$$

가 된다.

학습활동

등전위면의 성격

① 등전위면은 서로 교차하지 않는다.
② 등전위면과 전력선은 항상 수직으로 교차한다.
③ 등전위면 사이의 간격이 좁을수록 전위차가 커져 전계의 세기가 크다.

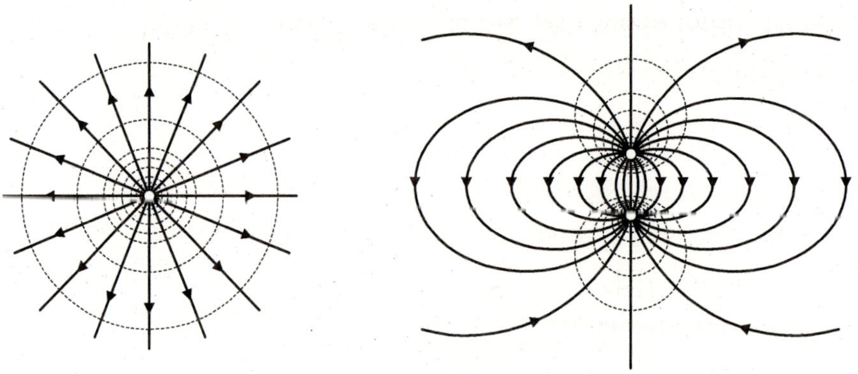

[그림 4-6] 등전위면

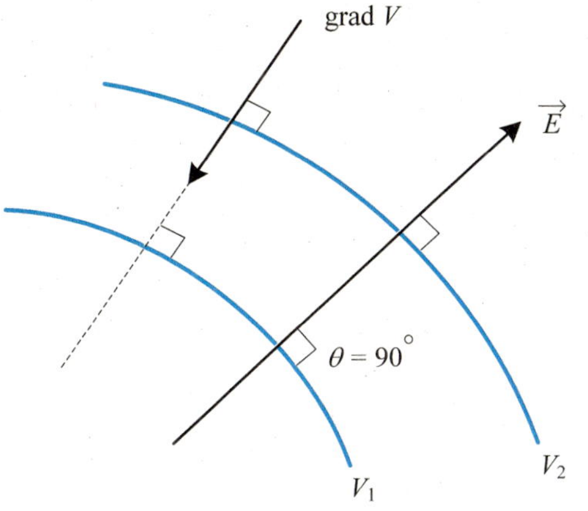

[그림 4-7] 등전위면과 전계의 세기

여기서 (-)부호는 전계의 방향이 전위가 감소하는 방향을 의미하며 전위 경도 V의 방향은 등전위면과 직각 방향이고 전위가 증가하는 방향이다.

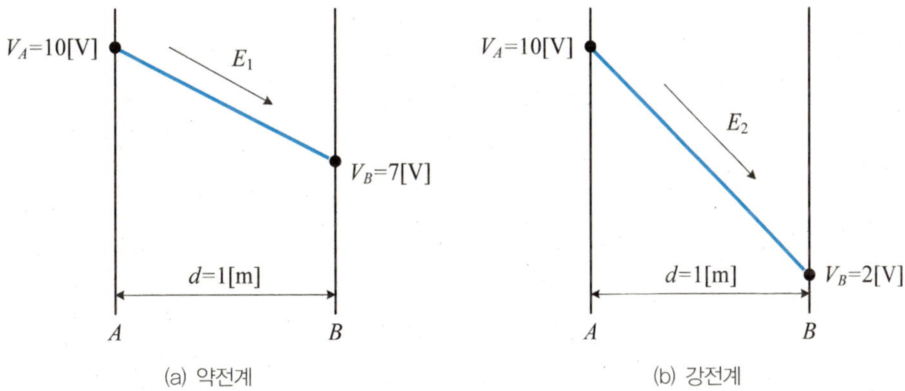

[그림 4-8] 전위경도

위 그림과 같이 간격이 $d = 1[\mathrm{m}]$인 두 점의 전위를 각각 V_A, V_B라 할 때 두 점 사이에서의 전계의 세기는 전위의 기울기가 되므로

$$E_1 = -\left(\frac{10-7}{1}\right) = 3 \ [\mathrm{V/m}]$$

$$E_2 = -\left(\frac{2-10}{1}\right) = 8 \ [\mathrm{V/m}]$$

가 된다. 그러므로 그림(b)의 경우가 그림(a)의 경우에 비해 전위의 기울기가 급하므로 더 강한 전계가 흐르게 된다.

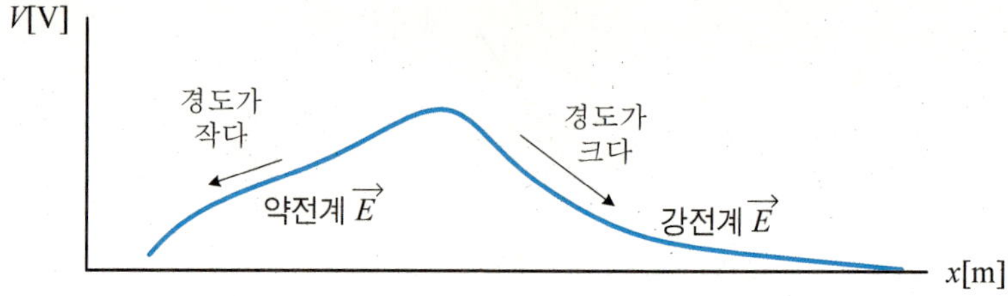

[그림 4-9] 전위경도에 대한 전계의 세기 비교

식(4-16)에서 연산자를 사용하여 표시하면 grad $V = \nabla V$이므로 직각 좌표계의 경우

$$\nabla = \frac{\partial}{\partial x}\hat{x} + \frac{\partial}{\partial y}\hat{y} + \frac{\partial}{\partial z}\hat{z} \tag{4-34}$$

이므로

$$\begin{aligned} \text{grad}\, V = \nabla V &= \left(\frac{\partial}{\partial x}\hat{x} + \frac{\partial}{\partial y}\hat{y} + \frac{\partial}{\partial z}\hat{z}\right)V \\ &= \frac{\partial V}{\partial x}\hat{x} + \frac{\partial V}{\partial y}\hat{y} + \frac{\partial V}{\partial z}\hat{z} \end{aligned} \tag{4-35}$$

이 되어서

$$\boxed{\vec{E} = -\nabla V = -\left(\frac{\partial V}{\partial x}\hat{x} + \frac{\partial V}{\partial y}\hat{y} + \frac{\partial V}{\partial z}\hat{z}\right)} \tag{4-36}$$

가 된다.

참고로 각 좌표계에 대한 경도의 식을 쓰면 다음과 같다.

$$\nabla V = \frac{\partial V}{\partial x}\hat{x} + \frac{\partial V}{\partial y}\hat{y} + \frac{\partial V}{\partial z}\hat{z} \qquad \text{(직각 좌표계)}$$

$$\nabla V = \frac{\partial V}{\partial r}\hat{r} + \frac{1}{r}\frac{\partial V}{\partial \phi}\hat{\phi} + \frac{\partial V}{\partial z}\hat{z} \qquad \text{(원통 좌표계)}$$

$$\nabla V = \frac{\partial V}{\partial R}\hat{R} + \frac{1}{R}\frac{\partial V}{\partial \theta}\hat{\theta} + \frac{1}{R\sin\theta}\frac{\partial V}{\partial \phi}\hat{\phi} \qquad \text{(구 좌표계)}$$

예제 4-11 전위함수가 $V = rR\sin\theta$로 주어졌을 때 $\vec{E}$를 구하라.

〈풀이〉 전계 $\vec{E}$를 구좌표계에서 적용하여 보면

$$\vec{E} = -\nabla V = -\left(\frac{\partial V}{\partial R}\hat{R} + \frac{1}{R}\frac{\partial V}{\partial \theta}\hat{\theta}\right)$$
$$= -r(\sin\theta\,\hat{R} + \cos\theta\,\hat{\theta})$$

예제 4-12 $V(x,\ y,\ z) = 3x^2y - y^3z^2$에 대해 grad V의 점$(2,\ -2,\ -1)$에서의 값을 구하라.

〈풀이〉

$$\text{grad } V = \hat{x}\frac{\partial V}{\partial x} + \hat{y}\frac{\partial V}{\partial y} + \hat{z}\frac{\partial V}{\partial z}$$
$$= 6xy\hat{x} + (3x^2 - 3y^2z^2)\hat{y} - 2y^3z\hat{z}\,|_{x=2,\ y=-2,\ z=-1}$$
$$= 6\times2\times(-2)\hat{x} + (3\times4 - 3\times4\times1)\hat{y} - 2\times(-8)\times(-1)\hat{z}$$
$$= -24\hat{x} - 16\hat{z}$$

예제 4-13 $E_z = 0$인 등전위면들의 방정식이 $y^2 = 2xy + c$로 표시된다. $(1,\ 2,\ 0)$에서 $E_x = 20$일 때 $\vec{E}$를 구하라. 이때 c는 상수이다.

〈풀이〉 k를 상수라고 가정하면 $y^2 = 2xy + c$가 등전위면이므로

$$V(x,\ y) = k(y^2 - 2xy)$$

으로 주어진다.

이 때 전계는

$$\vec{E} = -\nabla V = 2ky\hat{x} - 2k(y-x)\hat{y}$$

이므로 (1, 2, 0)에서 $E_x = 4k = 20$이 된다. 그래서

$$k = 5$$

로 표현된다. 그러므로

$$\vec{E} = 10y\hat{x} - 10(y-x)\hat{y}\ [\text{V/m}]$$

이다.

예제 4-14 진공 중에서 점 $P(1,\ 1,\ 1)$[m]에 3×10^{-9}[C]의 점전하가 있을 때, 점 $A(2,\ -1,\ 3)$[m]와 점 $B(3,\ 2,\ 3)$[m] 사이의 전위차는?

〈풀이〉 점 P와 점 A 사이의 거리 $\vec{r}_1=(2\hat{x}-\hat{y}+3\hat{z})-(\hat{x}+\hat{y}+\hat{z})=\hat{x}-2\hat{y}+2\hat{z}$에서

$$\left|\vec{r}_1\right|=\sqrt{1^2+(-2)^2+2^2}=3[\text{m}],$$

점 P와 점 B 사이의 거리 $\vec{r}_2=(3\hat{x}+2\hat{y}+3\hat{z})-(\hat{x}+\hat{y}+\hat{z})=2\hat{x}+\hat{y}+2\hat{z}$에서

$$\left|\vec{r}_2\right|=\sqrt{2^2+1^2+2^2}=3[\text{m}],$$

이 된다. 따라서

$$V_A=\frac{Q}{4\pi\epsilon_0 r_1}=9\times10^9\times3\times10^{-9}\times\frac{1}{3}=9[\text{V}]$$

$$V_B=\frac{Q}{4\pi\epsilon_0 r_2}=9[\text{V}]$$

으로 주어지므로 $V=V_A-V_B=0$[V]이다.

5 모멘트에 의한 전계 해석

크기가 같고 부호가 반대인 두 점전하가 가까운 거리를 두고 떨어져 있는 것을 전기쌍극자(Electric Dipole)라고 한다. (+)(-)의 각 전하량을 Q, (-)전하로부터 (+)전하까지의 거리를 l이라고 하면 전기쌍극자 모멘트(Dipole Moment) M은 다음과 같이 표시된다.

$$M=Ql\ \ [\text{Cm}] \tag{4-37}$$

이며 $+Q$와 $-Q$를 연결하는 선을 쌍극자의 축이라고 한다.

쌍극자로부터 거리 $R\gg l$인 거리에 있는 임의의 점 P에서의 전위와 전계를 알아본다.

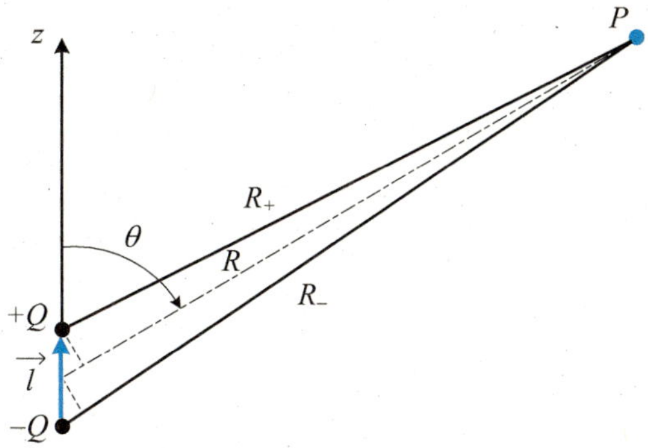

[그림 4-10] 전기쌍극자

P점에서의 전위는

$$V = \frac{Q}{4\pi\epsilon_0}\left(\frac{1}{R_+} - \frac{1}{R_-}\right) \tag{4-38}$$

만일 $l \ll R$이면

$$R_+ \cong \left(R - \frac{l}{2}\cos\theta\right) \tag{4-39}$$

이고

$$R_- \cong \left(R + \frac{l}{2}\cos\theta\right) \tag{4-40}$$

이다.

식(4-38)에 식(4-39)와 식(4-40)을 대입하면

$$\begin{aligned} V &= \frac{Q}{4\pi\epsilon_0}\left(\frac{1}{R - \frac{l}{2}\cos\theta} - \frac{1}{R + \frac{l}{2}\cos\theta}\right) \\ &= \frac{Q}{4\pi\epsilon_0}\left(\frac{l\cos\theta}{R^2 - \frac{l^2}{4}\cos^2\theta}\right) \cong \frac{M\cos\theta}{4\pi\epsilon_0 R^2} \end{aligned} \tag{4-41}$$

가 된다.

한편, 전계 $\vec{E}$는 $-\nabla V$로부터 다음과 같이 구할 수 있다.

$$\vec{E} = -\nabla V = -\hat{R}\frac{\partial V}{\partial R} - \hat{\theta}\frac{1}{R}\frac{\partial V}{\partial \theta}$$
$$= \frac{M}{4\pi\epsilon_0 R^3}\left(\hat{R}\,2\cos\theta + \hat{\theta}\sin\theta\right) \quad (4\text{-}42)$$

한편, 동일한 축을 기준으로 크기가 같고 부호가 반대인 점전하의 간격이 전위 및 전계를 구하고자 하는 점과의 거리에 비하여 매우 작을 때 전기4극자의 중심에서 R만큼 떨어진 곳의 전위를 자유공간에서 구하여 본다.

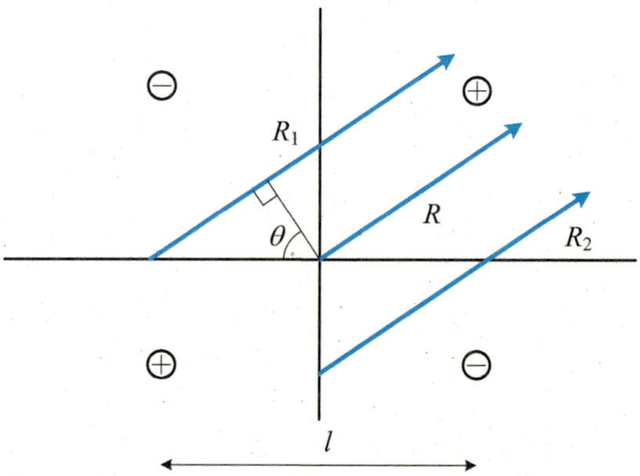

[그림 4-11] 전계 4극자

$$R_1 = R + \frac{l}{2}\sin\theta \quad (4\text{-}43)$$

$$R_2 = R - \frac{l}{2}\sin\theta \quad (4\text{-}44)$$

이므로

$$V = V_1 + V_2 = \frac{M\cos\theta}{4\pi\epsilon_0 {R_2}^2} - \frac{M\cos\theta}{4\pi\epsilon_0 {R_1}^2}$$
$$= \frac{M\cos\theta}{4\pi\epsilon_0} \frac{{R_1}^2 - {R_2}^2}{{R_2}^2 {R_1}^2} \quad (4\text{-}45)$$

$R \gg l$이므로

$${R_2}^2 {R_1}^2 = R^4 \quad (4\text{-}46)$$

$$R_1{}^2 = \left(R + \frac{l}{2}\sin\theta\right)^2$$

$$= R^2 + Rl\sin\theta + \frac{l^2}{4}\sin^2\theta$$

$$\simeq R^2 + Rl\sin\theta \qquad (4\text{-}47)$$

$$R_2{}^2 \simeq R^2 - Rl\sin\theta \qquad (4\text{-}48)$$

그러므로

$$V = \frac{Ql\cos\theta}{4\pi\epsilon_0}\frac{2Rl\sin\theta}{R^4}$$

$$= \frac{2Ql^2\sin\theta\cos\theta}{4\pi\epsilon_0 R^3}$$

$$= \frac{2Ml\sin\theta\cos\theta}{4\pi\epsilon_0 R^3} \qquad (4\text{-}49)$$

이 된다.

구 좌표계를 사용하여 전계를 구하여 보면

$$\vec{E} = -\nabla V = -\hat{R}\frac{\partial V}{\partial R} - \hat{\theta}\frac{1}{R}\frac{\partial V}{\partial \theta}$$

$$= \hat{R}\frac{3Ql^2\sin 2\theta}{4\pi\epsilon_0 R^4} - \hat{\theta}\frac{2Ql^2\cos 2\theta}{4\pi\epsilon_0 R^4}$$

$$= \hat{R}\frac{3Ml\sin 2\theta}{4\pi\epsilon_0 R^4} - \hat{\theta}\frac{2Ml\cos 2\theta}{4\pi\epsilon_0 R^4} \qquad (4\text{-}50)$$

가 된다.

전하의 4가지 배열에 대한 전위, 전계와 거리의 관계를 [표 4-1]에 보였다.

[표 4-1] 전하의 4가지 배열

배열	전위 V	전계 E
단일 전하	R^{-1}	R^{-2}
쌍극자(dipole)	R^{-2}	R^{-3}
4극자(quadrupole)	R^{-3}	R^{-4}
8극자(octopole)	R^{-4}	R^{-5}

학습내용요약

전위

⇨ 전기장 내에 놓여진 전하를 전계 방향과 반대로 이동시키려면 중력장 내에서 질량을 가진 물체를 중력의 반대 방향으로 이동시키는 것과 마찬가지로 외부에서 일을 가해 주어야 한다.

⇨ 단위전하(= 1[C])를 무한 원점에서 임의점까지 전계 방향에 반대로 이동시키는데 요하는 일을 전위로 정의한다.

$$V = -\int_{start}^{end} \vec{E} \cdot d\vec{L}$$

정전계

⇨ 정전계는 중력장과 마찬가지로 위치에너지가 보존되는 보존장이다.

⇨ 그러므로 전계 내에서 단위전하를 임의의 폐곡선을 따라 일주시키는데 요하는 일이 영이 된다.

$$\oint \vec{E} \cdot d\vec{L} = 0$$

경도(Gradient)

⇨ 전위의 경사진 정도를 알면 전계의 세기와 방향을 알 수 있다.

⇨ 어느 방향으로 얼마만큼 전위가 기울어져 있는가를 구하려면 전위를 각 방향으로 편미분하는데, 이러한 미분 연산을 경도(Gradient)라 한다.

$$\vec{E} \equiv -grad\ V$$

⇨ 전위경도 ∇는 스칼라를 미분하여 그 결과를 벡터로 만드는 연산자

⇨ 윗 식은 전위의 미분(기울기)값이 곧 전계의 세기가 되며 기울기가 (-)인 방향으로 전계가 진행하므로 앞에 (-)부호가 붙여진다.

⇨ 즉, 전위가 감소하는 방향으로 전계가 진행됨을 나타낸다.

학습내용요약

▌위의 결과들을 통해 전하(Q)와 전계(E) 그리고 전위(V) 사이의 관계를 정리하면 다음과 같이 나타낼 수 있다.

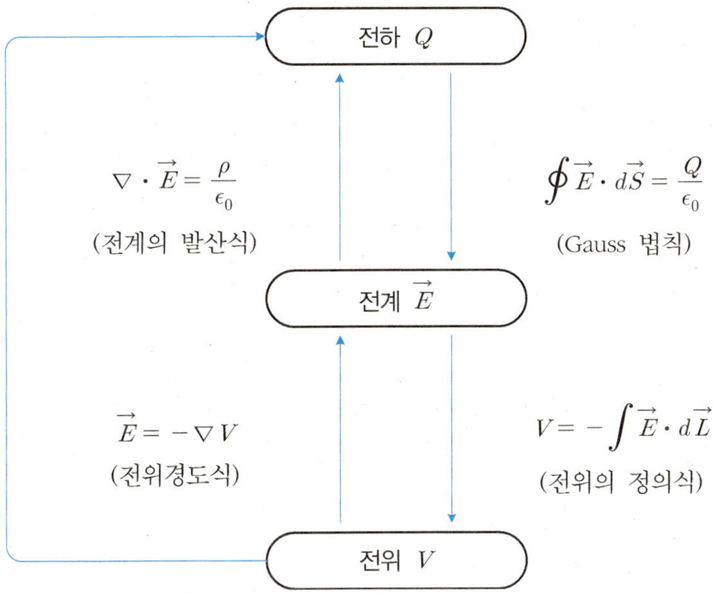

연습문제

제 4 장
전위, 전위차

01 반경 a, $b(a < b)$인 동심 도체구에서 반경 b 및 두 도체구 사이의 전위차가 일정한 경우, 내구표면의 전계가 최소가 되는 a를 b로 나타내라.

02 진공 중에서 반지름 $a = 10$[cm], $b = 20$[cm]인 동심 도체구 사이의 전위차가 500[V]일 때 최대전위경도를 주는 반지름 r[m]와 최대전위경도[V/m]는?

03 진공 중에서 2×10^{-9}[C]과 3×10^{-9}[C]의 점전하로부터 각각 10[cm] 및 30[cm] 떨어진 점의 전위는? 이 때, 무한원점을 기준점으로 한다.

04 진공 중에 반지름 a[m]의 도체구 A와 동심으로 안반지름 b[m] 바깥반지름 c[m]의 도체 B가 있다. A에 Q[C]의 전하를 주면 A의 전위[V]는?

05 어떤 공간의 전위함수가 $V(x, y, z) = xy + z^2$[V]일 때 점 (1, 2, 3)[m]의 전계강도는 [V/m]는?

06 그림과 같이 $+\rho_L$[C/m], $+\rho_L$[Cm]로 대전된 두 무한장 도선이 d[m]의 간격으로 평행 가설되었을 때 이 두 도선 간에서 전위 경도가 최소가 되는 점은?

07 공기 중에 고립되어 있는 지름 40[cm]인 구 도체의 전위를 몇 [V] 이상으로 하면, 구 표면의 공기 절연이 파괴되는가? 단, 공기의 절연 내력은 30[kV/cm]라 한다.

08 한 변의 길이가 a[m]인 정육각형 ABCDEF의 각 정점에 각각 Q[C]의 전하를 놓을 때 정육각형 중심의 전위는?

Chapter

05

진공중의 도체, 유전체 및 정전용량

1. 도체
2. 유전체와 분극
3. 분극의 세기
4. 유전체의 특수 현상
5. 완전 유전체 사이의 경계조건
6. 연속 방정식(Continuity Equation)
7. 도체와 도체 사이의 경계조건
8. 정전용량(Capacitance)
9. 정전용량의 계산예

단원개요

금속과 같이 자유전자를 갖는 물체는 전기적인 힘이 가하여지면 자유전자가 이동하여 전도전류가 흐른다. 그러나 자유전자를 갖지 않는 절연체는 전기력이 가하여지면 구속전자는 이동은 하지 않고 변위만 일으켜서 변위전류가 흐르게 된다. 이와 같이 절연체 중에서도 전기작용이 일어나므로 절연체를 유전체라고 한다. 그러면 자유 공간 이외의 매질에서 전자기 현상이 어떤 특성을 갖는지를 알기 위해 도체 및 유전체에서 살펴보기로 한다.

한편, 매질의 전기적인 특성이 각각 다른 둘 이상의 영역을 동시에 고려하여 전기 자기적인 현상을 해석해야 할 경우, 경계면에서 전계 또는 전속밀도가 나타내는 특성, 즉 경계면에서 전계와 전속이 만족해야 할 조건을 경계 조건(Boundary Condition)라고 한다. 이런 경계 조건을 이용하면, 경계면 한 쪽의 전계 또는 전속을 알면 다른 쪽의 전계 또는 전속을 구할 수가 있다. 이 장에서는 경계면의 양 쪽을 유전체와 유전체 그리고 도체와 도체의 두 가지로 구별하기로 한다.

이어서 절연된 도체에 전위가 주어지면 그 도체에는 전하량이 정해지게 되어 도체상의 전위와 전하의 비율은 항상 일정하다. 이 때 유전체가 전하를 축적하는 능력을 나타내는 것을 정전용량이라고 하는데 여기서 알아보기로 한다.

전기자기학

학습목표

1. 도체면상의 전계에 대하여 알아볼 수 있다.
2. 유전체를 특징짓는 유전율, 전화율에 대해 알아볼 수 있다.
3. 도체 및 유전체에서의 경계조건에 대해 알아볼 수 있다.
4. 정전용량의 계산예를 살펴볼 수 있다.

1 도체

1.1 도체면상의 전계

고전적 원자 모델에 의하면, 원자는 구속되어 (+)전기를 띤 핵과 그 주변에서 동일한 크기의 반대 부호(-)를 띤 전자구름이 퍼져있는 형태를 가지고 있다. 핵 주위의 전자들은 이산적인 에너지 레벨에서만 존재하면서 대개 핵과 구속되어 있다.

외부에서 전계를 가할 경우, 강하게 구속된 전자들은 핵의 구속 영향을 완전히 벗어나지는 못하지만, 자유 전자, 즉 전도 전자(Conduction Electron)들은 쉽게 이탈한다. 뿐만 아니라 끊임없이 열적인 여기 상태로 들떠 있어서, 원래 핵에서 탈출하여 이리저리 옮겨 다니며, 제자리에 돌아오기도 하고, 그러는 과정에서 다른 핵에 다시 붙들리게 되는 동작을 반복하게 된다.

이 때, 도체는 자유전자가 많아 전계를 가하면 자유전자가 자유로이 움직여서 전류가 흐르게 된다. 그러나 고찰하는 대상은 전하가 정지하고 있는 상태, 즉 정전기 분야에 국한되므로 도체 내부에는 전계가 존재하지 않는다. 따라서 도체의 성질은 다음과 같다.

① 도체표면 상에서 전계의 세기는 모든 점에서 표면의 법선 방향으로 향한다.
② 도체 내부에는 전하가 존재하지 않으므로 전계의 세기는 0이다.
③ 대전 도체의 전하는 모두 그 표면에만 존재한다.
④ 도체 표면은 등전위면이다.
⑤ 한 도체의 모든 점은 동일 전위이다.

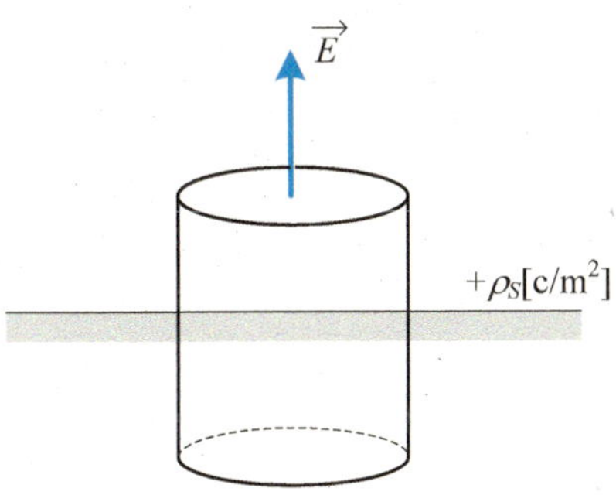

[그림 5-1] 도체면상의 전계

$\Delta V = -\vec{E} \cdot d\vec{L}$에서 $\vec{E}$는 경계면의 수직 성분 밖에 없으므로 $\vec{E} \cdot d\vec{L} = EdL\cos 90^\circ = 0$이 된다.

그러면 같은 경계면에서의 수직 성분을 알기 위하여 유전체의 경우와 같이

$$\iint \vec{D} \cdot d\vec{S} = Q$$

를 생각해보면 폐곡면은 다음과 같은 영역으로 나누어진다.

$$\int_{\text{윗면}} + \int_{\text{아랫면}} + \int_{\text{옆면}} = Q \tag{5-1}$$

옆면의 넓이는 0으로 접근시키면, 마지막 항은 0이고 도체내에서 $\vec{D} = \epsilon\vec{E} = 0$이므로 중간의 적분값도 0이다. 즉,

$$\vec{D}_1 \cdot \Delta\vec{S} = D_1 \Delta S \cos\theta_1 = D_{1n}\Delta S = \Delta Q = \rho_s \Delta S \tag{5-2}$$

이므로

$$D_{1n} = \rho_s = \epsilon E_{1n} \tag{5-3}$$

가 된다. 식(5-3)에서 방향은 법선 방향이므로 전계는

$$\vec{E} = \frac{\rho_s}{\epsilon}\hat{n} \tag{5-4}$$

이다. 여기서 $\hat{n}$은 도체면의 법선 벡터이다. 윗 식은 도체 표면에서 전계를 구하는 식으로 도체 표면에 수직되는 범위에서만 적용된다.

만일 도체의 전위가 주어졌을 때 표면의 법선 벡터를 $\hat{n}$이라 하면

$$\vec{E} = -\frac{dV}{dn}\hat{n}\ [\text{V/m}] \tag{5-5}$$

가 되므로

$$\frac{dV}{dn} = -E = \frac{\rho_s}{\epsilon}\ [\text{V/m}] \tag{5-6}$$

이다.

1.2 전위계수

도체 1에만 단위전하(= 1[C])를 주었을 때 인접한 다른 도체에 유도된 (+)전하가 발생하여 각 도체면에는 전위가 생겨난다.

이 때 도체 1의 전위를 P_{11}이라 하고 도체 2, 3, ⋯, n의 전위를 각각 P_{21}, P_{31}, ⋯, P_{n1}이라 하자.

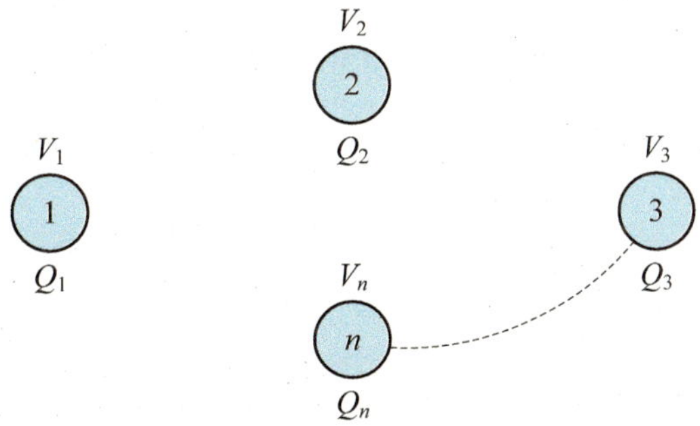

[그림 5-2] n개의 도체로 구성된 도체계

마찬가지로 도체 2에만 단위전하(= 1[C])를 주면 도체 1, 2, ⋯, n의 전위는 각각 P_{12}, P_{22}, P_{32}, ⋯, P_{n2}가 된다.

그러면 모든 도체에 단위전하(= 1[C])를 주었을 때 도체 1의 전위 V_1은 앞에서 설명한 중첩의 원리에 의해

$$\begin{aligned} V_1 &= P_{11}Q_1 + P_{12}Q_2 + P_{13}Q_3 + \cdots + P_{1n}Q_n \\ &= P_{11} + P_{12} + P_{13} + \cdots + P_{1n} \end{aligned} \tag{5-7}$$

이 되고 전위 V_2는

$$V_2 = P_{21} + P_{22} + P_{23} + \cdots + P_{2n} \tag{5-8}$$

이 된다.

그러므로 모든 도체에 각각 Q_1, Q_2, ⋯, Q_n[C]의 전하를 주었을 때 각 도체의 전위는 다음과 같이 표현된다.

$$
\begin{aligned}
V_1 &= P_{11}Q_1 + P_{12}Q_2 + \cdots + P_{1n}Q_n \\
V_2 &= P_{21}Q_1 + P_{22}Q_2 + \cdots + P_{2n}Q_n \\
&\cdots \\
V_n &= P_{n1}Q_1 + P_{n2}Q_2 + \cdots + P_{nn}Q_n
\end{aligned}
\tag{5-9}
$$

식(5-9)에서 $P_{11}, P_{12}, \cdots, P_{nn}$ 등을 전위계수라고 한다. 전위계수의 단위는 $[\mathrm{V/C}]$이므로 $[1/\mathrm{F}]$이다.

이 전위계수의 성질을 살펴보면

$$P_{ii} \geq 0 \tag{5-10a}$$

$$P_{ij} \geq 0 \tag{5-10b}$$

$$P_{ij} = P_{ji} \tag{5-10c}$$

예제 5-1 진공중에 일정하게 떨어져 있는 두 도체 1과 도체 2가 있다. 도체 1에만 $1[\mathrm{C}]$의 전하를 줄 때 도체 1과 도체 2의 전위가 각각 $3[\mathrm{V}]$와 $2[\mathrm{V}]$였다. 지금 도체 1과 도체 2에 각각 $2[\mathrm{C}]$와 $1[\mathrm{C}]$의 전하를 줄 때 도체 1의 전위를 구하라.

〈풀이〉 $V_1 = P_{11}Q_1 + P_{12}Q_2, \quad V_2 = P_{21}Q_1 + P_{22}Q_2$

① 도체 1에만 $1[\mathrm{C}]$을 줄 때

$3 = P_{11} \cdot 1 \qquad \therefore\ P_{11} = 3$

$2 = P_{21} \cdot 1 \qquad \therefore\ P_{21} = 2$

② 도체 1 : $Q_1 = 2[\mathrm{C}]$, 도체 2 : $Q_2 = 1[\mathrm{C}]$

$$
\begin{aligned}
V_1 &= P_{11} \cdot 2 + P_{12} \cdot 1 \\
&= 3 \cdot 2 + 2 \cdot 1 = 8[\mathrm{V}]
\end{aligned}
$$

1.3 용량계수와 유도계수

n개의 도체계의 각 도체전위를 나타내는 식(5-9)을 $Q_1,\ Q_2,\ \cdots,\ Q_n$에 대하여 풀면 식(5-11)이 얻어진다.

$$
\begin{aligned}
Q_1 &= q_{11}V_1 + q_{12}V_2 + q_{13}V_3 + \cdots + q_{1n}V_n \\
Q_2 &= q_{21}V_1 + q_{22}V_2 + q_{23}V_3 + \cdots + q_{2n}V_n \\
Q_3 &= q_{31}V_1 + q_{32}V_2 + q_{33}V_3 + \cdots + q_{3n}V_n \\
&\cdots\cdots\cdots\cdots\cdots\cdots \\
Q_n &= q_{n1}V_1 + q_{n2}V_2 + q_{n3}V_3 + \cdots + q_{nn}V_n
\end{aligned} \tag{5-11}
$$

식(5-11)에서 도체 1에만 단위전위를 주고 다른 도체에는 전위를 주지 않은 경우는 식(5-12)로 표시된다.

$$V_1 = 1[\mathrm{V}],\ \ V_2 = V_3 = \cdots\ V_n = 0 \tag{5-12}$$

이 경우 식(5-11)로부터 식(5-13)을 얻는다.

$$Q_1 = q_{11},\ \ Q_2 = q_{21},\ \ Q_3 = q_{31},\ \ \cdots,\ \ Q_n = q_{n1} \tag{5-13}$$

식(5-13)에서 q_{11}은 도체 1에 단위전위를 주고, 다른 도체를 0전위로 했을 때의 도체 1의 전하이며, q_{21}은 도체 1에 단위전위를 주고 다른 도체는 0전위할 때 도체 2에 생긴 (+)전하로 도체 1의 전하에 의한 **정전유도**로 생긴 전하라 생각할 수 있다.

따라서 q_{11}, q_{22}, q_{33}, $\cdots$, q_{nn}는 **용량계수**, q_{12}, q_{13}, $\cdots$, q_{1n}을 **유도계수**라 한다. 이러한 계수들은 도체의 크기, 모양, 상호간의 배치상태 및 주위공간의 매질에 의하여 정해지는 상수이다. 용량계수와 유도계수의 성질은 다음과 같다.

$$q_{11},\ q_{22},\ q_{33},\ \cdots,\ q_{nn} > 0 \ :\ q_{ii} > 0 \tag{5-14a}$$

$$q_{12},\ q_{13};\ q_{14},\ \cdots,\ q_{1n} < 0 \ :\ q_{ij} < 0 \tag{5-14b}$$

$$q_{11} \geqq -(q_{21} + q_{31} + \cdots + q_{n1}) \tag{5-14c}$$

$$q_{ij} = q_{ji} \tag{5-14d}$$

용량계수와 유도계수의 단위는 두 계수가 모두 $\left[\dfrac{Q}{V}\right]$의 차원이므로 단위는 [F]이다.

예제 5-2 도체 1, 2가 있다. 각 도체의 정전용량계수는 q_{11} 및 q_{22}, 정전유도계수는 q_{21} 및 q_{12}이다. 가느다란 도선으로 두 도체를 병렬로 연결했을 때, 이 도체계의 정전용량은?

〈풀이〉 각 도체의 전하와 전위를 각각 Q_1, Q_2 및 V_1, V_2라 하면

$$Q_1 = q_{11}V_1 + q_{12}V_2,\ \ Q_2 = q_{21}V_1 + q_{22}V_2$$

도선으로 연결하면 이 도체계의 전하 Q와 전위 V는 $Q=Q_1+Q_2$, $V=V_1=V_2$

$$\therefore\ C=\frac{Q}{V}=\frac{Q_1+Q_2}{V}=\frac{q_{11}V+q_{12}V+q_{21}V+q_{22}V}{V}=q_{11}+q_{22}+2q_{12}$$

학습활동

유전율

유전율이라 함은 전기장 속으로 유전체를 삽입시키는 데 따른 전기장의 특성변화에서 나타나는 보편적인 전기 상수로서 유전체, 즉 부도체의 전기적인 특성을 나타내는 특성 값이다. 쉽게 말해서 전계 내에 물체를 놓았을 때 얼마나 잘 전하가 유기되는가, 즉 양측으로 (+)(-) 전하가 어느 정도 분리되어서 잘 반응되느냐의 정도이다. 유전율은 전류에 대한 전기적 특성을 나타내는 것이 아니라 교류 전자기파의 특성에 보다 직접적인 관련이 있다.

유전율이 높은 매질은 분극이 많이 일어나며, 유전율이 낮은 매질에서는 분극이 조금 일어난다. 그리고 진공에서는 매질이 없기 때문에 전기 쌍극자가 발생하지 않아 분극이 전혀 일어나지 않는다.

2 유전체와 분극

자유 공간 내에 있는 유전체는 중심이 완전히 일치되지 않은 (+), (-)의 전하로 구성된 극히 작은 쌍극자의 배열로 취급할 수 있다.

이것은 자유 전하가 아니어서 전도 과정이 일어날 수 없다. 원자력에 의해 일정한 곳에 묶여 있으므로 외부 전계의 작용으로 작은 변위가 일어날 수 있을 뿐이다. 도전율을 결정하는 자유 전하와는 달리 이들은 속박된 전하(bounded charge)이다. 그러나 외부 전계를 가하면 (+)(-)의 전하들이 큰 변위를 일으킨다.

마치 용수철에 물체를 매달면 위치 변화가 일어나듯이 전계가 가해지면 유전체내에도 전자와 핵의 위치가 변위(displacement)를 받게 된다.

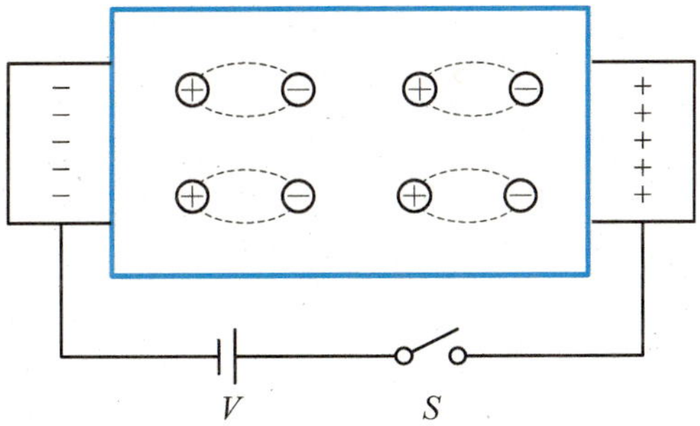

[그림 5-3] 속박전하

[그림 5-4]는 물질내부에서 평형 상태의 핵과 전자가 전계의 인가로 인하여 변위가 발생한다는 것을 보여준다.

유전체 내부에서는 (+)(-) 전하가 상쇄되어 전기적인 작용이 나타나지 않으나 유전체 내부 원자의 일단에 (-)전하가 모이고 다른 끝에는 같은 수의 (+)전하가 모이는 모양이 되어 유전체 양단에는 상쇄되지 않을 때 원자가 분극(polarization)되었다고 하며 분극전하에 의한 전계가 형성된다.

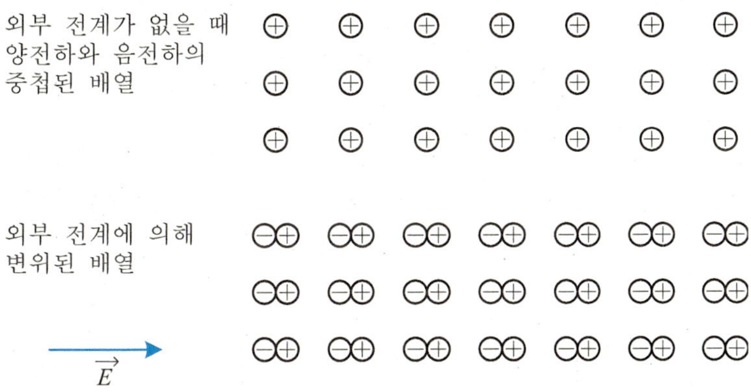

[그림 5-4] 분극의 간단한 모델

다음에는 여러 가지 분극을 발생 형태에 따라 분류하여 보면 다음과 같다.

① 전자분극(Electronic Polarization)

원자핵과 전자운의 중심이 상대적으로 변위하는 분극을 말하며 이 쌍극자에 의해 새로운 전계가 형성되어 물질 내의 합성전계는 자유 공간에서의 값과 다르게 된다.

② 이온분극(Ionic Polarization)

소금(Nacl)과 같은 전형적인 이온 결합의 특성을 가진 분자는 (+), (-)로 대전된 이온들로 구성되어 있다. 이런 분자에 전계를 가하면 (+), (-)이온 사이에 상대적 변위가 일어나서 새로운 형태의 분극을 유발한다.

③ 배향분극(Orientation Polarization)

분자 중에는 물, 염산 등과 같이 전계가 작용하지 않아도 처음부터 쌍극자를 가진 것이 있다. 이와 같은 분자를 극성분자(Polar Molecule)라 한다. 이 극성분자의 쌍극자 모멘트는 열운동에 의하여 임의의 방향을 가지고 있지만, 이것에 전계가 가해지면 전체 분자의 쌍극자 능률은 극성 분자의 쌍극자 능률의 벡터 합으로 주어진다.

④ 계면분극(Interface Polarization)

두 종류의 유전체가 층을 이루어 밀착되어 있든지, 종류가 다른 유전체가 혼재되어 있을 때에는 그들의 계면에 전하가 흘러 들어가 분극이 생긴다.

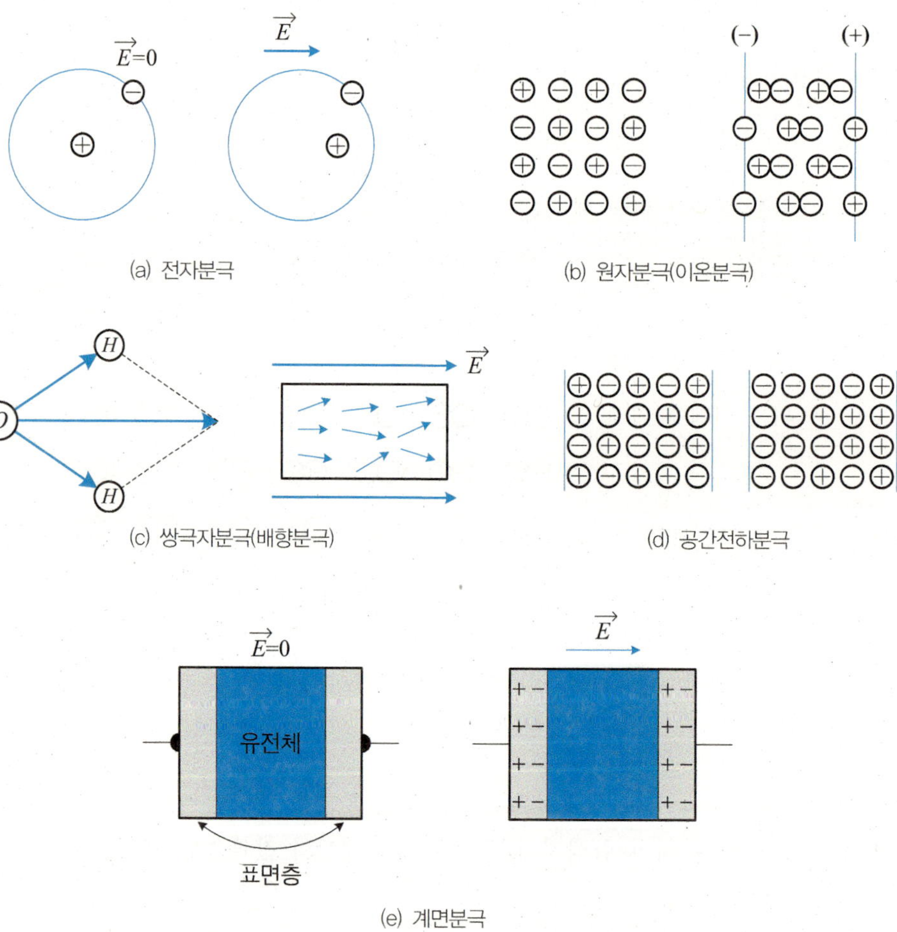

(a) 전자분극

(b) 원자분극(이온분극)

(c) 쌍극자분극(배향분극)

(d) 공간전하분극

(e) 계면분극

[그림 5-5] 분극의 여러 가지 형태

3 분극의 세기

앞 절에서 유전체에 전계를 가하면 유전체는 분극현상이 일어난다고 고찰했다. 개개의 전하를 e, 변위를 d라고 하면 이 때 쌍극자가 N개 존재한다면 전계분극량은 $P = Ned$로 표시된다. 이 분극량은 전계에 비례하며, 분극의 방향은 전계 방향과 일치하다고 본다.

그러므로

$$\vec{P} = \epsilon_0 \chi \vec{E} \tag{5-15}$$

으로 표현된다.

여기서 비례 상수 χ(chi)를 전화율(Electric Susceptibility)이라고 한다. 전화율은 온도에 따라 변하며 물질의 분극 정도를 나타내는 상수이다.

패러데이는 콘덴서의 극판사이에 유전체를 삽입하였을 때의 정전용량 C는 진공일 때의 용량 C_0보다 커지며 이들 사이에는

$$\frac{C}{C_0} = \epsilon_r = \frac{\epsilon}{\epsilon_0} > 1 \tag{5-16}$$

의 관계가 있음을 발견하였다.

여기서 ϵ_r을 유전체의 비유전율(Dielectric Constant)이라고 하며 이것은 유전체에 따라 정해지는 상수이다.

이 때 극판의 간격을 d[m], 면적을 S[m^2]이라 하고 극판 간에 V[V]의 전압을 가했다고 하면

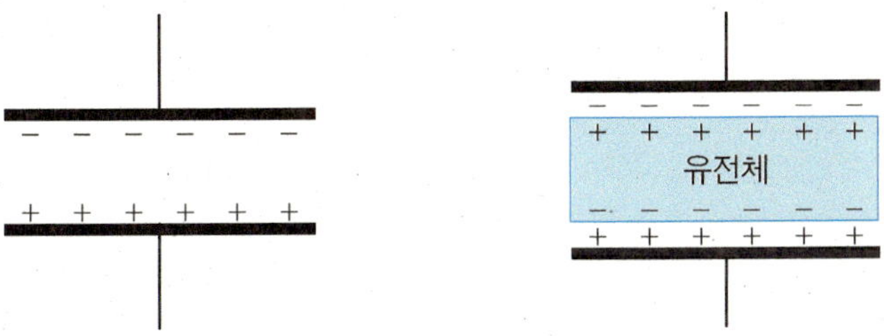

(a) 극판 사이에 공기가 채워진 경우　　(b) 극판 사이에 유전체를 삽입한 경우

[그림 5-6] 콘덴서의 전하분포

$$C = \frac{Q}{V} = \frac{\rho_s S}{Ed}\,[\mathrm{F}] \tag{5-17}$$

이다.

진공중의 정전용량 C_0와의 비는

$$\frac{C}{C_0} = \frac{\rho_s S/Ed}{\epsilon_0 S/d} = \frac{\rho_s}{\epsilon_0 E} \tag{5-18}$$

으로 된다.

매질이 공기인 경우 $\rho_s = \epsilon_0 E$이며 분극 전하를 고려하면

$$\begin{aligned}\rho_s &= \epsilon_0 E + \rho_p \\ &= \epsilon_0 E + \epsilon_0 \chi E \\ &= \epsilon_0 (1+\chi) E\end{aligned} \tag{5-19}$$

이다.

식(5-19)을 식(5-17)에 대입하면

$$\begin{aligned}C = \frac{\rho_s S}{Ed} &= \frac{\epsilon_0 (1+\chi) ES}{Ed} \\ &= \frac{\epsilon_0 (1+\chi) S}{d}\end{aligned} \tag{5-20}$$

가 된다.

식(5-20)은 자유공간에서의 축전기의 용량 $C = \epsilon_0 S/d$에 $(1+\chi)$를 곱한 것과 같다. 이 상수 $(1+\chi)$를 ϵ_r이라고 패러데이가 정의하였다. 즉,

$$\epsilon_r = 1 + \chi \tag{5-21}$$

이다.

앞서 고찰한 유전체와 함께 전속밀도라는 새로운 벡터량에 대해 알아보면 전속밀도 $\overrightarrow{D}$는 다음의 관계로 정의되는 벡터이다.

$$\begin{aligned}\vec{D} &\equiv \epsilon_0\vec{E}+\vec{P} \\ &= \epsilon_0\vec{E}+\epsilon_0\chi\vec{E} \\ &= \epsilon\vec{E} \\ &= \epsilon_0\epsilon_r\vec{E}\end{aligned} \tag{5-22}$$

그러므로 분극의 세기와 전속밀도의 관계는

$$\begin{aligned}\vec{P} &= \epsilon_0(\epsilon_r-1)\vec{E} \\ &= \left(1-\frac{1}{\epsilon_r}\right)\vec{D}[\mathrm{C/m^2}]\end{aligned} \tag{5-23}$$

로 주어진다.

[표 5-1] 물질의 비유전율과 절연내력

물질	비유전율, ϵ_r	절연내력 [kV/m]
진공	1.0000	∞
공기	1.0005	3
물	75~81	-
폴리에틸렌	2.1~2.5	50
변압기유	2.2~2.4	24~57
테프론	2.1	60
유리	3.8~10	5~20
석영	3.5~4.0	8
백운모	6.7	70~220
티탄산바륨(BaTiO)	1200	-

예제 5-3 분자밀도가 10^{20}[개$/\mathrm{m^3}$]이고, 전계의 세기 $E=10^7[\mathrm{V/m}]$일 때 각각 분자가 $10^{-25}[\mathrm{C\cdot m}]$의 전기 쌍극자 모멘트를 가지는 물질의 비유전율 ϵ_r을 구하라.

〈풀이〉 분극의 세기는

$$P=10^{20}\times10^{-25}=10^{-5}[\mathrm{C/m^2}]$$

이므로 비유전율 ϵ_r은 $D=\epsilon_0E+P=\epsilon_0\epsilon_rE$에서

$$\epsilon_r=\frac{P}{\epsilon_0E}+1$$

$$= \frac{10^{-5}}{8.85 \times 10^{-12} \times 10^{7}} + 1$$
$$= 1.11$$

예제 5-4 면적이 S이고 전극 사이의 간격이 d인 평행판 콘덴서가 있다. 이 전극 사이를 진공상태로 유지시키는 경우와 비유전율 ϵ_r인 유전체로 채우는 경우에 전극 사이의 (1)전위차와 (2)전계의 세기를 비교하라. 단 전하는 $+Q$와 $-Q$를 일정하게 주었고, 진공상태의 전위와 전계의 세기를 각각 V_0, E_0라 하고 유전체로 채운 경우의 전위와 전계의 세기를 각각 V, E라 한다.

〈풀이〉 (1) $Q = C_0 V_0 = CV = \epsilon_r C_0 V$

$$\therefore \; V = \frac{V_0}{\epsilon_r}$$

(2) $V_0 = E_0 d, \quad V = Ed$

$$\therefore \; E = \frac{E_0}{\epsilon_r}$$

4 유전체의 특수 현상

이제까지 주로 유전율 ϵ이 일정한 경우로서 식(5-23)처럼 유전체 내에서의 분극 $\vec{P}$가 전계의 세기 $\vec{E}$에 비례하는 이상적인 유전체에 대하여 다루었다. 그러나 여기서 다루는 유전체의 특수현상이란 유전율이 일정하지 않은 경우로 유전체의 분극 전계의 세기에 비례하지 않는 경우이다.

4.1 접촉 전기

도체와 도체, 유전체와 유전체 또는 유전체와 도체를 서로 접촉시키면, 한편의 전자가 다른 편으로 이동하여 각각 (+)전하와 (-)전하로 대전하는 현상이 일어난다. 이때 나타나는 전기를 접촉전기라고 부른다. 따라서 마찰전기도 이 접촉전기의 일종이라고 볼 수 있다.

도체와 도체 간에 접촉전기가 일어나면 두 도체 간에 전위차가 생긴다. 이 전위차를 접촉전위차라 하여, 이 현상을 볼타 효과(Volta Effect)라고도 한다. 이 접촉전위차의 크기는 매질 및 온도에 따라 결정되고 접촉면적에는 관계없다.

4.2 Pyro 전기

티탄산바륨(BaTiO)같은 결정을 가열 또는 냉각하면 결정의 한쪽 면에 (+)전하가, 다른 쪽 면에는 (-)전하가 발생한다. 이 전하의 극성은 가열 할 때와 냉각할 때는 서로 정반대이다. 이런 현상을 초전효과라 하며 이 때 발생한 전하를 초전기라 한다.

이러한 초전현상은 분극을 가지는 유전체에서 나타나는데 온도의 변화에 의해서 분극의 크기가 변화하기 때문에 일어난다. 초전효과는 열에너지를 전기에너지로 변환시키는 것으로 대단히 유용한 현상이다.

4.3 압전기

초전현상을 나타내는 결정은 기계적인 압력이 가해져도 전기가 나타난다. 즉 결정에 어떤 방향으로 압축 또는 인장 등의 응력을 가하면 내부에 전기분극이 일어나고 그 단면에 분극전하가 나타난다. 전기분극은 응력에 비례한다. 이러한 현상을 압전효과라 한다. 이 때 단면에 나타나는 분극전하를 압전기라 한다. 이러한 압전효과가 잘 나타나는 물질로는 수정, 티탄바륨 등이 있다.

한편, 압전효과를 나타내는 결정에 전계를 가하면 전계에 비례하는 전기적 응력이 결정에 나타난다. 이 현상을 압전기의 역효과라 하고, 기계적 응력에 의하여 압전기를 발생하는 효과를 압전기의 직접효과라고도 한다. 이와 같은 가역성은 전기에너지와 기계에너지 상호변환이 가능함을 나타내는 것이다. 이 에너지 상호변환의 특성은 전기공학에서 마이크, 압력 측정, 초음파발생, 정수기 전기진동의 발생 등 응용범위가 매우 넓다.

5 완전 유전체 사이의 경계조건

동일 매질 내에서 전계나 전속밀도는 연속이다. 그러나 두 가지 다른 매질에 의해 이루어진 경계의 양쪽에서 이 값들은 같지 않으며 이들을 구하는 문제는 매우 중요하다. 서로 다른 매질에 의한 경계면은 다른 유전체 사이의 경계면, 도체와 유전체 사이의 경계면과 도체와 진공사이의 경계면 등이 있다.

우선 유전체 경계면에서 전계의 보존적인 성질인

$$\oint \vec{E} \cdot d\vec{L} = 0 \tag{5-24}$$

의 관계를 이용하여 접선 성분에 대한 경계 조건을 구하여 본다.

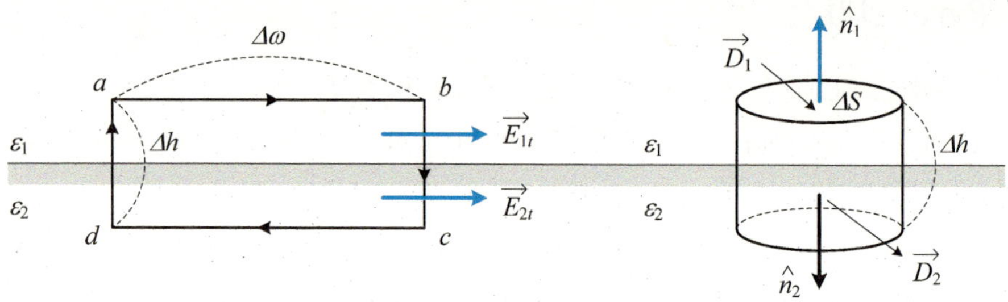

[그림 5-7] 완전 유전체 사이의 경계조건

평평한 직사각형 적분로 $abcda$를 따라서 $\vec{E}$의 1주 적분을 생각한다. 변 da, bc의 길이를 아주 작게 취하면 이 적분을 무시할 수 있으므로

$$\begin{aligned}\int_{abcda} \vec{E}\cdot d\vec{L} &= \int_a^b \vec{E}\cdot d\vec{L} + \int_c^d \vec{E}\cdot d\vec{L} \\ &= E_{1t}\Delta\omega - E_{2t}\Delta\omega \\ &= 0\end{aligned} \tag{5-25}$$

가 되어 다음 식이 성립한다.

$$E_{1t} = E_{2t}$$

즉, 경계면의 양쪽에서 면에 평행한 전계성분은 동일하다고 할 수 있다.

$$E_{1t} = \frac{D_{1t}}{\epsilon_1}, \quad E_{2t} = \frac{D_{2t}}{\epsilon_2} \tag{5-26}$$

에서

$$\boxed{\frac{D_{1t}}{\epsilon_1} = \frac{D_{2t}}{\epsilon_2}} \tag{5-27}$$

이므로 전속밀도의 접선 성분은 연속이 아니다.

다음에 경계면에서 전속밀도의 법선 성분을 구하기 위해 가우스의 정리를 이용하면

$$\iint \vec{D}\cdot d\vec{S} = -D_{1n}dS + D_{2n}dS = \rho_s dS \tag{5-28}$$

가 되어

$$D_{2n} - D_{1n} = \rho_s \tag{5-29}$$

으로 표현된다. 완전 유전체 내에는 분극현상이 일어나지 않으므로 완전 유전체의 경계면에서 면전하 밀도 ρ_s는 0이다.

따라서 식(5-29)는

$$D_{1n} = D_{2n} \tag{5-30}$$

가 된다. 즉, 경계면에 전하가 존재하지 않을 때는 전속밀도의 경계면에 수직한 성분은 동일하다고 할 수 있다.

[그림 5-8]에서 전속밀도 D_1이 법선과 θ_1의 각을 이루고 입사한 경우 경계면에서 경계조건을 구하여 보자. 이 경우 이들 경계조건에 따라 전속 및 전기력선은 유전율이 다른 면에서 굴절한다.

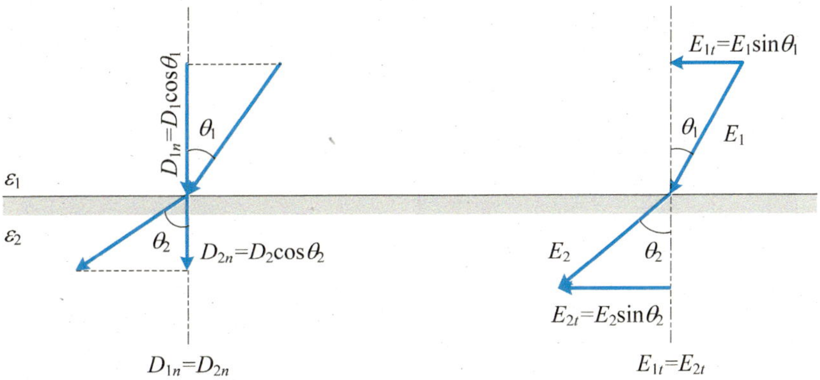

[그림 5-8] 전속 및 전기력선의 굴절

두 완전 유전체의 경계면에서 전속밀도의 법선 성분은 같으므로

$$D_{1n} = D_1\cos\theta_1 = D_{2n} = D_2\cos\theta_2 \tag{5-31}$$

이다.

전계 E_1이 법선과 θ_1의 각을 이루고 입사한 경우 경계면에서 전계의 접선성분은 같으므로

$$E_{1t} = E_1\sin\theta_1 = E_{2t} = E_2\sin\theta_2 \tag{5-32}$$

이다.

그러므로 식(5-31)과 식(5-32)의 비를 취하면

$$\frac{\tan\theta_1}{\tan\theta_2} = \frac{\epsilon_1}{\epsilon_2} \tag{5-33}$$

의 관계가 성립한다.

그래서 $\epsilon_2 > \epsilon_1$이면 $\theta_2 > \theta_1$이 되어 전속 및 전기력선은 작은 유전율을 가진 유전체에서 큰 유전체로 들어갈 때에 굴절각이 커짐을 알 수 있다.

예제 5-5 자유공간에서 두께 $x=0$에서 $x=a$까지 완전유전체인 석영판이 놓여 있는 상태에서 전계 E_0가 판에 수직으로 걸려 있을 때, 판 내부에서 E, D와 P를 구하라. 이 때 비유전율 ϵ_r은 5이다.

〈풀이〉 판의 외부공간에서는

$$\begin{aligned}\vec{E}_{외부} &= E_0\hat{x}\\ \vec{D}_{외부} &= \epsilon_0 E_0\hat{x}\\ \vec{P}_{외부} &= 0\end{aligned}$$

이다. 한편 경계면에서 D_n은 연속이므로 석영판 내부$(0 \le x \le a)$에서

$$\begin{aligned}\vec{D}_{내부} &= \vec{D}_{외부} = \epsilon_0 E_0\hat{x}\\ \vec{E}_{내부} &= \vec{D}_{내부}/\epsilon = (\epsilon_0 E_0)/(5\epsilon_0)\hat{x} = 0.2E_0\hat{x}\\ \vec{P}_{내부} &= \vec{D}_{내부} - \epsilon_0\vec{E}_{내부}\\ &= 0.8\epsilon_0 E_0\hat{x}\end{aligned}$$

가 된다.

예제 5-6 아래 그림과 같이 유전체 경계면에서 전속밀도가 굴절할 때$(\theta_1 < \theta_2)$ 매질 1과 매질 2에서의 전속밀도 D_1과 D_2의 크기를 비교하라(단, 경계면상에 전하 분포는 없다).

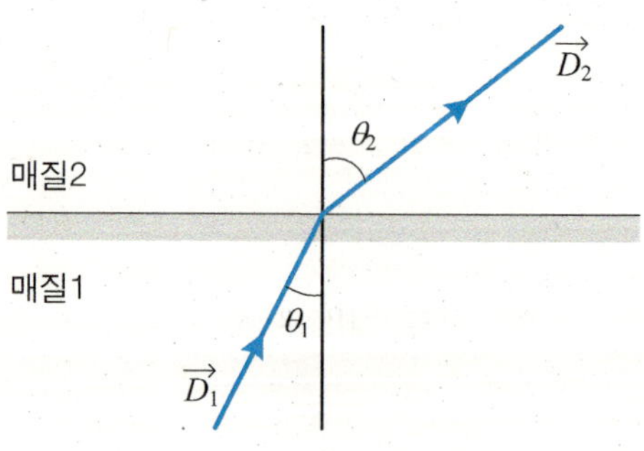

이 되므로 체적이 일정히 유지된다면

$$\iint \vec{J} \cdot d\vec{S} = \int_v (\nabla \cdot \vec{J})\, dv$$
$$= -\int_v \frac{\partial \rho}{\partial t} dv \qquad (5\text{-}39)$$

으로 주어진다.

따라서 다음 식과 같은 미분 형태의 전류에 대한 연속방정식을 얻을 수 있다.

$$\nabla \cdot \vec{J} = -\frac{\partial \rho}{\partial t} \qquad (5\text{-}40)$$

이 식의 의미를 예를 들어 설명하면 어떤 체적 내에 10의 전하가 있다고 하고 단위 시간동안 1의 전하가 유입되고 3의 전하가 유출되었다고 하면, 단위시간에 폐곡면을 통하여 나간 전하는 2가 되어 발산율은 +2가 되며, 우변에서 폐곡면 내의 전하는 $10-3+1=8$이 된다. 시간당 $\partial\rho/\partial t$는 10에서 8로 줄어들어 -2가 된다. (-)부호를 고려하면 2가 됨을 알 수 있다.

전류의 연속성이라 함은 전류가 정상적으로 도체 내를 흐르고 있을 때에는 $\partial\rho/\partial t = 0$이므로

$$\nabla \cdot \vec{J} = 0 \qquad (5\text{-}41)$$

이 되는 것을 의미한다. 즉, 폐곡면으로 유입하는 전류와 유출하는 전류는 같다는 것이다. 전하의 발생 및 소멸이 없는 전하 보존의 관계를 유지하는 곳에서는 전류는 연속적이라는 것을 말하며 이 식은 키르히호프의 제1법칙과 관계된다.

예제 5-8 도체 내에 전하가 투입될 때 표면전하가 형성되는 과정을 수식으로 기술하고 그래프를 그려라.

〈풀이〉 오옴의 법칙으로부터 $\vec{J} = \sigma\vec{E}$가 되며 도체 내의 전류에 대한 연속방정식은

$$\nabla \cdot \vec{J} = -\frac{\partial \rho}{\partial t}$$

가 된다. 그러므로

$$\nabla \cdot \sigma\vec{E} = \nabla \cdot \frac{\sigma}{\epsilon}\vec{D}$$
$$= -\frac{\partial \rho}{\partial t}$$

으로 표현되며 매질이 균일하다고 가정하면

$$\nabla \cdot \vec{D} = -\frac{\epsilon}{\sigma}\frac{\partial \rho}{\partial t} = \rho$$

으로 주어진다. 이 미분방정식을 풀면

$$\rho = \rho_0 e^{-(\sigma/\epsilon)t}$$

으로 된다. 여기서 ρ_0는 $t=0$에서의 전하밀도이다.

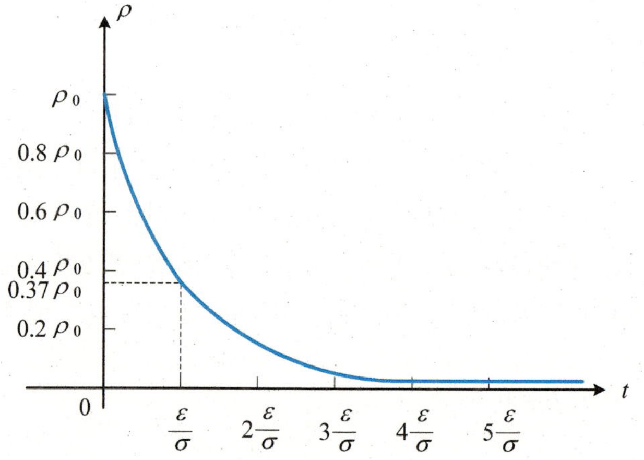

[그림 5-10] 시간에 따른 도체 내의 전류밀도의 변화

7 도체와 도체 사이의 경계조건

유전체 경계면 사이의 굴절현상과 같이 도전율이 다른 두 도체 사이의 경계면을 통하여 전류가 흐를 때 전류유선이 굴절한다. 그러면 경계면상에서 미소 원통을 생각할 때 정상 전류에 대해서는 $\partial\rho/\partial t = 0$이므로

$$\nabla \cdot \vec{J} = -\frac{\partial \rho}{\partial t} = 0 \tag{5-42}$$

이다.

발산정리를 사용하면

$$\int_v \nabla \cdot \vec{J} dv = \iint \vec{J} \cdot d\vec{S} = 0 \tag{5-43}$$

이 되므로 가우스 원통의 깊이를 경계면에서 무한히 접근시키면 옆면적을 무시할 수 있으므로 옆면에서의 발산성분을 무시할 수 있다.

따라서 식(5-36)은

$$\iint \vec{J} \cdot d\vec{S} = J_{1n}S - J_{2n}S = 0 \tag{5-44}$$

이 되므로

$$\boxed{J_{1n} = J_{2n}} \tag{5-45}$$

으로 표현된다.

다음으로 경계면에서 전류밀도의 접선성분을 고찰하여 본다. 매질 1과 매질 2에서의 경계면에서는 완전 유전체에서의 경계조건의 경우처럼 전계의 접선 성분은 연속이므로

$$J_{1t} = \sigma_1 E_{1t} \tag{5-46}$$

$$J_{2t} = \sigma_2 E_{2t} \tag{5-47}$$

에서

$$\boxed{\frac{J_{1t}}{J_{2t}} = \frac{\sigma_1}{\sigma_2}} \tag{5-48}$$

이 유도되어 전류밀도의 접선성분은 도전율이 큰 매질에서 더 크다.

[그림 5-11]에서 본 바와 같이

$$\tan\theta_1 = \frac{J_{1t}}{J_{1n}} \tag{5-49}$$

$$\tan\theta_2 = \frac{J_{2t}}{J_{2n}} = \frac{J_{2t}}{J_{1n}} = \frac{J_{1t}}{J_{1n}}\frac{\sigma_2}{\sigma_1} \tag{5-50}$$

이므로

$$\frac{\tan\theta_1}{\tan\theta_2} = \frac{\sigma_1}{\sigma_2} \tag{5-51}$$

이 되어 도전율이 다른 두 매질에서의 경계면에서 전류유선은 굴절함을 알 수 있다.

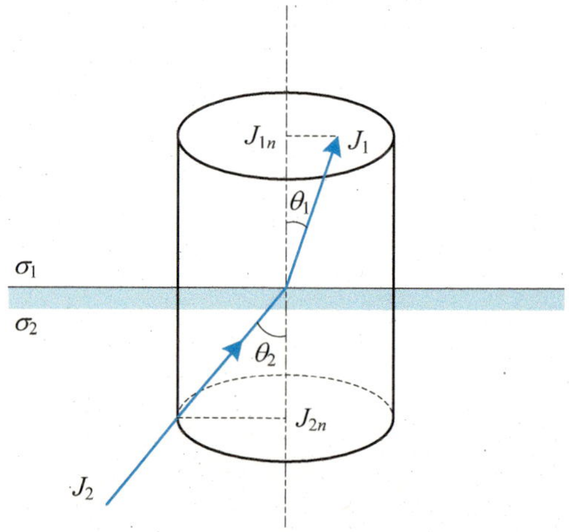

[그림 5-11] 도체 경계면 사이의 경계조건

8 정전용량(Capacitance)

어떤 도체에 Q[C]의 전하를 주었을 때, 그 도체의 전위가 V[V]가 되었다면 정전용량 C는

$$C = \frac{Q}{V}\,[\mathrm{F}] \tag{5-52}$$

가 된다.

정전용량이란 일정한 전위 V를 주었을 때 전하 Q를 저축하는 능력을 말하는데 단위는 [C/V]이며 또는 패럿(farad, [F])이라고도 한다. 패럿은 너무 크므로 보조단위로 10^{-6}[F]을 1[μF], 10^{-12}[F]를 1[$\mu\mu$F] = 1[pF]으로 사용한다.

도체 A에 $+Q$[C], 도체 B에 $-Q$[C]의 전하를 주었을 때, 두 도체 사이의 전위차가 V_{AB}[V]가 되었다면, 두 도체 사이의 정전용량 C는

$$C = \frac{Q}{V_{AB}} = \frac{Q}{-\int_B^A \vec{E} \cdot d\vec{L}} \qquad (5\text{-}53)$$

와 같이 표시할 수 있다. 따라서 두 도체간의 정전용량은 도체간의 전위차만큼 높이기 위해서 충전되는 전하라고 말할 수 있다.

정전용량은 전하량 Q값에 따라서는 변하지 않고 그 대신 도체계의 기하학적 구조 및 유전율에 의하여 결정된다. 정전용량은 커패시턴스(capacitance)라고도 하며, 정전용량의 역수를 엘라스턴스(elastance) 또는 역용량(Reciprocal Capacity)이라고 한다.

한편, 에너지 보존 법칙에 의해서 도체에 전하 Q[C]를 축적시키는 데 요하는 일은 전하 Q가 축적된 도체가 갖는 정전에너지와 동일하다.

도체에 단위 전하를 가져오는 데 필요한 일이 전위 V이므로 미소전하 dQ[C]를 도체에 가져오는 데 필요한 일 dW는

$$dW = VdQ$$

가 된다. 이 때 전위 V는

$$V = \frac{Q}{C}$$

로 표현되므로 위의 식은 다음과 같이 표현된다.

$$dW = \frac{Q}{C}dQ$$

그러므로 도체에 전체전하 Q[C]를 축적시키는데 필요한 일은

$$W = \int dW = \int_0^Q \frac{Q}{C}dQ = \frac{1}{2}\frac{Q^2}{C}\,[\mathrm{J}] \qquad (5\text{-}54)$$

이 된다. 이때 $Q = CV$의 관계를 이용하면

$$W = \frac{1}{2}QV = \frac{1}{2}CV^2\,[\mathrm{J}] \qquad (5\text{-}55)$$

와 같이 표현할 수 있다.

이 식은 임의의 도체에 전하 Q[C]를 축적시키기 위해 필요한 일을 나타내며 이 값이 곧 전하 Q가 축적된 도체가 갖는 정전에너지가 되는 것이다.

예제 5-9 정전용량 5[μF], 극간거리 3[mm]인 평행판 콘덴서에 300[μC]의 전하를 주면 극관간의 전위경도는?

〈풀이〉

$$V = \frac{Q}{C} = \frac{300 \times 10^{-6}}{5 \times 10^{-6}} = 60[\mathrm{V}]$$

이므로 전위경도는

$$E = \frac{60[\mathrm{V}]}{3[\mathrm{mm}]} = 20[\mathrm{V/mm}]$$

가 된다.

예제 5-10 두 콘덴서 C_1[F] 및 C_2[F]에 Q[C]의 같은 전하를 주었더니, C_1의 전압은 C_2의 전압의 n배가 되었다면 C_1의 정전용량은 C_2의 몇 배인가?

〈풀이〉 $Q = C_1 V_1 = C_2 V_2$이므로

$$\frac{C_1}{C_2} = \frac{V_2}{V_1} = \frac{V_2}{n V_2} = \frac{1}{n}$$

이 되어 C_1의 정전용량은 C_2의 $1/n$배가 된다.

예제 5-11 1[kV]로 충전된 콘덴서의 용량이 4×10^{-5}[F]일 때 콘덴서의 에너지는 얼마인가?

〈풀이〉 정전용량에 축적되는 정전에너지는

$$W_E = \frac{1}{2} C V^2 \text{이므로}$$

$$W_E = \frac{1}{2} \times (4 \times 10^{-5}) \times 10^6$$
$$= 20[\mathrm{J}]$$

이다.

9 정전용량의 계산예

도체의 모양과 배치 상태 및 주위 매질에 의해 정해지는 도체의 정전용량을 계산하기 위해서는 먼저 도체의 전위를 구한다. 이 때 전위 V는 전하 Q의 함수 형태로 표시한다.

9.1 동심구 도체계

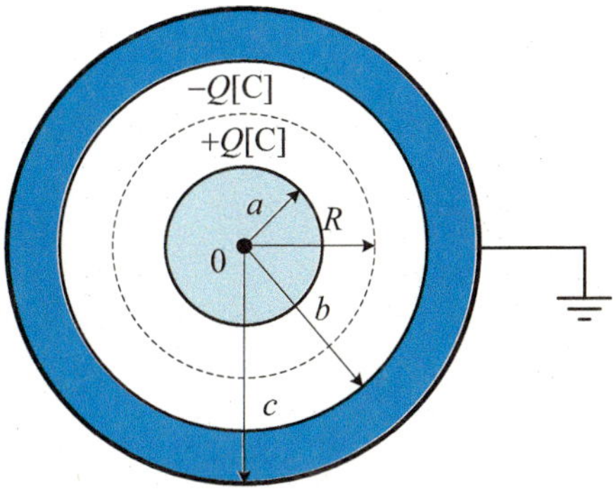

[그림 5.12] 동심구간의 정전용량

반경 b인 외부 도체가 접지되어 있고, 동심이며 반경 a인 내부 도체에 전하 $+Q$을 인가한 경우를 알아본다. 내구에 $+Q$[C], 외구의 내측에 $-Q$[C]의 전하를 주면 외구의 외측에서는 패러데이관(Faraday Tube)에 의해 $+Q$[C] 전하가 분포하므로 전체 전계는 0이다.

이 때 도체구사이의 전계는 $a \le r \le b$에만 존재하기 때문에

$$\vec{E} = \frac{Q}{4\pi\epsilon_0 R^2}\hat{R} \tag{5-56}$$

가 된다.

따라서 두 도체 사이의 전위 V는

$$\begin{aligned} V &= -\int_b^a \vec{E} \cdot d\vec{R} \\ &= -\frac{Q}{4\pi\epsilon_0}\int_b^a \frac{dR}{R^2} \\ &= \frac{Q}{4\pi\epsilon_0}\left(\frac{1}{a} - \frac{1}{b}\right) \end{aligned} \tag{5-57}$$

이다.

두 동심구 도체 사이의 정전용량 C는 정의식에 따라

$$C = \frac{Q}{V} = \frac{4\pi\epsilon_0}{\frac{1}{a} - \frac{1}{b}} \tag{5-58}$$

가 된다.

9.2 동심 원통 도체계

동축케이블의 내부 원통과 외부 원통에 각각 $+\rho_L$[C/m], $-\rho_L$[C/m]의 전하를 주었을 때 동심 원통간의 정전용량을 구하면 다음과 같다.

두 동축 원통 도체간의 전계의 세기는

$$\vec{E} = \frac{\rho_L}{2\pi\epsilon_0 r}\hat{r}\ [\mathrm{V/m}] \tag{5-59}$$

이므로, 두 원통 도체간의 전위차는

$$\begin{aligned} V = -\int_b^a \vec{E} \cdot d\vec{r} &= -\frac{\rho_L}{2\pi\epsilon_0}\int_b^a \frac{1}{r}dr \\ &= -\frac{\rho_L}{2\pi\epsilon_0}[\ln r]_b^a \\ &= \frac{\rho_L}{2\pi\epsilon_0}\ln\frac{b}{a} \end{aligned} \tag{5-60}$$

으로 주어진다.

따라서 단위 길이에 대해서 정전용량을 구하면

$$C = \frac{Q}{V} = \frac{2\pi\epsilon_0}{\ln\frac{b}{a}} \tag{5-61}$$

이 된다.

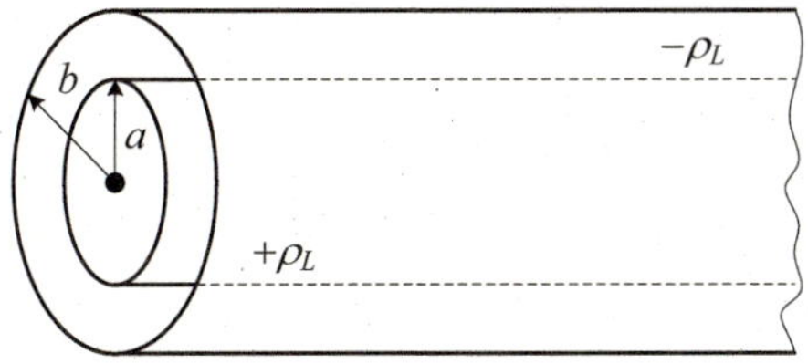

[그림 5-13] 동심 원통간의 정전용량

예제 5-12 면적 $S[\mathrm{m}^2]$, 극간거리 $d[\mathrm{m}]$인 평행판 콘덴서의 정전용량[F]은?

〈풀이〉 그림과 같이 극판에 $+\rho$ 및 $-\rho$의 전하를 주면 극판 사이의 P점의 전계는

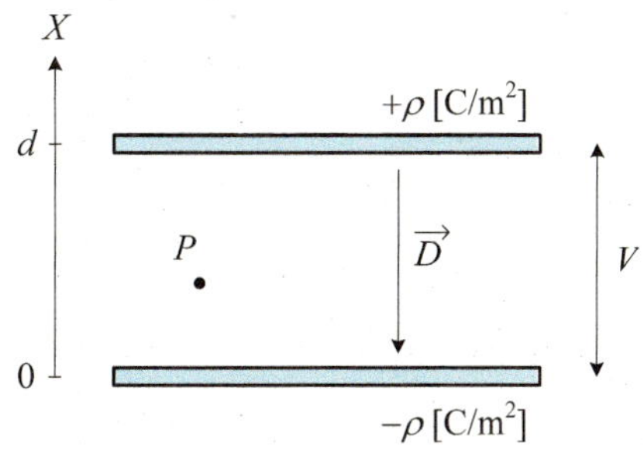

$$E_P = \frac{D}{\epsilon} = \frac{\rho}{\epsilon}$$

따라서 극판 사이의 전위 V는

$$V = -\int_d^0 E_P dx = -\int_d^0 \frac{\rho}{\epsilon} dx = -\frac{\rho}{\epsilon}[x]_d^0 = \frac{\rho}{\epsilon} d$$

$$\therefore\ C = \frac{Q}{V} = \frac{\rho S}{\frac{\rho}{\epsilon} d} = \epsilon \frac{S}{d}\,[\mathrm{F}]$$

[표 5-2] 각각의 구분에 따른 정전용량

구분		정전용량	구분		정전용량
도체구	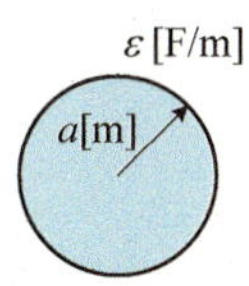	$C = 4\pi\epsilon a\,[\mathrm{F}]$	평행도체구	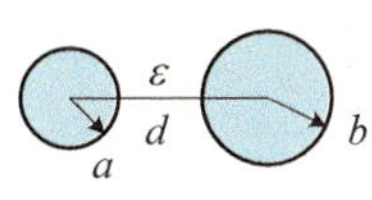	$C_{ab} = \dfrac{4\pi\epsilon}{\frac{1}{a}+\frac{1}{b}}\,[\mathrm{F}]$
동심구	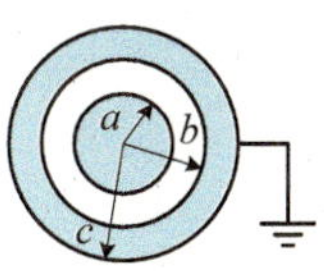	$C_{ab} = \dfrac{4\pi\epsilon}{\frac{1}{a}-\frac{1}{b}}\,[\mathrm{F}]$	평행판축전기	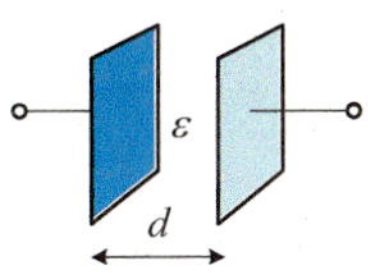	$C = \dfrac{\epsilon S}{d}\,[\mathrm{F}]$
동축케이블	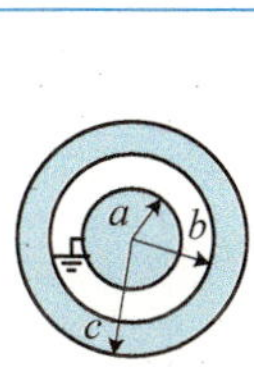	$C_{ab} = \dfrac{2\pi\epsilon}{\ln\frac{b}{a}}$		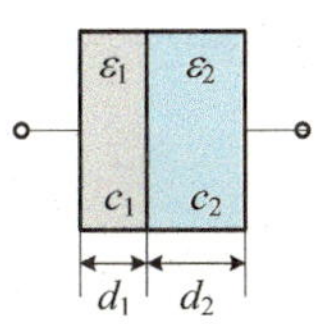	 $C = \dfrac{1}{\frac{1}{c_1}+\frac{1}{c_2}} = \dfrac{\epsilon_1\epsilon_2}{\epsilon_1 d_2 + \epsilon_2 d_1}$

9.3 직렬접속과 병렬접속

두 도체 사이에 정전용량을 가지도록 만들어진 장치를 정전 콘덴서(Static Condenser)또는 간단히 콘덴서(condenser)혹은 축전기라고 하며, 두 도체를 콘덴서의 전극 또는 극판이라 한다. 즉 콘덴서라고 하면 구체적인 장치를 말하는 것이고, 정전용량이라고 하면 콘덴서가 가지는 전기적인 특성을 말한다.

정전용량을 크게 하고, 될수록 많은 전하를 저축하기 위해서는 도체간의 간격을 충분히 작게 할 필요가 있다. 그러기 위해서는 양 도체간의 절연을 유지하기 위해 적당한 절연 내력을 가진 절연물을 삽입한다. 이러한 절연물을 유전체(dielectric)라 한다. 이 유전체는 전극간의 절연을 유지할 뿐 아니라,정전용량의 값을 증가할 목적을 가지고 있다. 유전체의 종류에 따라 공기 콘덴서(Air Condenser), 종이 콘덴서(Paper Condenser), 기름 콘덴서(Oil Condenser), 운모 콘덴서(Mica Condenser) 그리고 자기 콘덴서(Ceramic Condenser)등이 있다.

정전용량의 측정에 사용되는 콘덴서에는 콘덴서용 유전체로서 가장 특성이 좋은 공기 콘덴서가 주로 쓰이고 있다. 또한 정전용량이 일정한 것과 가변용이 있는데 전자를 고정 콘덴서, 후자를 가변 콘덴서 또는 바리콘(Varicon)이라고 한다.

전기저항의 접속과 마찬가지로 복잡한 콘덴서의 접속도 병렬접속과 직렬접속의 조합이다. 저항의 경우와 마찬가지로, 단자에서 본 등가인 1개의 용량을 합성 용량 또는 등가용량이라 한다.

9.3.1 직렬 접속

정전 용량이 C_1, C_2, $\cdots$, C_n인 n개의 콘덴서를 직렬로 접속하고 AB단자 사이에 전압 V를 걸면 각각의 콘덴서에 흐르는 전류가 같기 때문에 각 콘덴서에 충전되는 전하량은 같다. 즉 $Q_1 = Q_2 = Q_3 = \cdots = Q$이다.

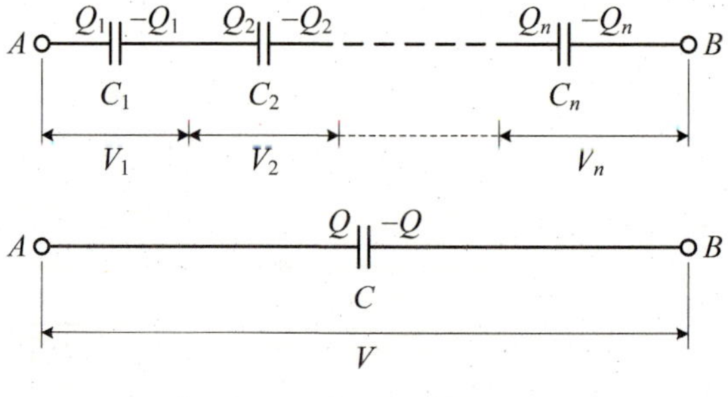

[그림 5-14] 직렬 접속

그래서 각 콘덴서에 가해지는 전압은 각각 V_1, V_2, $\cdots$, V_n이라 하면

$$V_1 = \frac{Q}{C_1},\ V_2 = \frac{Q}{C_2},\ \cdots,\ V_n = \frac{Q}{C_n} \tag{5-62}$$

이다.

$V = V_1 + V_2 + \cdots + V_n$이므로 합성 용량 C는

$$C = \frac{Q}{V} = \frac{1}{\frac{1}{C_1} + \frac{1}{C_2} + \cdots + \frac{1}{C_n}} = \frac{1}{\sum_{i=1}^{n} \frac{1}{C_i}} \tag{5-63}$$

으로 표현되어 콘덴서를 직렬로 접속했을 때의 합성 정전용량의 역수는 각 콘덴서의 정전용량의 역수의 합과 같다. 따라서 합성 정전용량은 각 콘덴서의 정전용량의 어느 것보다도 작게 된다.

학습활동

커패시터의 직렬접속

커패시터가 직렬로 연결될 때, 유효 금속판 면적은 감소하고 유전체 두께는 증가하므로 전체 커패시턴스는 감소한다.

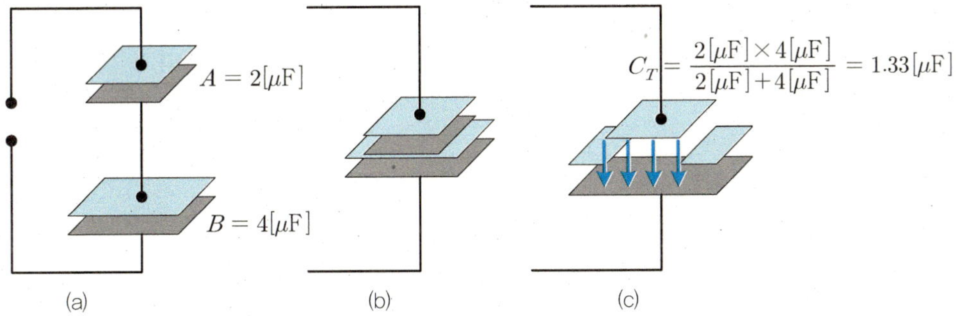

[그림 5-15] 커패시터의 직렬접속

9.3.2 병렬 접속

콘덴서 C_1, C_2, C_3, $\cdots$, C_n을 병렬로 연결하고, AB단자 사이에 전압 V를 걸면 각각의 콘덴서의 단자 사이의 전압은 같고, 각 콘덴서에는 Q_1, Q_2, Q_3, $\cdots$, Q_n의 전하가 충전된다.

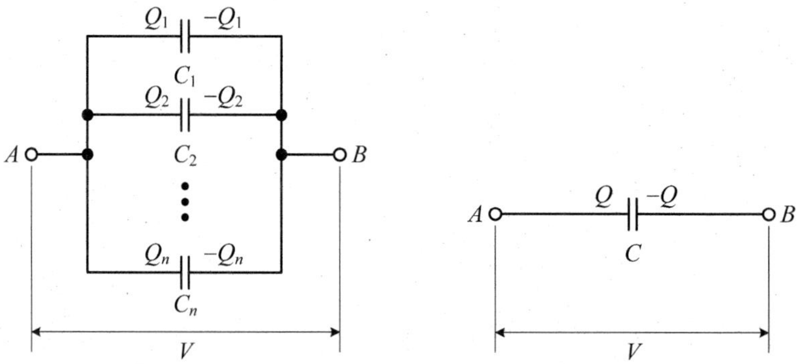

[그림 5-16] 병렬 접속

이 때 각 콘덴서에 충전되는 전하는

$$Q_1 = C_1 V,\ Q_2 = C_2 V,\ \cdots,\ Q_n = C_n V \tag{5-64}$$

가 되므로, 전체 전하의 양은

$$\begin{aligned} Q &= Q_1 + Q_2 + \cdots + Q_n \\ &= (C_1 + C_2 + \cdots + C_n) V \end{aligned} \tag{5-65}$$

이다.

이 때 콘덴서 C_1, C_2, C_3, $\cdots$, C_n을 병렬 연결한 합성용량을 C라고 하면

$$\begin{aligned} C &= \frac{Q}{V} = C_1 + C_2 + \cdots + C_n \\ &= \sum_{i=1}^{n} C_i \end{aligned} \tag{5-66}$$

이 되어 콘덴서를 병렬로 접속할 때의 합성 정전용량은 각 콘덴서의 정전 용량의 합과 같다. 따라서 합성 정전용량은 각 콘덴서의 정전 용량의 어느 것보다도 크다.

학습활동

커패시터의 병렬접속

커패시터가 병렬로 연결될 때, 유효 금속판 면적은 증가되므로 전체 커패시턴스는 증가한다.

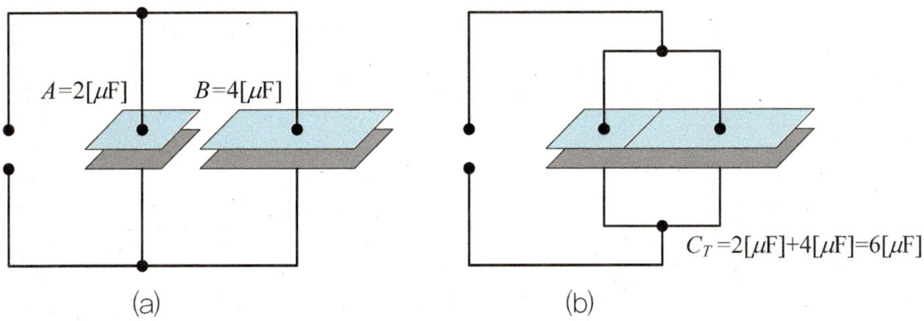

[그림 5-17] 커패시터의 병렬접속

예제 5-13 정전용량 $1[\mu F]$인 콘덴서와 정전용량 $1.5[\mu F]$인 콘덴서를 직렬로 접속하면 그 합성 용량은?

〈풀이〉 구하는 정전용량을 C라고 하면

$$\frac{1}{C} = 1 + \frac{1}{1.5} = \frac{5}{3}$$

가 되어

$$C = 0.6[\mu F]$$

로 구해진다.

이상에서 알 수 있는 바와 같이 여러 개의 콘덴서를 직렬로 접속할 때 전체용량은 각 콘덴서 중의 최소 용량보다도 작게 된다.

예제 5-14 $300[V]$ 이상의 전압을 가할 때 파괴되는 콘덴서가 3개 있다. 그 용량이 각각 $0.1[\mu F]$, $0.2[\mu F]$, $0.3[\mu F]$일 때, 이 콘덴서들을 직렬로 접속해서 사용했다고 하면 최대 허용 인가 전압은?

〈풀이〉 각 콘덴서에는

$$V_1 : V_2 : V_3 = \frac{1}{0.1} : \frac{1}{0.2} : \frac{1}{0.3} = 6:3:2$$

의 비로 전압이 걸린다. 따라서 최대 허용 인가 전압은

$$300 + 300 \times \frac{3}{6} + 300 \times \frac{2}{6} = 550[\mathrm{V}]$$

이다.

학습내용요약

분극(Polarization)

⇨ 유전체에 전계를 가하면 유전체 내에 분극전하가 생기고, 이로 인해 쌍극자 모멘트가 발생하는 현상이다.

유전체 내의 전속밀도

⇨ 유전체 내의 전속밀도 $\overrightarrow{D}$는 분극벡터 $\overrightarrow{P}$를 고려하여 다음과 같이 표현된다.

$$\overrightarrow{D} = \epsilon_0 \overrightarrow{E} + \overrightarrow{P} = \epsilon_0 \overrightarrow{E} + \epsilon_0 \chi \overrightarrow{E} = \epsilon \overrightarrow{E} = \epsilon_0 \epsilon_r \overrightarrow{E}$$

두 유전체의 경계면 상에서 전하분포가 없을 때 전속밀도의 법선(수직) 성분은 서로 같으며 전계의 접선(수평) 성분은 서로 같다.

$$D_{1n} = D_{2n}, \quad E_{1t} = E_{2t}$$

유전체의 경계조건식으로부터 전기력선이 서로 다른 유전체를 진행할 때 굴절을 일으키며 유전율비에 의해 결정된다.

$$\frac{\tan\theta_1}{\tan\theta_2} = \frac{\epsilon_1}{\epsilon_2}$$

정전용량은 일정한 전위 V를 주었을 때 전하 Q를 저축하는 능력을 말한다.

연습문제

제 5 장 진공중의 도체, 유전체 및 정전용량

01 똑같은 반지름인 도체구 1에 Q_1, 도체구 2에 Q_2의 전하가 있을 때, 두 도체를 가느다란 도선으로 접속하면 두 도체의 전위는?

02 반지름 a인 도체구 1과 동심으로 내반지름 b, 외반지름 c인 도체구 2가 있다. P_{11}을 a, b, c로 표현하라.

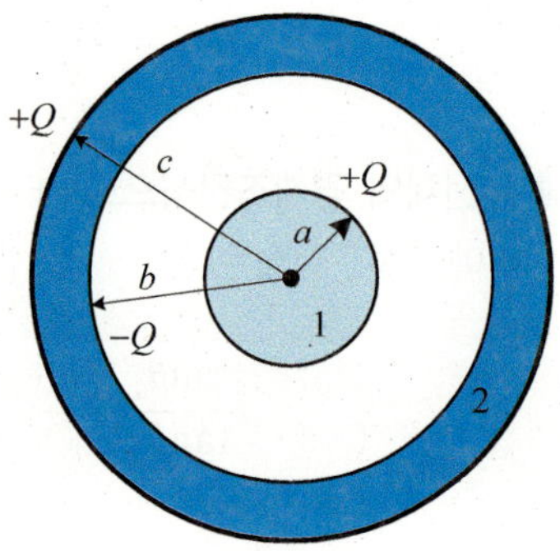

03 각각 내압 100[V]를 가진 정전용량 10[μF], 내압 250[V]를 가진 정전용량 5[μF] 그리고 내압 600[V]를 가진 정전용량 2[μF]인 3개의 콘덴서를 직렬로 접속하고, 양단에 전압을 가하여 서서히 증가시킬 때 파괴되는 콘덴서의 순서는?

04 C_0[F]의 정전용량을 가진 정전전압계의 최대 측정 전압이 V_0[V]이다. 이 전압계에 식렬로 C[F]의 콘덴서를 접속하여 측정 범위를 n배로 하려면 C의 크기는?

05 그림과 등가인 정전용량의 값[μF]은?

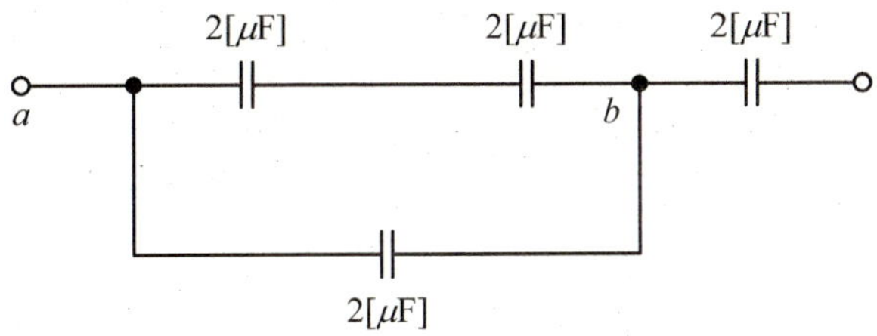

06 그림에서 ab 사이에 200[V]의 전압을 가하니 400[μC]의 전하가 ab 사이에 충전되었다면 C의 용량[μF]은?

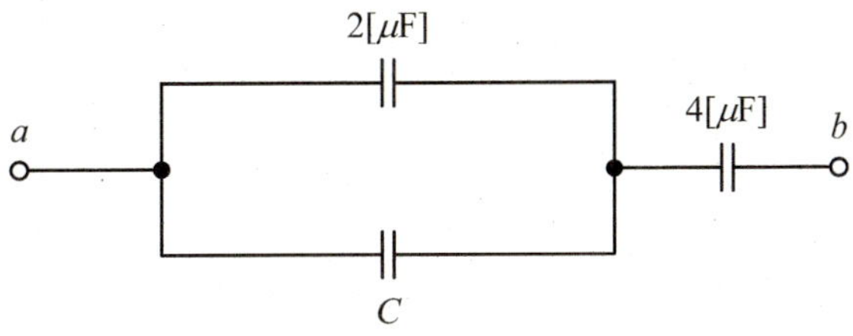

07 공기중에서 무한히 넓은 2개의 평행판 도체의 간격이 d[m], 전위차가 V[V]라면, 이 도체판의 단위 면적당 작용하는 힘[N/m^2]은?

08 진공 중에서 떨어져 있는 두 도체 A, B가 있다. A에만 1[C]의 전하를 줄 때 도체 A, B의 전위가 각각 3, 2[V]이다. 지금 A, B에 각각 2, 1[C]의 전하를 주면 도체 A의 전위는?

09 일정 전압 V의 전원에 용량 C_1, C_2의 공기 콘덴서가 직렬로 접속된 경우에 C_1에 걸리는 전압 V_1과 C_1에 비유전율 ϵ_r의 유전체를 삽입한 경우 C_1에 걸리는 전압 V_1'와의 비 V_1'/V_1는?

10 비유전율 5인 운모 중의 전속밀도가 4.3×10^{-6}[C/m^2]일 때 분극의 세기[C/m^2]는?

Chapter

06

Poisson 및 Laplace 방정식

New Fundamentals of Electromagnetic Engineerings

단원개요

전하가 존재하면 전계가 발생하며 이 전계를 거리에 따라서 적분하면 전위가 구해진다. 그러나 도체의 전하분포와 공간에서의 전계강도를 각각 또는 동시에 아는 것은 어렵다. 그러나 이 장에서는 전하가 있는 곳과 없는 곳에서의 전위를 구하는 방법을 제시하여 도체 또는 자유공간의 경계에서 조건들을 이용하여 특수한 문제를 푸는 방법에 대하여 고찰함으로써 이러한 문제점을 해결해 보고자 한다. 이런 형태를 경계값 문제라고 한다. 이 때 적분과정에서 생기는 상수는 경계조건에 의해 구해지면 전위를 구할 수 있다.

정전계에 있어서의 전위 및 전계는 Poisson 및 Laplace 방정식 중 어느 한 방정식을 만족하는 분포를 갖는다. 전자는 체적 전하 밀도를 이용하여 전위를 구하지만 후자는 전하 분포를 이용하지 않고 전위의 변화율과 도체의 형태에 관계없이 모든 전계를 구할 수 있다.

전기자기학

학습목표

1. Poisson 방정식과 Laplace 방정식을 나타내고 이를 통해 전위분포를 구할 수 있다.
2. 전하가 없는 곳에서 경계조건에 의해 전위를 구하는 방법을 고찰할 수 있다.

1 Poisson 및 Laplace 방정식의 유도

Maxwell의 제 1 방정식에서

$$\nabla \cdot \vec{D} = \rho \tag{6-1}$$

으로 표현되며 전위경도는

$$\vec{E} = -\nabla V \tag{6-2}$$

가 된다.

식(6-1)에서 $\vec{D} = \epsilon \vec{E}$이므로

$$\nabla \cdot \epsilon \vec{E} = \rho \tag{6-3}$$

이며 식(6-2)을 식(6-3)에 대입하면

$$\nabla \cdot \epsilon(-\nabla V) = \rho \tag{6-4}$$

으로 주어지며 이것을 다시 정리하면

$$\boxed{\nabla^2 V = -\frac{\rho}{\epsilon}} \tag{6-5}$$

가 된다. 이것을 Poisson 방정식이라고 하며 $\nabla^2 V$을 Laplacian V이라고 읽는다.

학습활동

해의 유일성(Uniqueness of Solutions) 정리

경계조건을 만족하는 Laplace 방정식이나 Poisson 방정식은 푸는 방법에 상관없이 단지 하나의 해를 갖는다.

Laplacian V에 대한 식을 각 좌표계에 대해 풀어쓰면

$$\nabla^2 V = \frac{\partial^2 V}{\partial x^2} + \frac{\partial^2 V}{\partial y^2} + \frac{\partial^2 V}{\partial z^2} \quad \text{(직각좌표계)}$$

$$\nabla^2 V = \frac{1}{r}\frac{\partial}{\partial r}\left(r\frac{\partial V}{\partial r}\right) + \frac{1}{r^2}\frac{\partial^2 V}{\partial \phi^2} + \frac{\partial^2 V}{\partial z^2} \quad \text{(원통좌표계)}$$

$$\nabla^2 V = \frac{1}{R^2}\frac{\partial}{\partial R}\left(R^2\frac{\partial V}{\partial R}\right) + \frac{1}{R^2\sin\theta}\frac{\partial}{\partial \theta}\left(\sin\theta\frac{\partial V}{\partial \theta}\right) + \frac{1}{R^2\sin^2\theta}\frac{\partial^2 V}{\partial \phi^2} \quad \text{(구좌표계)} \tag{6-6}$$

와 같다.

만일 공간에 전하밀도가 존재하지 않는 경우에는 식(6-5)에서 $\rho = 0$이므로

$$\nabla^2 V = 0 \tag{6-7}$$

가 된다.

이 식은 전하밀도 ρ가 존재하지 않는 공간에서 임의의 점의 전위를 구한 식으로 Laplace 방정식이라고 한다.

이상의 Poisson 방정식이나 Laplace 방정식에 의하여 전위 V가 구해지는데, V가 이와 같이 구해지면 $\vec{E} = -\nabla V$에 의하여 전계의 세기를 구하고, $\vec{D} = \epsilon\vec{E}$에서 전속밀도를 구한 후, $|\vec{D}|$에 의하여 전하밀도 ρ_s가 구해지고 전체 전하 Q가 구해진다. 이로부터 정전용량을 구할 수 있다.

2 직각 좌표계에서의 예

다음 그림과 같은 평행판 콘덴서에서 왼편 평판은 0전위이고 오른쪽 평판 전위는 V_0이라고 가정한다. y나 z방향으로는 전위의 변화가 없다고 가정하고 x방향으로 변하는 전위 분포에 대한 Laplace방정식을 경계조건을 고려하여 고찰한다.

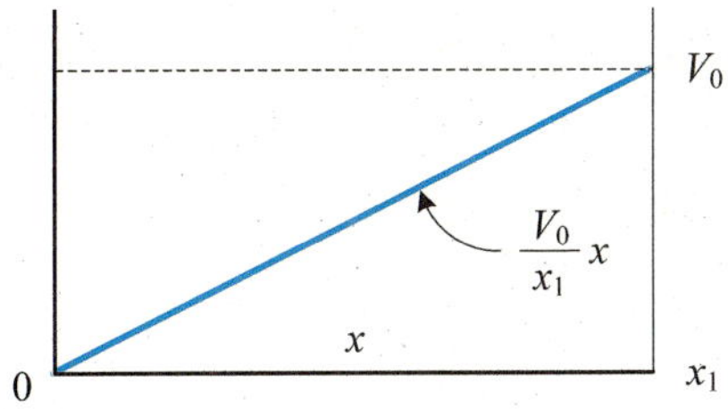

[그림 6-1] 평행판 도체에서의 전위의 변화

이 경우 Laplace방정식은

$$\frac{\partial^2 V}{\partial x^2} = 0 \tag{6-8}$$

이다. 식(6-8)을 x에 대하여 두 번 적분하면

$$V = Ax + B \tag{6-9}$$

이 된다.

$x = 0$에서 $V = 0$이므로

$$B = 0 \tag{6-10}$$

이 되며 $x = x_1$에서 $V = V_0$이므로

$$A = \frac{V_0}{x_1} \tag{6-11}$$

으로 표현한다. 그러므로

$$V = \frac{V_0}{x_1}x \tag{6-12}$$

가 된다. 이 때 전계는

$$\vec{E} = -\nabla V = -\frac{V_0}{x_1}\hat{x} \tag{6-13}$$

이 되며 여기서 (-)부호는 전계가 (-)방향으로, 다시 말해서 전계는 전위가 높은 평판에서 전위가 낮은 평판으로 향함을 뜻한다.

예제 6-1 어떤 점$(x,\ y,\ z)$의 전위함수가 $V = x^2yz$일 때, 이 원천인 전하밀도는?

〈풀이〉 Poisson의 방정식

$$\nabla^2 V = -\frac{\rho}{\epsilon_0}$$

을 이용하면

$$\begin{aligned}\rho &= -\epsilon_0\left(\frac{\partial^2 V}{\partial x^2}+\frac{\partial^2 V}{\partial y^2}+\frac{\partial^2 V}{\partial z^2}\right)\\ &= -\epsilon_0(2yz+0+0)\\ &= -2yz\epsilon_0\,[\mathrm{C/m^2}]\end{aligned}$$

이 된다.

예제 6-2 $V = 2x^2 + 3y^2\,[\mathrm{V}]$의 전위분포를 가진 자유공간에서 $1\,[\mathrm{cm^3}]$ 내의 전하$[\mathrm{C}]$는?

〈풀이〉 Poisson의 방정식

$$\nabla^2 V = -\frac{\rho}{\epsilon_0}$$

이므로

$$\begin{aligned}\nabla^2 V &= \left(\frac{\partial^2}{\partial x^2}+\frac{\partial^2}{\partial y^2}+\frac{\partial^2}{\partial z^2}\right)(2x^2+3y^2)\\ &= 10\\ &= -\frac{\rho}{\epsilon_0}\end{aligned}$$

이 된다. 그러므로

$$\rho = -10\epsilon_0\,[\mathrm{C/m^3}]$$

이 되어서

$$\begin{aligned}\rho &= \frac{-10\,\epsilon_0[\mathrm{C}]}{10^6[\mathrm{cm^3}]}\\ &= -\epsilon_0\times 10^{-5}[\mathrm{C/cm^3}]\end{aligned}$$

으로 표현된다.

예제 6-3 $\vec{E} = \hat{x}x^3 - \hat{y}2y + \hat{z}f(x)z$가 전하가 없는 곳의 전계의 세기를 나타내려면 $f(x)$는 어떤 함수가 되겠는가?

〈풀이〉 $\vec{E} = -\nabla V$, $\nabla^2 V = 0$으로부터

$$\nabla \cdot (\nabla V) = \nabla \cdot (-\vec{E}) = -\left\{\frac{\partial}{\partial x}x^3 - \frac{\partial}{\partial y}(2y) + \frac{\partial}{\partial z}f(x)z\right\} = 0$$

이 된다. 그러므로

$$3x^2 - 2 + f(x) = 0$$

이 되어서

$$f(x) = 2 - 3x^2$$

으로 표현된다.

학습활동

푸아송(Poisson, 1781～1840) 인물사

프랑스의 수학자이며 물리학자로서 에콜 폴리테크니크에서 라플라스에게 배웠으며, 1802년 J.B. 푸리에의 후임으로서 모교 교수가 되었으며, 1809년 소르본대학 교수를 역임하였다. 수학·응용수학의 넓은 분야에 걸쳐 업적이 있으며, 정적분·미분방정식론을 연구하여, 1813년 퍼텐셜 개념을 도입하였는데, 이와 관련하여 '푸아송방정식'은 잘 알려져 있다.

3 원통 좌표계에서의 해법예

2차 편미분방정식으로 되어 있는 Laplace방정식 중 가장 간단한 방법은 직접 미분하는 방법인데 이 방법은 오직 1차원 문제, 즉 전위가 세 좌표중 한 좌표만의 함수로 되어있는 경우에만 적용될 수 있다. 그러면 먼저 원통 좌표계에서의 Laplace방정식을 적용하여 보기로 한다.

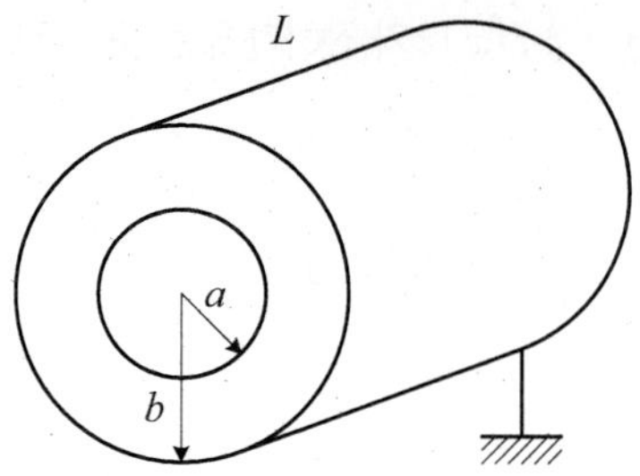

[그림 6-2] 동축원통도체

내부 도체의 반지름 a, 외부 도체의 안 반지름 b, 절연물은 공기, 두 도체 사이의 전위차 V_0일 때 케이블의 중심축($a < r < b$)으로부터 떨어진 점의 전위를 고려한다.

이 때 Laplace방정식은 전하밀도 ρ가 존재하지 않은 경우이므로

$$\frac{1}{r}\frac{\partial}{\partial r}\left(r\frac{\partial V}{\partial r}\right) = 0 \tag{6-14}$$

인데 윗 식들에서 r이 분모에 있으므로 $r = 0$을 고찰대상에서 제외한다.

식(6-14)에 r을 곱하면

$$\frac{\partial}{\partial r}\left(r\frac{\partial V}{\partial r}\right) = 0 \tag{6-15}$$

가 되며 이를 적분하면

$$r\frac{\partial V}{\partial r} = A \tag{6-16}$$

으로 주어지며 이 식을 다음과 같이 변형하여 r에 대하여 적분하면

$$V(r) = A\ln r + B \tag{6-17}$$

을 얻는다.

$r = a$일 때 $V = V_0$이고 $r = b$일 때 $V = 0$이라면

$$V(a) = A\ln a + B = V_0 \tag{6-18}$$
$$V(b) = A\ln b + B = 0$$

이 된다. 이것을 풀면

$$A = \frac{V_0}{\ln\frac{a}{b}}$$

$$B = -\frac{V_0}{\ln\frac{a}{b}}\ln b \qquad (6\text{-}19)$$

가 된다. 식(6-19)를 식(6-17)에 대입하면

$$V(r) = \frac{V_0}{\ln\frac{a}{b}}\ln r - \frac{V_a}{\ln\frac{a}{b}}\ln b$$

$$= V_0\frac{\ln\frac{r}{b}}{\ln\frac{a}{b}} \qquad (6\text{-}20)$$

가 된다.

이 결과식을 이용하면 전계는 다음과 같이 구할 수 있다.

$$\vec{E} = -\nabla V$$

$$= -\frac{V_0}{r}\frac{1}{\ln\frac{a}{b}}\hat{r}\,[\mathrm{V/m}] \qquad (6\text{-}21)$$

$r = a$에서 전속밀도는

$$D_n\Big|_{r=a} = \frac{\epsilon V_0}{a\ln\frac{b}{a}} \qquad (6\text{-}22)$$

으로 주어지며, 정전용량을 구하기 위해서 총 전하량을 구하면 다음과 같다.

$$Q = \frac{\epsilon V_0 2\pi a L}{a\ln\frac{b}{a}}[\mathrm{C}] \qquad (6\text{-}23)$$

그러므로 구하고자 하는 정전용량은

$$C = \frac{Q}{V_0} = \frac{2\pi\epsilon L}{\ln\frac{b}{a}} \qquad (6\text{-}24)$$

이다.

다음으로 $\phi = 0$에서 $V = 0$, $\phi = \alpha$에서 $V = V_0$인 무한 넓이를 가진 방사면에서 ϕ만 변화하는 경우를 고찰하여 보자.

이 경우 Laplace방정식은

$$\frac{1}{r^2}\frac{\partial^2 V}{\partial \phi^2} = 0 \tag{6-25}$$

으로 주어지며 식(6-25)를 V에 대하여 적분하면

$$V(\phi) = A\phi + B \tag{6-26}$$

이다.

경계조건을 고려하면

$$V = V_0 \frac{\phi}{\alpha} \tag{6-27}$$

가 된다.

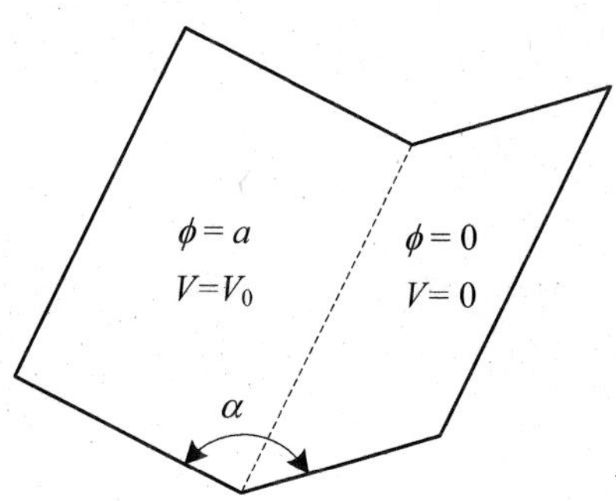

[그림 6-3] 각 α를 이루고 있는 무한 넓이 방사면

예제 6-4 두 방사도체 평면의 ϕ좌표가 각각 $\phi = 0°$ 및 $90°$ 이다. $\phi = 30°$ 에서 $V = 0$이고, $r = 5[\text{cm}]$, $\phi = 90°$ 에서 $|\vec{E}| = 1{,}000[\text{V/m}]$일 때 V 및 E를 구하라.

〈풀이〉 Laplace방정식에서

$$\frac{1}{r^2}\frac{\partial^2 V}{\partial \phi^2} = 0$$

이므로

$$V(\phi) = A\phi + B$$

이 된다.

$$E = -\frac{A}{r}\bigg|_{r=0.05} = 1{,}000$$

에서

$$A = -50$$

으로 주어진다.

$$V\left(\frac{\pi}{6}\right) = 0 = -50 \times \frac{\pi}{6} + B$$

에서

$$B = \frac{50}{6}\pi$$

가 되므로

$$\begin{aligned} V &= -50\phi + \frac{50}{6}\pi \\ &= 50\left(\frac{\pi}{6} - \phi\right) \end{aligned}$$

으로 주어진다. 그래서

$$\begin{aligned} \vec{E} &= -\nabla V \\ &= -\frac{1}{r}\frac{\partial V}{\partial \phi}\hat{\phi} \\ &= \frac{50}{r}\hat{\phi} \end{aligned}$$

으로 표현된다.

4 구좌표계에서의 해법예

전위가 ϕ와 θ에 대해서 변화하지 않는 경우의 Laplace방정식을 구해본다.

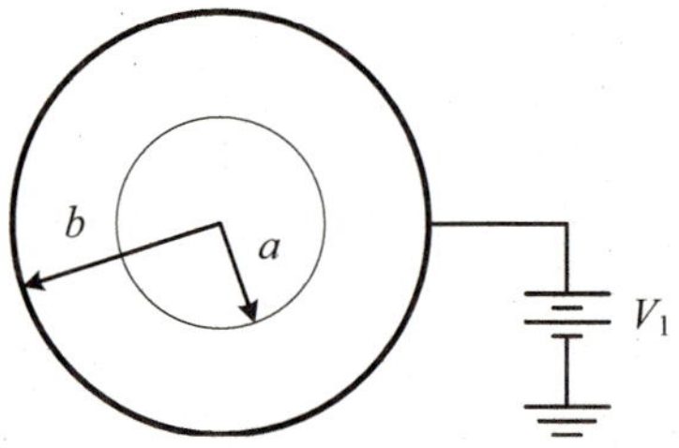

[그림 6-4] 구좌표계에 의한 구도체의 전위

구의 대칭으로부터 $\frac{\partial}{\partial\phi} = \frac{\partial}{\partial\theta} = 0$이므로 Laplace방정식은

$$\frac{1}{R^2}\frac{\partial}{\partial R}\left(R^2\frac{\partial V}{\partial R}\right) = 0 \tag{6-28}$$

가 된다.

식(6-28)에 R^2을 곱하고 적분하면

$$R^2\frac{\partial V}{\partial R} = A \tag{6-29}$$

가 되며, 식(6-29)를 R에 대해서 적분하면

$$V = -\frac{A}{R} + B \tag{6-30}$$

으로 표현된다.

경계조건에서 $R = b$일 때 $V = V_1$이며 $R = \infty$일 때 $V = 0$이므로

$$V = 0 = B \tag{6-31}$$

$$V = -\frac{A}{b} = V_1 \tag{6-32}$$

가 되어서 식(6-32)에서

$$A = -bV_1 \tag{6-33}$$

으로 주어진다. 그러므로

$$V = \frac{b}{R}V_1 \quad (R > b) \tag{6-34}$$

이 된다.

식(6-34)를 이용하여 전위경도는 다음과 같이 표현된다.

$$\begin{aligned} \vec{E} &= -\nabla V \\ &= -\frac{b}{R^2}V_1\hat{R} \end{aligned} \tag{6-35}$$

$R = b$에서 면전하밀도는

$$\begin{aligned} \rho_s &= |\vec{D}|_{R=b} \\ &= |\epsilon\vec{E}|_{R=b} \\ &= \frac{\epsilon}{b}V_1 \end{aligned} \tag{6-36}$$

이 되며 전체 전하는

$$\begin{aligned} Q &= \iint \vec{D}_n \cdot d\vec{S} \\ &= \int_s \rho_s ds \\ &= 4\pi b^2 \rho_s \\ &= 4\pi b^2 \frac{\epsilon}{b}V_1 \\ &= 4\pi\epsilon b V_1 \end{aligned} \tag{6-37}$$

으로 주어지므로 정전용량 C는

$$C = \frac{Q}{V_1} = 4\pi\epsilon b \tag{6-38}$$

이 된다.

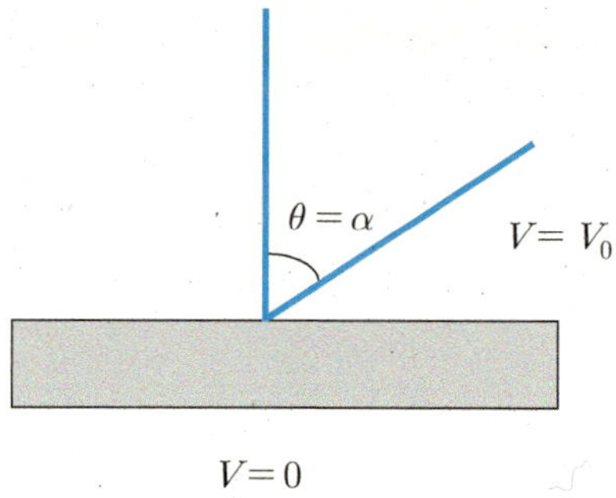

[그림 6-5] θ만을 고려한 구좌표계에서의 전위

그러면 전위함수가 θ에 대해서 변화하는 경우 다음과 같이 Laplace방정식을 구한다.

$$\frac{1}{R^2 \sin\theta} \frac{\partial}{\partial\theta}\left(\sin\theta \frac{\partial V}{\partial\theta}\right) = 0 \tag{6-39}$$

식(6-39)를 θ에 대해서 적분하면

$$\sin\theta \frac{\partial V}{\partial\theta} = A \tag{6-40}$$

가 되며

$$\begin{aligned} V &= \int \frac{A}{\sin\theta} d\theta \\ &= A \ln\left(\tan\frac{\theta}{2}\right) + B \end{aligned} \tag{6-41}$$

〈수식유도〉

$$\begin{aligned} \int \frac{1}{\sin\theta} d\theta &= \int \frac{1}{2\sin\frac{\theta}{2}\cos\frac{\theta}{2}} d\theta \\ &= \int \frac{\cos\frac{\theta}{2}}{\sin\frac{\theta}{2}} \frac{\cos^2\frac{\theta}{2} + \sin^2\frac{\theta}{2}}{2\cos^2\frac{\theta}{2}} d\theta \\ &= \ln\left(\tan\frac{\theta}{2}\right) + C \qquad (C\text{는 상수}) \end{aligned}$$

그러므로 경계조건인 $\theta = \alpha$일 때 $V = V_0(\alpha < \pi/2)$, $\theta = \pi/2$일 때 $V = 0$이라면 전위는

$$V = V_0 \frac{\ln\left(\tan\frac{\theta}{2}\right)}{\ln\left(\tan\frac{\alpha}{2}\right)} \tag{6-42}$$

으로 표현되어서 전계의 세기는

$$\begin{aligned} \vec{E} &= -\nabla V = -\frac{1}{R}\frac{\partial V}{\partial \theta}\hat{\theta} \\ &= -\frac{V_0}{R\sin\theta \ln\left(\tan\frac{\alpha}{2}\right)}\hat{\theta} \end{aligned} \tag{6-43}$$

이다.

따라서 원추면 상의 표면 전하밀도는

$$\rho_s = |\vec{D}|_{\theta=\alpha} = \frac{\epsilon V_0}{R\sin\alpha \ln\left(\tan\frac{\alpha}{2}\right)} \tag{6-44}$$

이며 전체 전하량은

$$\begin{aligned} Q &= \int \rho_s dS \\ &= \frac{\epsilon V_0}{\sin\alpha \ln\left(\tan\frac{\alpha}{2}\right)} \int_0^\infty \int_0^{2\pi} \frac{R\sin\alpha\, d\phi\, dR}{R} \end{aligned} \tag{6-45}$$

이 되며 이 때 정전용량 C는

$$C = \frac{Q}{V_0} = \frac{\epsilon}{\sin\alpha \ln\left(\tan\frac{\alpha}{2}\right)} \int_0^\infty \int_0^{2\pi} \sin\alpha\, d\phi\, dR \tag{6-46}$$

으로 주어진다.

예제 6-5 반지름 $1[\mathrm{m}]$인 구 내부에 분포된 전하에 의하여 구 내의 전위가 $V = -\dfrac{8R^5}{\epsilon_0}[\mathrm{V}]$ $(R \leq 1)$이다. 구 내의 총 전하는?

〈풀이〉 Poisson의 방정식

$$\nabla^2 V = -\frac{\rho}{\epsilon_0}$$

으로부터

$$\begin{aligned}\frac{1}{R^2}\frac{\partial}{\partial R}\left(R^2\frac{\partial V}{\partial R}\right) &= \frac{1}{R^2}\frac{\partial}{\partial R}\left(-\frac{40R^6}{\epsilon_0}\right)\\ &= -\frac{240}{\epsilon_0}R^3\\ &= -\frac{\rho}{\epsilon_0}\end{aligned}$$

가 된다.

따라서 $\rho = 240R^3$이므로

$$\begin{aligned}Q &= \int_v \rho dv = \int_0^1 \rho 4\pi R^2 dR\\ &= \int_0^1 960\pi R^5 dR\\ &= 960\pi\left[\frac{R^6}{6}\right]_0^1\\ &= 160\pi[C]\end{aligned}$$

가 된다.

5 전기 영상법

5.1 정의

균일한 유전체의 공간에서의 전하분포를 알고 있으면 전위분포는 비교적 간단히 구할 수 있다. 그러나 전계 내에 도체가 있거나 또는 여러 종류의 유전체가 서로 접해 있게 되면 전위분포가 간단히 구할 수 없게 되며 이러한 경우에는 앞에서 학습한 바와 같이 Poisson 방정식이나

Laplace 방정식을 이용하여 전위분포를 구하게 된다. 그러나 어떤 경우에는 이들 방정식을 이용하지 않고도 해를 구할 수 있는 전기영상법이 사용된다.

전기영상법은 전계의 계산을 간단히 하기 위해서는 광학에서 거울면에 의하여 생기는 영상과 같이, 도체나 유전체의 경계면에 대하여 맺어지는 전기적 영상을 가상하여 본래의 전하분포와 경계 조건을 만족하도록 주어진 전장을 등가장으로 치환하여 구하는 방법이다. 이 때 주어진 가상의 전하를 영상 전하라고 한다.

또한 전기영상법이 만족해야 하는 경계조건은 다음과 같다.

① 경계면에서 전속밀도의 법선 성분은 동일하다.
② 경계면에서 전계의 접선 성분은 같다.
③ 도체 표면은 등전위면이다.

5.2 점전하와 평면도체

도체면 XX'에서 거리 a인 점 P에 점전하 Q가 존재할 때의 전계를 구하여 본다. 이 때 P'점에 점전하 $-Q$를 가상하면 평면도체를 제거해도 전계는 구할 수 있다는 것을 알 수 있다.

이 때 점전하 Q와 평면도체 사이에 작용하는 힘은 Q와 영상전하 $-Q$ 사이에 작용하는 힘과 같아지므로 다음 식과 같이 흡인력을 받는다. 이러한 힘을 영상력이라고 한다.

$$F = \frac{Q(-Q)}{4\pi\epsilon_0(2a)^2} = -\frac{Q^2}{16\pi\epsilon_0 a^2}\,[\mathrm{N}] \tag{6-47}$$

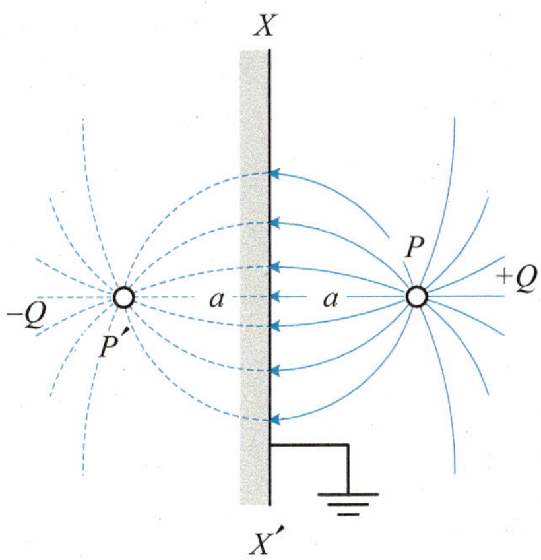

(a) 영상전하

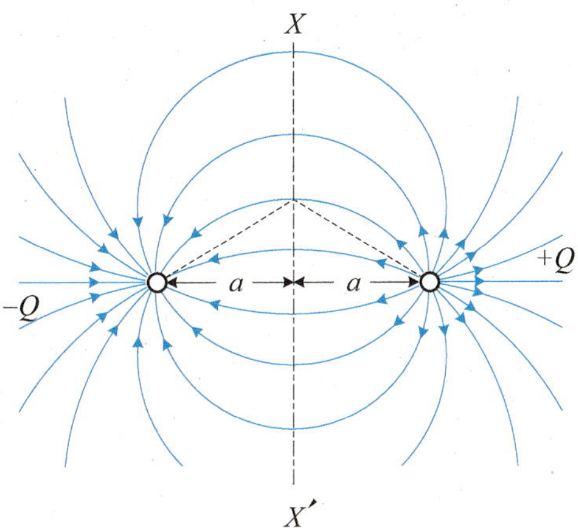

(b) 영상력

[그림 6-6] 점전하와 평면도체

예제 6-6 평면 도체 표면에서 d[m]의 거리에 점전하 Q[C]이 있을 때 이 전하를 무한원까지 운반하는데 요하는 일[J]을 구하시오. (이 때, 평면도체표면상에 영상전하가 있다고 가정한다.)

〈풀이〉 평면 도체 표면으로부터 r[m]의 거리에 작용하는 힘은

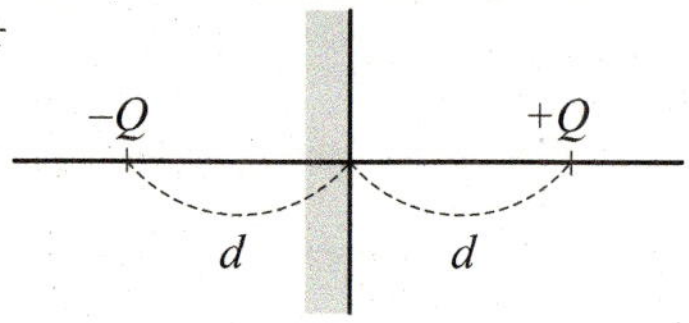

$$F(r) = \frac{-Q^2}{4\pi\epsilon_0(2r)^2} = \frac{-Q^2}{16\pi\epsilon_0 r^2}\,[\mathrm{N}]$$

d[m]의 거리에 평면 도체표면으로부터 요하는 일은

$$W = -\int_{\infty}^{d} F(r)dr = \int_{d}^{\infty} F(r)dr$$

$$= \frac{Q^2}{16\pi\epsilon_0}\int_{d}^{\infty}\frac{1}{r^2}dr = \frac{Q^2}{16\pi\epsilon_0}\left[-\frac{1}{r}\right]_d^{\infty}$$

$$= \frac{Q^2}{16\pi\epsilon_0 d}\,[\mathrm{J}]$$

이다.

5.3 선전하와 평면도체

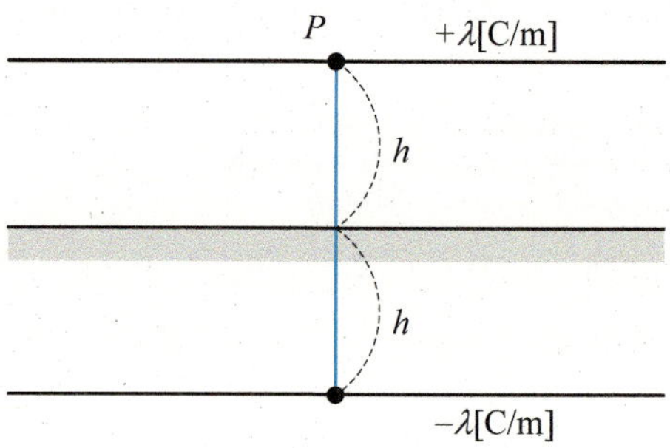

[그림 6-7] 평면도체와 선전하 영상

평면도체와 h[m] 떨어져 평행한 무한장 직선 도체에 λ[C/m]의 선전하가 주어졌을 때, P점에서 전계의 세기 E는

$$E = \frac{-\lambda}{2\pi\epsilon_0(2h)} = \frac{-\lambda}{4\pi\epsilon_0 h}\,[\mathrm{V/m}]$$

단위 길이당 작용하는 힘 f는 다음과 같다.

$$f = \frac{F}{l} = \frac{EQ}{l} = \frac{E\lambda l}{l} = E\lambda = \frac{-\lambda^2}{4\pi\epsilon_0 h}$$

$$\therefore\ f = \frac{-\lambda^2}{4\pi\epsilon_0 h}\,[\mathrm{N/m}]$$

예제 6-7 대지면에 높이 $h\,[\mathrm{m}]$로 평행 가설된 매우 긴 선전하가 지면으로부터 단위 길이당 받는 힘$[\mathrm{N/m}]$은? 단, 선전하 밀도는 $\rho_L\,[\mathrm{C/m}]$라 하며 영상전하를 고려한다.

〈풀이〉

$$E = \frac{-\rho_L}{2\pi\epsilon_0(2h)} = \frac{-\rho_L}{4\pi\epsilon_0 h}\,[\mathrm{V/m}]$$

$$F = qE[\mathrm{N}] = \frac{-\rho_L \cdot q}{4\pi\epsilon_0 h}[\mathrm{N}]$$

$\rho_L = \frac{q}{l}[\mathrm{C/m}]$이므로 단위 길이당 받는 힘 F는

$$F = -\frac{{\rho_L}^2}{4\pi\epsilon_0 h} = -9\times 10^9\frac{{\rho_L}^2}{h}\,[\mathrm{N/m}]$$

5.4 접지 도체구와 점전하에 의한 영상

(1) A점전하에 의한 접지 도체구에 유도되는 영상 전하

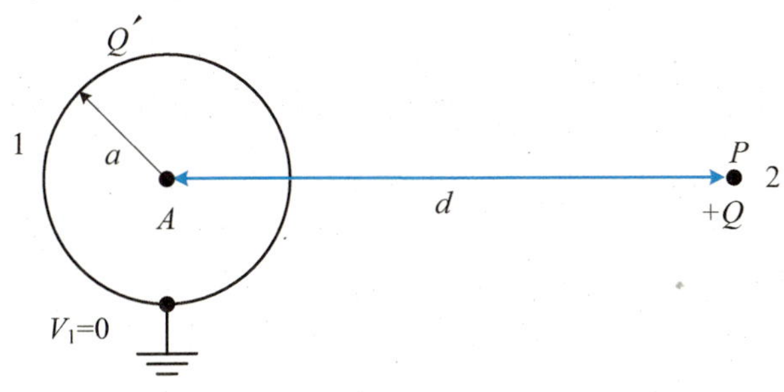

[그림 6-8] 접지 도체구 영상전하

도체구에 유도되는 전하를 Q'라 하면 구의 전위 V_1에 관한 도체구는 접지되었고 한 도체의 모든 점은 동일 전위이므로 다음과 같이 표현된다.

$$V_1 = P_{11}Q' + P_{12}Q$$
$$= \frac{1}{4\pi\epsilon_0 a}Q' + \frac{1}{4\pi\epsilon_0 d}Q = 0$$
$$\therefore\ Q' = -\frac{a}{d}Q[\mathrm{C}]$$

(2) 접지 도체구에 유도된 영상전하의 위치

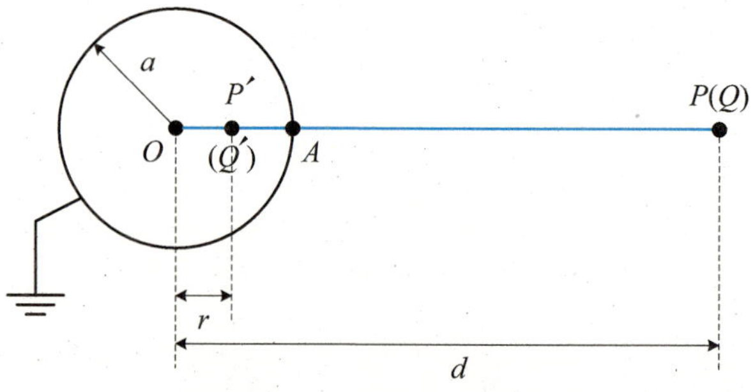

[그림 6-9] 영상전하의 위치

구의 중심으로부터 P'까지의 거리를 r이라 하면 도체구 표면의 전위 V_1은 0이므로 구표면의 A점의 전위 V_A도 0이어야 하고, 이 점의 전위는 Q와 Q'에 의한 전위의 합이 된다. 즉,

$$V_A = \frac{Q}{4\pi\epsilon_0(d-a)} + \frac{Q'}{4\pi\epsilon_0(a-r)} = 0$$

$Q' = -\frac{a}{d}Q$을 대입하여 영상전하의 위치(중심에서의 거리) $r[\mathrm{m}]$을 구하면 다음과 같다.

$$\frac{Q}{4\pi\epsilon_0(d-a)} + \frac{-\frac{a}{d}Q}{4\pi\epsilon_0(a-r)} = 0$$
$$\therefore\ r = \frac{a^2}{d}[\mathrm{m}]$$

접지된 도체구 a와 점전하 Q가 거리 d를 두고 있을 때 구 중심 O와 점전하 Q를 연결하는 직선 위에 구 중심으로부터의 거리 a^2/d인 영상점(영상전하의 위치) P'에 영상전하 $-\frac{a}{d}Q$가 있는 것으로 바꾸어 놓을 수 있다.

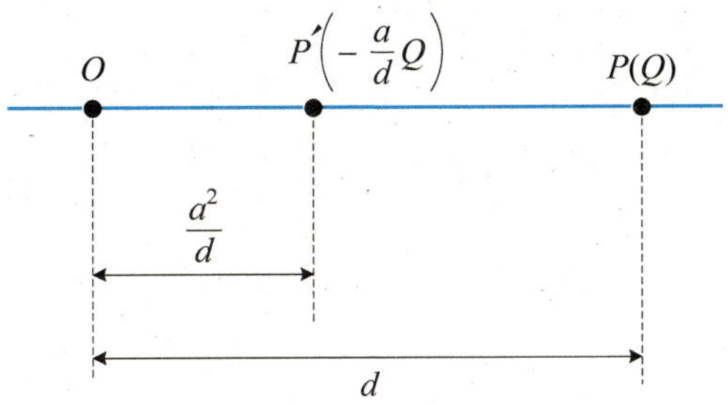

[그림 6-10] 직선 위의 영상전하거리

(3) 접지 도체구와 점전하 사이에 작용하는 힘

접지 도체구에는 항상 점전하 Q[C]와 반대 극성인 영상전하 $Q' = -\frac{a}{d}Q$[C]이 유도되므로 작용하는 힘은 항상 흡인력으로 작용한다.

$$F = \frac{QQ'}{4\pi\epsilon_0(d-r)^2} = \frac{QQ'}{4\pi\epsilon_0\left(d-\frac{a^2}{d}\right)^2}$$

$$= \frac{-\frac{a}{d}Q^2}{4\pi\epsilon_0\left(\frac{d^2-a^2}{d}\right)^2} = \frac{-adQ^2}{4\pi\epsilon_0(d^2-a^2)^2}\,[\mathrm{N}]$$

학습내용요약

▌Gauss법칙의 미분형과 전위경도식으로부터 전하와 전위 사이의 관계를 얻을 수 있다.

⇨ Gauss법칙의 미분형 $\nabla \cdot \vec{E} = \frac{\rho}{\epsilon_0}$

⇨ 전위경도식 $\vec{E} = -\nabla V$

⇨ Poisson방정식 $\nabla^2 V = -\frac{\rho}{\epsilon_0}$

⇨ Laplace방정식 $\nabla^2 V = 0$

▌전기영상법은 전계의 계산을 간단히 하기 위해서 광학에서 거울면에 의하여 생기는 영상과 같이, 도체나 유전체의 경계면에 대하여 맺어지는 전기적 영상을 가상하여 본래의 전하 분포와 경계 조건을 만족하도록 주어진 전장을 등가장으로 치환하여 구하는 방법이다.

연습문제

제 6 장 Poisson 및 Laplace방정식

01 $\vec{E} = x^4\hat{x} - 2zf(x)\hat{z}$가 전하가 없는 곳의 전계의 세기를 나타내려면 $f(x)$는 어떤 함수가 되겠는가?

02 반지름 $1[\mathrm{m}]$인 구 내부에 분포된 전하에 의하여 구내의 전위가 $V = -\dfrac{6R^5}{\epsilon_0}[\mathrm{V}]$ $(R \leq 1)$이다. 구내의 총전하 [C]는?

03 공기 중에서 무한 평면 도체로부터 $d[\mathrm{m}]$ 떨어져 있는 점전하에 의한 반지름 $a[\mathrm{m}]$ $(a \ll d)$인 도체구와 평면도체간의 정전용량$[\mathrm{F}]$는?

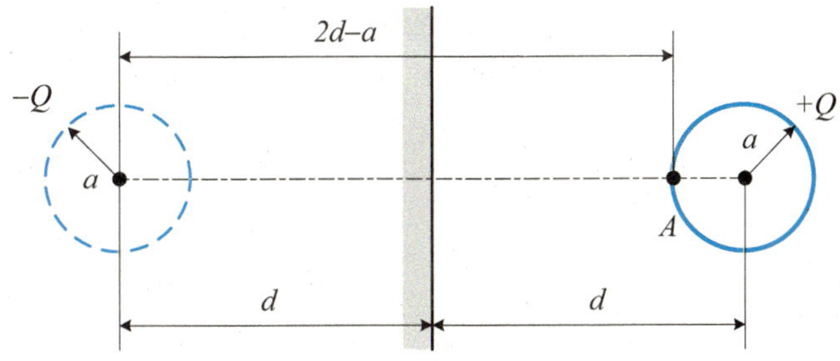

04 지면과 평행으로 높이 h[m]에 있는 무한 직선전하가 있다. 선전하 밀도가 λ[C/m]일 때 선전하가 지면으로부터 받는 힘[N/m]는?

05 다음 그림과 같이 무한 평면 도체의 표면에서 2[m]인 곳에 점전하 4[C]이 있다. 영상 효과를 가정할 때 전하가 받는 힘은?

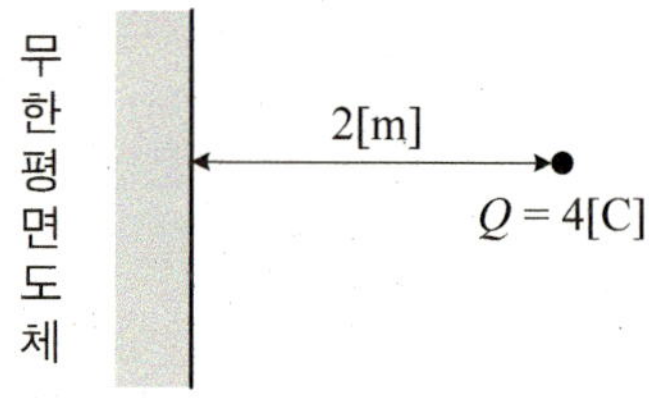

06 진공(유전율 ϵ_0)의 전하 분포 공간 내에서 전위가 $V = x^2 + y^2$[V]일 때, 전하 밀도는 몇 [C/m^3]인가?

07 두 장의 평행평판 도체판으로 만든 두 극판 내에서 도체간의 전위 분포는 $V = V_0\left(\frac{x}{d}\right)^{\frac{4}{3}}$로 나타내어진다. 판간 공간의 전하밀도의 분포는 몇 [C/m^3]인가?

08 전위 함수 $V = 2xy^2 + x^2yz^2$[V]일 때 점 $(1,\ 0,\ 0)$[m]의 공간 전하 밀도는 몇 [C/m^3]인가?

09 Poisson 방정식과 Laplace 방정식의 물리적 개념을 서로 비교하여 설명하시오.

10 영상 전하가 필요한 이유와 점전하에서의 예를 들어 개념을 설명하시오.

Chapter

07

진공 중의 정상자계

1. 쿨롱의 법칙
2. 자성체의 성질
3. 자계의 세기
4. 자위
5. 자계의 경계조건
6. 자기 이력 곡선

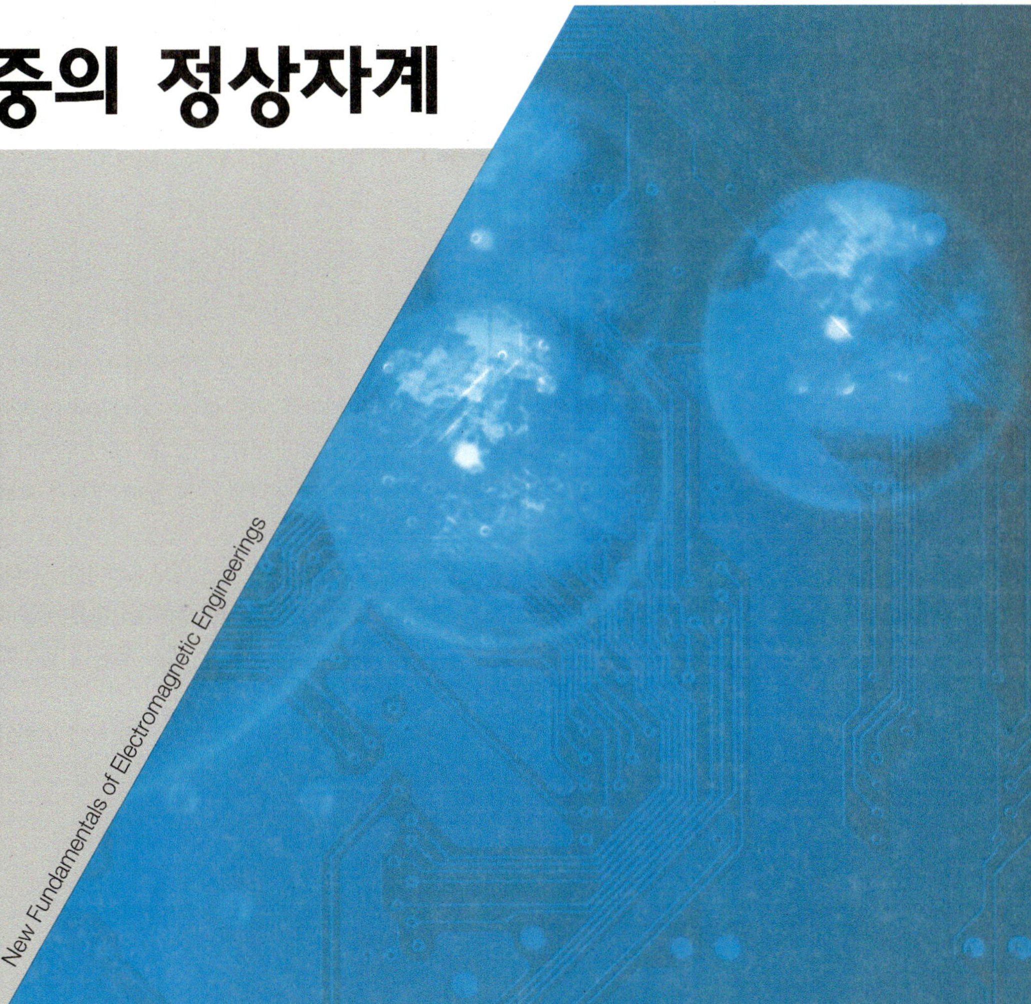

단원개요

지금까지 정지된 전하에 의해 발생되는 정전계 이론에 대하여 다루어 보았다. 정전계는 시간적으로 변하지 않는 일정한 전계를 의미한다. 이와 마찬가지로 이 장에서 다루게 될 정자계 역시 시간적으로 변하지 않는 일정한 자계를 나타내며 전류가 흐르는 도선 주위에 형성된다. 정지된 전하는 주위에 정전계를 발생시키고 전하가 이동하면 그로 인해 전류가 흐르게 되어 주위에 정자계가 발생된다.

먼저 일상생활에서 가장 우리들의 눈에 띄기 쉬운 것은 영구 자석이다. 자석은 반드시 2개의 자극이 있고, 남북의 방향을 나타내며, 항상 한쪽의 극은 남쪽을, 다른 극은 북쪽을 가리키고 절대로 반대되는 일이 없다는 현상은 잘 알려진 일이다. 먼저 쿨롱의 법칙에 관하여 고찰한 후 정상 자계에서의 현상에 대하여 알아본다.

정상 자계는 정전계보다는 복잡하지만 정전계에서 성립하는 몇가지 법칙들은 그대로 정상 자계에서도 적용한다.

전기자기학

학습목표

1. 자성체의 성질을 이해하고 자성체의 종류를 살펴볼 수 있다.
2. 자계가 서로 다른 자성체의 경계면을 통과할 때 적용되는 경계조건에 대해 알아볼 수 있다.
3. 자성체의 자기이력 현상을 자기이력곡선을 통해 이해할 수 있다.

1 쿨롱의 법칙

자극 사이에 작용하는 힘의 성질은 전기의 경우와 같으므로 정전기에서도 쿨롱의 법칙이 그대로 이용될 수 있다. 그러나 자석에서는 자극을 분리할 수 없으므로 한 자석의 양극이 서로 영향을 미치지 않을 정도의 긴 자석을 정한다. 이러한 조건을 만족하는 자극을 점자극(Point Magnetic Pole)이라 한다.

지금 m_1, m_2[Wb]의 세기를 가진 두 개의 미소 자극을 진공 중에서 R[m]의 거리로 놓았을 때 서로 작용하는 힘을 F[N]이라 하면 쿨롱의 법칙은

$$F = k\frac{m_1 m_2}{R^2} \tag{7-1}$$

가 된다.

이 때 k는 힘이 미치는 공간의 매질에 따라 달라지는 상수로서 진공 중에서

$$k = 6.33 \times 10^4 = \frac{1}{4\pi\mu_0}[\mathrm{N \cdot m^2/Wb^2}] \tag{7-2}$$

이 된다. 이 때 μ_0는 진공중의 투자율로서

$$\mu_0 = 4\pi \times 10^{-7}[\mathrm{H/m}] \tag{7-3}$$

으로 주어진다.

따라서 쿨롱의 법칙은

$$\boxed{\vec{F} = \frac{1}{4\pi\mu_0}\frac{m_1 m_2}{R^2}\hat{R}} \tag{7-4}$$

이 된다. 여기서 $\hat{R}$은 힘의 방향을 가리키는 단위 벡터이다.

예제 7-1 진공중에서 1.6×10^{-4}[Wb]와 2×10^{-3}[Wb]의 두 자극 사이에 작용하는 힘이 12.66[N]이었다면 두 자극 사이의 거리[m]는?

〈풀이〉 $F=\dfrac{m_1m_2}{4\pi\mu_0R^2}$ 에서

$$R=\sqrt{\frac{m_1m_2}{4\pi\mu_0F}}=\sqrt{\frac{1.6\times10^{-4}\times2\times10^{-3}}{4\pi\times4\pi\times10^{-7}\times12.66}}$$
$$=0.04[\mathrm{m}]$$

예제 7-2 두 자극간의 거리를 n배로 하면 힘은 몇 배인가?

〈풀이〉 $F=\dfrac{m_1m_2}{4\pi\mu_0R^2}=K\dfrac{1}{R^2}$ (여기서 $K=\dfrac{m_1m_2}{4\pi\mu_0}$)에서

$$F'=K\frac{1}{(nR)^2}=\frac{1}{n^2}\left(\frac{K}{R^2}\right)=\frac{1}{n^2}F$$

쉼터

자석 옆에 둔 신용카드

신용카드의 뒷면에 있는 자기띠는 아주 작은 자석가루를 뿌려서 만든다. 이런 작은 자석가루들은 N극과 S극을 가지고 있어서 이것들을 어떤 모양으로 늘어서게 되느냐에 따라 정보가 다르게 저장된다.

신용카드의 자기 띠에 담긴 정보는 카드리더기의 도움을 받아서 읽어야 하는 데 자기띠의 정보는 자석 가까이 두면 정보가 지워진다. 정해진 방향으로 늘어서 있던 자석가루들이 자석의 영향을 받아서 흩어져 제멋대로 변하기 때문이다.

2 자성체의 성질

진공 중에 있는 자계 중에 물체를 가져가면 그 물질의 양단에 자극이 나타나면서 자계의 분포가 교란된다.이 때 물질은 자화(magnetization)되었다 하며 이러한 현상을 자기유도(Magnetic Induction)이라 한다. 이렇게 자화할 수 있는 물질을 자성체(Magnetic Substance), 자화되지 않은 물질을 비자성체(Nonmagnetic Substance)이라 한다. 자성체는 유전체와 같이 유동성이 없고 전류가 흐르는 도전체와 같은 것이 없다.

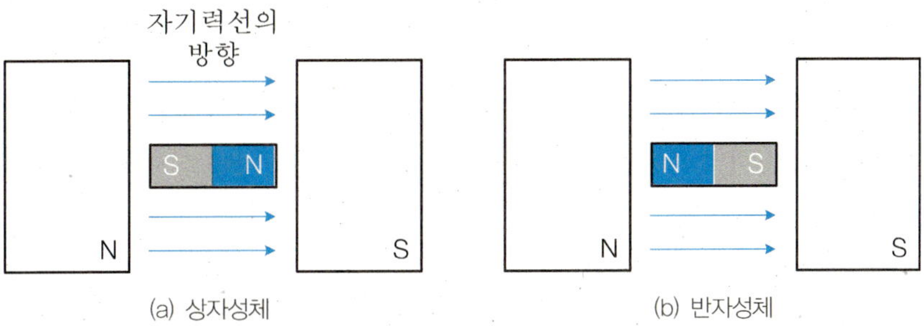

[그림 7-1] 자기유도

자성체 중 [그림 7-1] (a)와 같이 자화되는 물질을 상자성체(Paramagnetic Substance)라 하고 자장에 의해서 자기력선의 방향으로 자화되나 극히 미약하게 자화되며 자계가 없어지면 자화는 소멸되는 데 산소, 공기, 철 그리고 코발트 등이 이에 속한다.

[그림 7-2] (b)와 같이 자기력선과 반대 방향으로 자화되는 물질을 반자성체(Diamagnetic Substance)라고 하며 자계가 없어지면 자화는 소실된다. 보통은 N극을 가까이 접근했을 때, S극이 유도되는 데 반자성체는 N극을 가져다 대면, 표면에 N극이 도로 생긴다.

특히 상자성체 중에 철, 니켈 그리고 코발트 등의 물질은 자화의 정도가 커서 강한 자극이 나타나므로 이것을 특히 강자성체(Ferromagetic Substance)라 한다. 이 자성체는 외부 자계가 없어도 원자들에 의한 영구 자기 모멘트가 존재하는 데, 이 때 자기 모멘트가 작용하는 미소한 영역을 자구(Magnetic Domain)라고 한다. 한편, 자화된 강자성체를 가열하면 어떤 온도에서 갑자기 자성을 잃어버려 상자성체와 같이 변한다. 이 때의 온도를 큐리점이라고 한다.

이들을 자기 쌍극자의 배열하는 모양에 따라 표시하면 [그림 7-2]와 같다.

반자성체는 원자 또는 분자의 전자가 두 개씩 한 쌍이 되어 있어, 서로 자기 모멘트를 상쇄하여 0이 되어 있는데, 자계를 가하면 자계와 반대 방향의 자기 모멘트를 발생한다. 이 모멘트를 유도 자기모멘트(Induced Magnetic Moment)라 한다. 일반적으로 초전도 상태의 금속은 반자성의 성질을 가지고 있음이 알려져 있다.

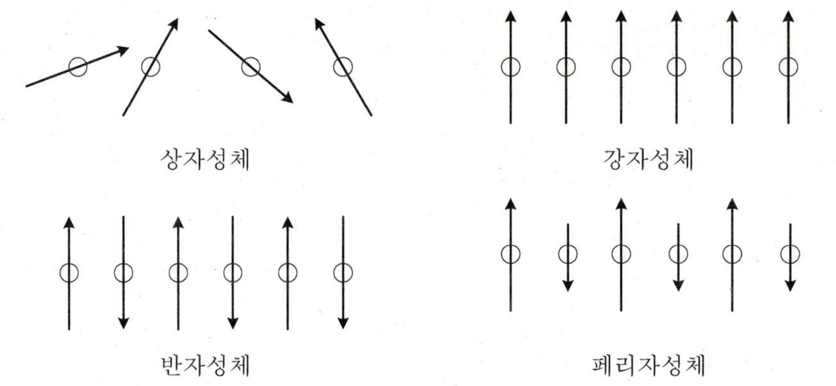

[그림 7-2] 자성체내의 자기 쌍극자 배열

상자성체는 외부에서 자계를 가하지 않아도 자기 모멘트를 가지고 있는데, 외부 자계가 존재하지 않을 때에는 각각 열운동효과가 강하여 임의의 자계 방향을 지향하는 모멘트가 많아져서 약한 자성을 일으킨다.

한편, 강자성체에는 동일 방향에 의한 자기 모멘트가 서로 접근하여 정렬된 작은 영역을 가지고 있다. 외부 자계가 존재하지 않으면 스핀 방향은 제멋대로이지만 외부 자계가 가해지면 모멘트가 회전하여 강한 자성을 일으킨다.

용어설명

초전도

금속, 합금, 화합물 등의 전기저항이 어느 온도 이하에서 0이 되는 현상

3 자계의 세기

물체가 자화되는 근원은 전류, 즉 전자의 운동이다. 자석을 절단하면 그 절단면에 새로운 자극이 나타나 여러 개의 자석이 된다. 따라서 자석을 세분하면 그 하나하나가 미소한 소자석이 되는데 이것을 분자자석이라 하며, 자석은 이 분자자석의 규칙적인 배열로 이루어졌다. 이들 분자를 구성하고 있는 원자 핵 주위를 전자가 궤도 운동함과 동시에 전자 자신이 자전운동[스핀;spin]하고 있는 것이 분자자석의 주원인이다.

물질을 구성하는 원자는 핵 주위에 전자가 원자핵 주위를 따라 궤도 운동을 하면 전자 자신은 자신의 축을 중심으로 스핀운동을 하고 있는데, 이 운동이 자계를 만들므로 원자에 자기쌍극자 모멘트를 가지게 한다.

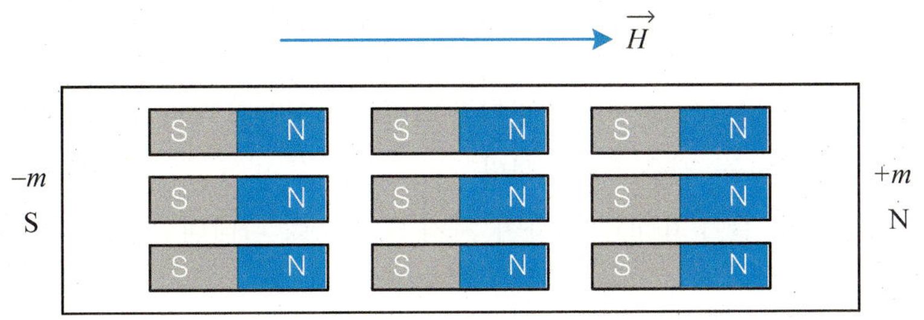

[그림 7-3] 자성체의 자화

자극에는 2종류가 있으며 북쪽을 가리키는 자극을 북극(N극, +극), 남쪽을 가리키는 자극을 남극(S극,-극)이라 한다. 자기 쌍극자(Magnetic Dipole)의 N,S극이 자계의 방향으로 정돈되어 자성체의 양 단면에 자극 $+m$, $-m$ [Wb]가 생긴다. 이 때 자화된 자성체 내에서 자화는 S극에서 발생하여 N극에서 그친다.

이렇게 자화된 자성재료는 자기적인 성질을 알기 위해 벡터량 $\vec{H}$는 보통 자계의 세기라고 한다.

자극이 그 힘을 미치고 있는 공간을 자계(Magnetic Field)라고 하며 자계의 세기와 방향은 임의의 점에 $+m_1$[Wb]를 놓았을 때 여기에 작용하는 힘의 크기와 방향으로 한다.

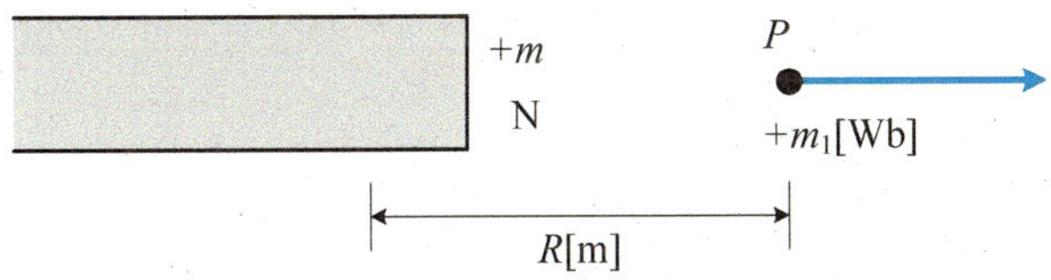

[그림 7-4] 자계의 세기

[그림 7-4]와 같이 진공중에 있는 m[Wb]의 자극에서 R[m]의 거리에 있는 점 P에 $+m_1$[Wb]의 자극을 놓았을 때 자계의 세기 H[A/m]는

$$H = \frac{F}{m_1}$$

$$= \frac{1}{4\pi\mu_0}\frac{m}{R^2}\,[\mathrm{AT/m}] \qquad (7\text{-}5)$$

으로 표현한다.

[그림 7-4]에서와 같이 자성체의 단면적을 $A\,[\mathrm{m}^2]$이라고 할 때 자화의 세기 M은

$$M = \frac{m}{A} \ [\mathrm{Wb/m^2}] \tag{7-6}$$

으로 나타낸다.

식(7-6)의 자화의 세기는 그 체적의 단면적에 나타나는 자극밀도로 표시한다. 자화의 방향은 S극에서 N극으로 향하는 것을 (+)로 한다.

식(7-6)에 자성체의 길이 l[m]를 취하여 자기 모멘트로 나타내면 다음과 같다.

$$M = \frac{ml}{Al} \ [\mathrm{Wb/m^2}] \tag{7-7}$$

물체 내의 한 점에서 미소 체적 Δv를 취하고 미소 체적 내에 있는 자기모멘트를 $\Delta \overrightarrow{M}$이라 할 때 식(7-7)으로부터

$$\overrightarrow{M} = \frac{\Delta \overrightarrow{M}}{\Delta v} \ [\mathrm{Wb/m^2}] \tag{7-8}$$

가 된다. 그러므로 단위체적당의 자기 모멘트의 방향이 정렬된 정도를 그 점의 자화의 세기 또는 단지 자화라고도 한다. 이 때 자화의 세기 $\overrightarrow{M}$은 자화된 자성체 내의 S극에서 N극으로 향하는 벡터이다.

유전체의 분극 벡터 $\overrightarrow{P}$와 유전체 내의 전계 $\overrightarrow{E}$에 의해 전속밀도 $\overrightarrow{D} = \epsilon_0 \overrightarrow{E} + \overrightarrow{P}$를 정의한 사실에 근거를 두어 이러한 개념을 자성체에 적용하면 자성체내의 자계분포를 간단히 취급할 수 있다.

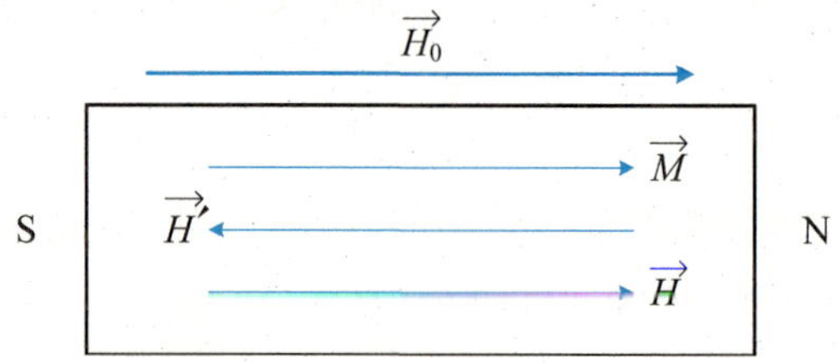

[그림 7-5] 자성체내의 자속밀도

[그림 7-5]에서 자계 $\overrightarrow{H_0}$와 $\overrightarrow{H'}$의 방향은 서로 반대 방향이므로 자성체 내부에 작용하는 전체 자계 $\overrightarrow{H}$는

$$\overrightarrow{H} = \overrightarrow{H_0} - \overrightarrow{H'} \tag{7-9}$$

이다. 여기서 자계 $\overrightarrow{H'}$를 감자력(Demagnetizing Force)이라 한다.

감자력은 자화의 세기에 비례하고, 또 자성체의 모양에 의해 결정되므로

$$\overrightarrow{H'} = \frac{N}{\mu_0}\overrightarrow{M} \tag{7-10}$$

으로 놓는다. 여기서 비례상수 N을 감자율(Demagnetizing Factor)이라 하며 $0 \le N \le 1$의 값을 갖는다.

자성체 내부에는 자계에 의한 자력선과 자화의 세기 $\overrightarrow{M}$이 존재하므로

$$N = 1 \tag{7-11}$$

이라고 할 때 $\overrightarrow{M}$을 $\overrightarrow{H}$의 함수라고 하면

$$\overrightarrow{M} = \chi_m \overrightarrow{H} \tag{7-12}$$

으로 되므로

$$\begin{aligned} \overrightarrow{B} &\equiv \mu_0 \overrightarrow{H} + \overrightarrow{M} \\ &= (\mu_0 + \chi_m)\overrightarrow{H} \\ &= \mu \overrightarrow{H} \ [\mathrm{Wb/m^2}] \end{aligned} \tag{7-13}$$

으로 주어진다.

여기서 χ_m은 자화율(Magnetic Susceptibility)이라고 부르는 정수이며 물체의 자기적 성질을 표시한다. μ는 자속밀도와 자계의 세기와의 관계를 나타내는 것으로 투자율(Permeability)이라 하며 이것도 역시 물체의 자기적 성질에 따라 정해진다.

물체의 투자율과 진공의 투자율의 비,

$$\mu_r = \frac{\mu}{\mu_0} = 1 + \frac{\chi_m}{\mu_0} \tag{7-14}$$

을 비투자율(Relative Permeability)이라고 한다.

학습활동

투자율(Permeability)

자계는 주변매질에 따라 달라지는 전계와 달리 주변 매질에 상관없이 단지 전류분포에 의해서만 결정된다. 하지만 자성체에 외부 자계를 가하지 않았을 때 내부의 자기쌍극자들은 각자 임의의 방향을 취하며 이들이 만드는 자화를 0으로 간주한다. 자계는 전류분포에 의해서만 정해지므로 이러한 모순을 제거하기 위해 자계 대신에 매질의 영향을 고려할 수 있는 새로운 물리량, 즉 자속밀도인 $\vec{B}$를 도입하였다.

[표 7-1] 자성체의 비투자율

물 질	분 류	비투자율 μ_r
비스무스	반자성체	0.99983
은	반자성체	0.99998
구리	반자성체	0.999991
물	반자성체	0.999991
진공	비자성체	1
공기	상자성체	1.0000004
알루미늄	상자성체	1.00002
코발트	강자성체	250
니켈	강자성체	600
규소강	강자성체	7,000
슈퍼멀로이(78.5Ni)	강자성체	100,000
뮤금속(Mumetal)	강자성체	100,000
슈퍼멀로이(5Mo,78Ni)	강자성체	1,000,000

$\chi_m > 0$일 때에는 자화가 자계와 동일한 방향으로 되는 경우이므로 이것은 상자성체를 의미한다. $\chi_m < 0$인 경우는 자화가 자계와 반대되는 방향이므로 반자성체를 의미한다. 따라서 비투자율 μ_r이 1보다 크면 상자성체이고 1보다 작으면 반자성체이다.

자유공간에서는 $\vec{M} = 0$이므로 식(7-13)으로부터

$$\vec{B} = \mu_0 \vec{H} \tag{7-15}$$

가 된다. 도선 전류가 없는 경우

$$\oint \vec{H} \cdot d\vec{L} = 0 \tag{7-16}$$

으로 주어지며 또는 미분량으로는 $\nabla \times \vec{H} = 0$이 된다.

즉, $\vec{H}$는 같은 매질(경계에서 떨어진 곳)에서는 시점과 종점이 없는 연속적인 값을 갖는다는 것을 알 수 있다.

만일 폐곡면 내에서 자화된 자성체는 반드시 같은 양의 양, 음 자극이 동시에 존재하므로 이 면으로 들어가는 자속과 나가는 자속은 항상 같은 수가 되고, 따라서 폐곡면을 통하여 나가는 자속의 총수는 0이 된다. 즉

$$\oiint \vec{B} \cdot d\vec{S} = 0 \tag{7-17}$$

이다. 이 결과에 발산정리를 적용하면

$$\int_v \nabla \cdot \vec{B} dv = 0 \tag{7-18}$$

이 되므로

$$\boxed{\nabla \cdot \vec{B} = 0} \tag{7-19}$$

의 관계가 모든 점에서 성립한다. 즉, 임의의 폐곡면을 통하여 발산하는 자속의 총합은 0이다.

예제 7-3 비투자율 $\mu_r = 500$의 철심을 사용한 환상 솔레노이드에서 철심 중의 평균 자계의 세기 $H = 300[\mathrm{A/m}]$일 때 철심 중의 자속밀도, 자화율 및 자화의 세기를 구하라.

〈풀이〉 자속밀도를 B라고 하면

$$\begin{aligned} B &= \mu H = \mu_0 \mu_r H \\ &= 4\pi \times 10^{-7} \times 500 \times 300 \\ &= 0.19\,[\mathrm{Wb/m^2}] \end{aligned}$$

이 되며 자화율 χ_m은

$$\chi_m = \mu - \mu_0 = \mu_0(\mu_r - 1) = 6.27 \times 10^{-4}[\mathrm{H/m}]$$

으로 주어지며 자화의 세기 M은

$$M = \chi_m H = 6.27 \times 10^{-4} \times 300 = 0.19\,[\mathrm{Wb/m^2}]$$

이 된다.

예제 7-4 자극의 세기가 $\pm 10^{-6}$[Wb]이고, 길이가 20[cm]인 막대 자석이 있다. 이 막대자석의 자기 모멘트를 구하라.

〈풀이〉 자기모멘트 ΔM은

$$\Delta M = ml = \pm 10^{-6} \times 0.2$$
$$= \pm 2 \times 10^{-7} [\text{Wb} \cdot \text{m}]$$

가 된다.

예제 7-5 균일하게 자화된 체적 0.01[m^3]인 막대가 50[Am^2]의 자기 모멘트를 가지고 있다. 이 막대의 자속밀도가 $B = 6 \times 10^3$[T]일 때 이 막대의 H를 구하라.

〈풀이〉

$$M = \frac{\Delta M}{\Delta v} = \frac{50}{0.01} = 5 \times 10^3 [\text{A/m}]$$

이므로

$$H = \frac{1}{\mu_0}(B - M)$$
$$= \frac{1}{4\pi \times 10^{-7}}(6 \times 10^3 - 5 \times 10^3)$$
$$= 8 \times 10^4 [\text{A/m}]$$

가 된다.

4 자위

정전계에서와 같이 정(상)자계 내의 임의의 한 점 P에서 자위(Magnetic Potential)는 무한 원점에서 P까지 단위 (+)자극을 이동할 때 소요되는 일로 정의하며, 이것을 식으로 나타내면 다음과 같다.

$$U = -\int_{\infty}^{P} \vec{H} \cdot d\vec{L} \tag{7-20}$$

따라서 [그림 7-6]과 같이 점자극 $+m$[Wb]에서 R만큼 떨어진 P점의 자위는

$$U_P = -\int_{\infty}^{R} \vec{H} \cdot d\vec{L}$$
$$= -\int_{\infty}^{R} \left(\frac{1}{4\pi\mu_0} \frac{m}{R^2} \right) dR$$
$$= \frac{1}{4\pi\mu_0} \frac{m}{R} \text{ [J/Wb]} \tag{7-21}$$

이다.

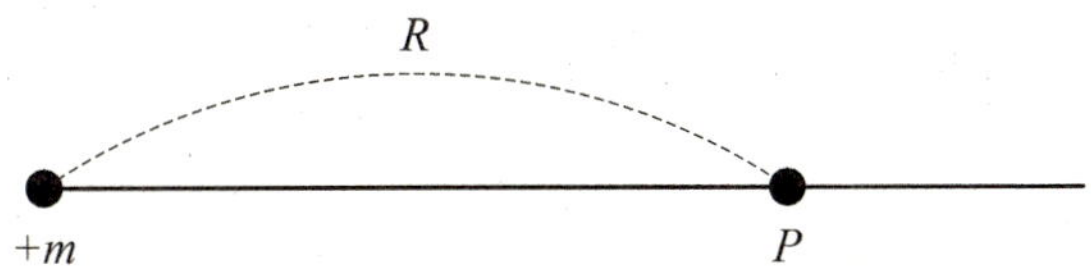

[그림 7-6] $+m$[Wb]에서 R만큼 떨어진 자위

그러면 전위차와 같이

$$U_{AB} = -\int_{A}^{B} \vec{H} \cdot d\vec{L} \tag{7-22}$$

이라는 자위차가 정의되는가를 생각해본다. 그러기 위해서는 U_{AB}가 A에서 B까지의 적분경로와 무관해야 한다. 다시 말하면 $\vec{H}$가 보존적이고 그 주회적분이 0이어야 한다. 그러나 $\text{curl}\,\vec{H}$는 반드시 0은 아니며 주회적분해도 항상 0은 되지 않는다. 일반적으로 전위차와 같은 자위차는 존재하지 않는다고 할 수 있다.

그러나 전 공간을 취하지 않고 제한된 영역에서는 $\vec{H}$의 주회적분이 항상 0이 되도록 하면 이 영역중에서는 $\vec{H}$는 보존적이며 U_{AB}는 전위차와 같이 취급할 수가 있다.

A를 기준점으로 하고 B를 영역내의 임의의 점을 취하면 U_{AB}는 A를 기준으로 한 자위를 주게 되는데

$$U = -\int_{A}^{B} \vec{H} \cdot d\vec{L} \text{ [A]} \tag{7-23}$$

로 자위를 정의한다. 자위가 정해지면 자계의 세기 $\vec{H}$는

$$\boxed{\vec{H} = -\text{grad}\, U} \tag{7-24}$$

로 구해진다.

그러면 앞에서 설명한 자위의 개념을 자기 쌍극자 모멘트에 대해 적용한 후 자계의 세기를 유도하기로 한다.

매우 가까운 거리에 있는($l \ll R$) 크기가 같고 부호가 반대인 한 쌍의 점자극 $+m$[Wb]와 $-m$[Wb]을 자기쌍극자라 한다. 이 그림에서 ml[Wb · m]를 자기 쌍극자 모멘트라 하고 $+m$과 $-m$을 연결하는 선을 쌍극자의 축이라 한다.

자기 쌍극자의 중심을 좌표의 원점으로 하였을 때 임의의 점 P의 자위를 U라고 하면

$$U = \frac{m}{4\pi\mu_0}\left(\frac{1}{R_1} - \frac{1}{R_2}\right) \tag{7-25}$$

이다.

$R \gg l$이므로

$$R_2 \simeq R + \frac{l}{2}\cos\theta, \quad R_1 \simeq R - \frac{l}{2}\cos\theta \tag{7-26}$$

이고 이 식들을 식(7-25)에 대입하면

$$U \simeq \frac{ml\cos\theta}{4\pi\mu_0 R^2} = \frac{M\cos\theta}{4\pi\mu_0 R^2}\,[\mathrm{J/Wb}] \tag{7-27}$$

식(7-27)에서 $M = ml$[Wb · m]을 자기모멘트라고 한다.
한편, R, θ 그리고 ϕ에 대한 자계성분은 각각 다음과 같다.

$$H_R = -\frac{\partial U}{\partial R} = \frac{2M\cos\theta}{4\pi\mu_0 R^3}\,[\mathrm{AT/m}] \tag{7-28}$$

$$H_\theta = -\frac{1}{R}\frac{\partial U}{\partial \theta} = \frac{M\sin\theta}{4\pi\mu_0 R^3}\,[\mathrm{AT/m}] \tag{7-29}$$

$$H_\phi = -\frac{1}{R\sin\theta}\frac{\partial U}{\partial \phi} = 0$$

그리고 점 P의 자계 H의 크기 및 방향은 식(7-28)과 식(7-29)에 의하여 정해진다.

$$\vec{H} = \frac{2M\cos\theta}{4\pi\mu_0 R^3}\hat{R} + \frac{M\sin\theta}{4\pi\mu_0 R^3}\hat{\theta} \tag{7-30}$$

[표 7-2] 유전율, 도전율 및 투자율의 비교

구분	유전율	도전율	투자율
개념	부도체의 전기적인 특성	도체 내의 물질 내 전류가 흐르는 정도	물질의 자기적 성질을 나타내는 양
단위	F/m	A/(V·m)	H/m
매질	유전체	도체	자성체
밀도	전속밀도	전류밀도	자속밀도

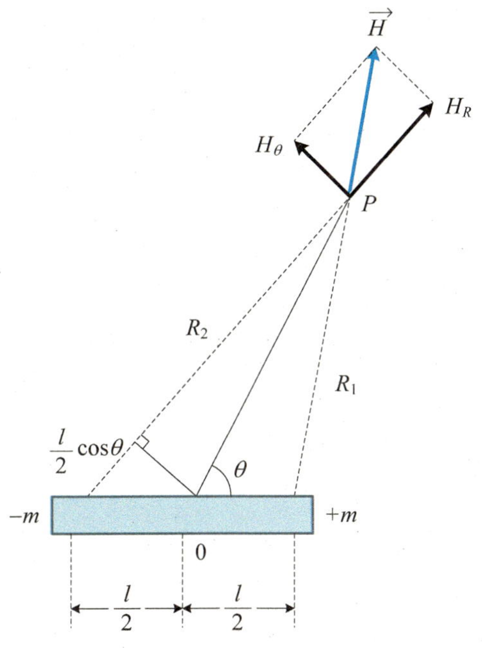

[그림 7-7] 자기 쌍극자

5 자계의 경계조건

다른 매질로 구성되는 경계면에서는 자계의 크기 및 방향이 급격히 변화한다. 이와 같은 성질을 알기위해 전계에서의 경계조건을 구할 때와 같이 법선 선분과 접선 선분으로 나누어서 알아보도록 한다.

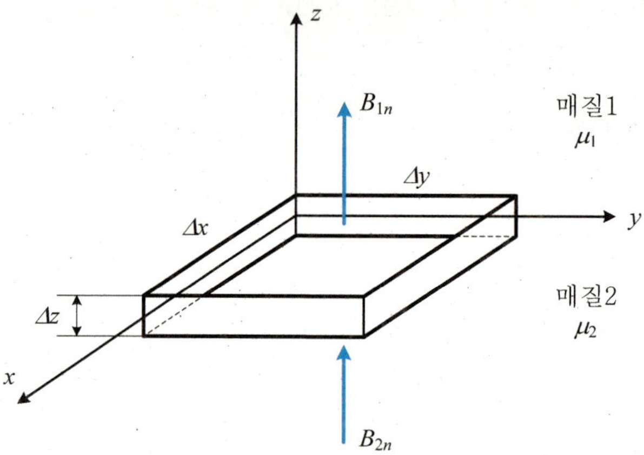

[그림 7-8] 자속밀도의 수직성분

법선성분에 대한 폐곡선 적분, 즉

$$\oiint \vec{B} \cdot d\vec{S} = \int_v \nabla \cdot \vec{B} dv = 0 \tag{7-31}$$

에서

$$B_{1n} \Delta x \Delta y - B_{2n} \Delta x \Delta y = 0 \tag{7-32}$$

또는

$$\boxed{B_{1n} = B_{2n}} \tag{7-33}$$

을 얻을 수 있다.

그러므로 경계면에서의 연속조건, 즉 자속밀도의 경계면에 수직인 성분은 양측에 있어서 서로 같다. 즉 투자율 μ가 다른 값을 갖는 경계면에서 자속밀도의 수직성분은 같은 값을 갖기 때문에 연속적이라고 한다.

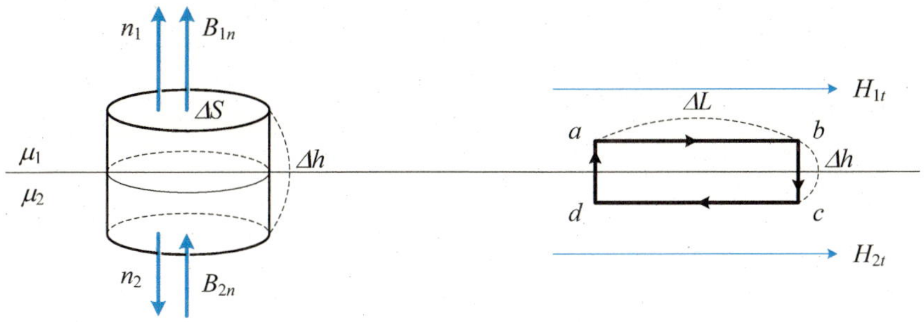

[그림 7–9] 자계의 세기에 대한 경계조건

두 자성체 내의 경계면에서 접선 성분에 대한 경계조건은 [그림 7-9]와 같이 경계면과 수직인 평면 내에 있는 폐곡선에 암페어의 주회법칙을 적용하는데 이 때, $\Delta h \to 0$인 경우

$$\begin{aligned}\oint \vec{H} \cdot d\vec{L} &= \int_c^d \vec{H} \cdot d\vec{L} + \int_d^a \vec{H} \cdot d\vec{L} + \int_a^b \vec{H} \cdot d\vec{L} + \int_b^c \vec{H} \cdot d\vec{L} \\ &= \int_a^b \vec{H} \cdot d\vec{L} + \int_c^d \vec{H} \cdot d\vec{L} \\ &= I \end{aligned} \tag{7-34}$$

인데

$$H_{1t} \triangle L - H_{2t} \triangle L = K \triangle h \triangle L \tag{7-35}$$

으로 표현된다. 여기서 K는 폐곡선을 주변으로 하는 평면에 수직인 표면 전류밀도 성분이다. 따라서

$$\boxed{H_{1t} - H_{2t} = K \triangle h \equiv J_{s,u}} \tag{7-36}$$

으로 주어지며 여기서 $J_{s,u}$는 H_{1t}와 H_{2t}에서 접선 성분의 단위길이에 대하여 수직인 전류밀도 성분이다.

식(7-36)은 경계면 양쪽의 접선방향 성분의 자계값의 차이가 경계면의 표면 전류 밀도와 같음을 표현한다. 따라서 경계면에서 멀어지는 방향으로 법선방향의 단위 벡터 $\hat{m}$을 정의하면

$$\hat{m} H = \vec{J_s} \tag{7-37}$$

의 관계식이 성립한다.

경계면에 전류가 없는 경우에는

$$H_{1t} = H_{2t} \tag{7-38}$$

가 되어 $\overrightarrow{H}$의 접선성분이 경계면 양쪽에서 같은 값 즉, 연속인 값을 얻는다.

매질 2가 비도체일 경우 $H_{2t} = 0$이므로

$$H_{1t} = J_{s,u} \tag{7-39}$$

가 된다. 윗 식은 도파관 내부와 같이 양도체와 공기의 경계에서 고주파 자계가 표면 전류와 이루는 관계식이다.

[그림 7-10]에서

$$B_{1n} = B_1 \cos\theta_1, \quad B_{2n} = B_2 \cos\theta_2 \tag{7-40}$$

이며

$$H_{1t} = H_1 \sin\theta_1, \quad H_{2t} = H_2 \sin\theta_2 \tag{7-41}$$

이 되어 경계면에 전류가 없는 경우에는

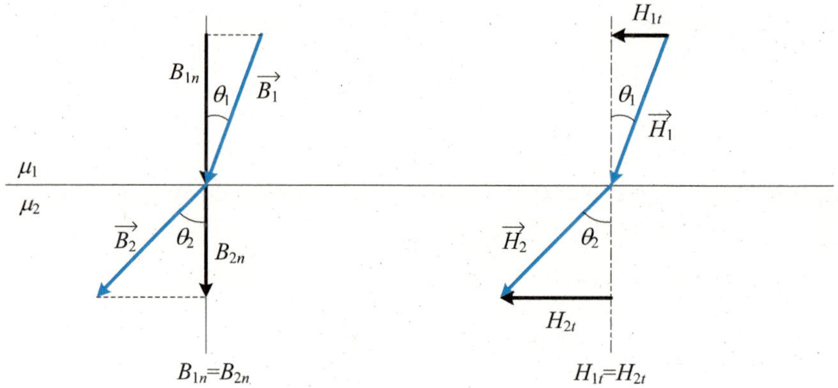

[그림 7-10] 경계면에서의 자계의 굴절

$$\frac{H_1 \sin\theta_1}{B_1 \cos\theta_1} = \frac{H_2 \sin\theta_2}{B_2 \cos\theta_2} \tag{7-42}$$

으로 주어진다.

이것을 다시 정리하면

$$\boxed{\frac{\mu_2}{\mu_1} = \frac{\tan\theta_2}{\tan\theta_1}} \tag{7-43}$$

의 관계가 성립하여 자속의 굴절이 생긴다. $\mu_1 < \mu_2$일 때 투자율이 큰 매질 중의 자속 밀도가 더 크게 된다. 자속은 투자율이 큰 자성체 중에 모이고자 하는 성질을 가지고 있다고 할 수 있다. 이상의 관계를 두 자성체의 경계조건이라 한다.

예제 7-6 자기력선이 공기 중으로부터 비투자율 $\mu_r = 3$인 자성체로 30° 의 각도로 입사할 때 굴절각을 구하라.

〈풀이〉 자기력선의 굴절식은

$$\frac{\tan\theta_2}{\tan\theta_1} = \frac{\mu_2}{\mu_1}$$

이므로

$$\tan\theta_2 = \frac{3}{1} \cdot \tan 30^\circ = 1.73$$

이 되어 굴절각은 $\theta_2 = 60^\circ$ 가 된다.

6 자기 이력 곡선

지금 전혀 자화되어 있지 않은 강자성체에 자계를 점점 크게 하면 그에 따라 자화의 세기 M이 점점 크게 되는데 그 모양은 [그림 7-11]과 같다.

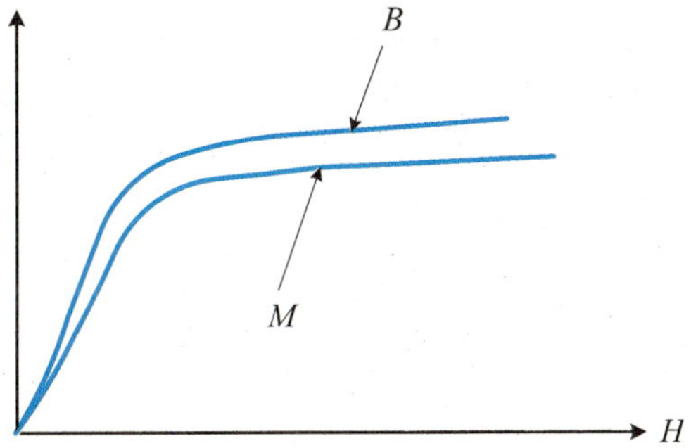

[그림 7-11] 강자성체의 자화곡선

즉, 최초 자계의 세기 H와 더불어 M이 크게 되는데 어느 한계에 다다르면 급격히 M의 기울기가 커지나 어느 정도까지 H가 커지면 M은 그 이상 증가하지 않는다.

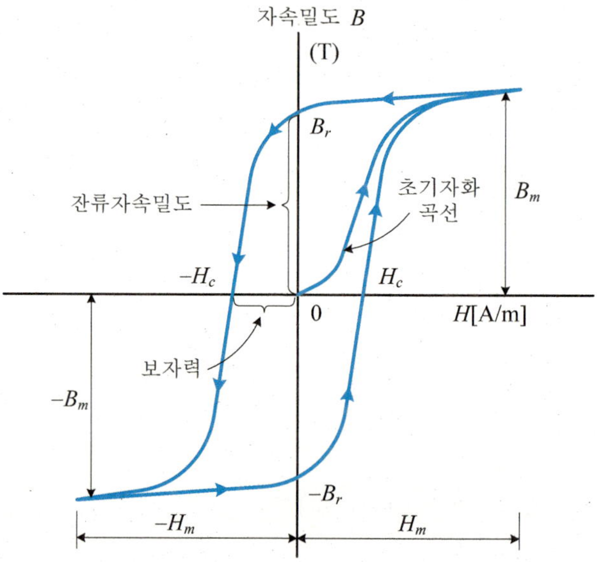

[그림 7-12] 히스테리시스 곡선

M이 이와 같이 변화하므로 B도 거의 같은 모양이 된다. 이와 같은 곡선을 자화곡선(Magnetization Curve)이라 한다. 실용상으로는 M과 H간의 관계보다도 B와 H간의 관계가 더욱 많이 사용되기 때문에 이것을 $B-H$곡선이라고도 한다.

또한 M이 어느 정도 이상 커지지 않는 현상을 자화의 포화현상이라고 하며 그래서 자화곡선을 포화곡선(Saturation Curve)이라고 한다.

학습활동

바크하우젠(Barkhausen) 효과

자구의 영향으로 $B-H$ 곡선의 일부를 확대해서 보면 계단적으로 변하는 효과

[그림 7-12]에서 최초 자화되어 있지 않은 강자성체를 자화하면 자계는 점차 증가하여 포화된 후 H가 감소되면 초기 자화곡선을 따라 증가하는 만큼 자속밀도가 빨리 감소하지 않는다. 그리고 H가 0이 되어도 B는 0이 되지 않고 B_r 만큼의 값을 갖는데 이 값 B_r을 잔류자속밀도 또는 잔류자기(Residual Magnetism)이라 한다.

다음으로 H를 (-)로, 즉 전과 반대 방향으로 자화시키면 자속밀도는 감소하여 H가 $-H_c$가

되면 여기서 처음으로 자속밀도가 0이 된다. 이때 H_c를 보자력(Coercive Force)이라고 한다. 자계 H가 (-)방향으로 증가할수록 물질은 반대 극성으로 자화되며, 처음에는 자화가 용이하나 일단 포화 상태가 이른 후에는 자화되기가 힘들다. 자계를 0으로 하여도 다시 $-B_r$만큼의 잔류자속밀도가 남게 된다. 이 잔류자속밀도를 0으로 해주기위해서는 $+H_c$만큼의 보자력을 다시 가해야 한다. 자계가 더욱 증가되면 물질은 다시 본래의 극성으로 포화되기 시작한다.

위에서 설명한 바와 같이 자계가 증가 또는 감소함에 따른 자화곡선이 동일하지 않은데 이와 같이 자속밀도 B가 자계 H에 지연하게 되는 현상을 자기이력곡선(Hysteresis Curve)이라 한다.

전자석과 일시 자석은 적은 자화력으로 큰 자속이 발생해야 하므로 B_r는 커야 하고, 전원을 끊었을 때 빨리 자기를 잃어버려야 하므로 H_c는 작아야 한다. 한편, 영구자석은 잔류자속이 쉽게 없어져서는 안 되기 때문에 H_c와 B_r가 커야 한다.

일반적으로는 자기이력곡선은 최대 자속밀도 B_m에 의하여 그 모양이 대략 정해지므로, 스타인메츠(Steinmetz)는 자기이력곡선(또는 히스테리시스 곡선)면적으로 표시되는 히스테리시스 손 W_m과 최대 자속밀도 B_m 사이의 관계식을 실험에 의하여 다음과 같이 구하였다.

$$W_m = \eta B_m^{1.6} \ [\mathrm{J/m^3}] \tag{7-44}$$

이 식을 스타인메츠의 실험식이라고 하며, η는 자성체에 따라 결정되는 상수로 히스테리시스 상수라 하고, 지수 1.6은 스타인메츠 상수라 한다.

지금 체적이 $v[\mathrm{m^3}]$인 강자성체에 f[Hz]의 교류 자계를 가하면

$$P_h = fv\eta B_m^{1.6} \tag{7-45}$$

만큼의 히스테리시스 손실이 생긴다.

예제 7-7 그림과 같은 각형 히스테리시스 곡선을 가진 철심을 강한 평등 자계에 의해 매초 $f = 50[\mathrm{Hz}]$로 자화되는 경우 히스테리시스 손을 구하라. (단, 철심의 체적 $v = 20[\mathrm{cm^3}]$이고 $B_r = 4[\mathrm{Wb/m^2}]$, $H_c = 10[\mathrm{AT/m}]$이다.)

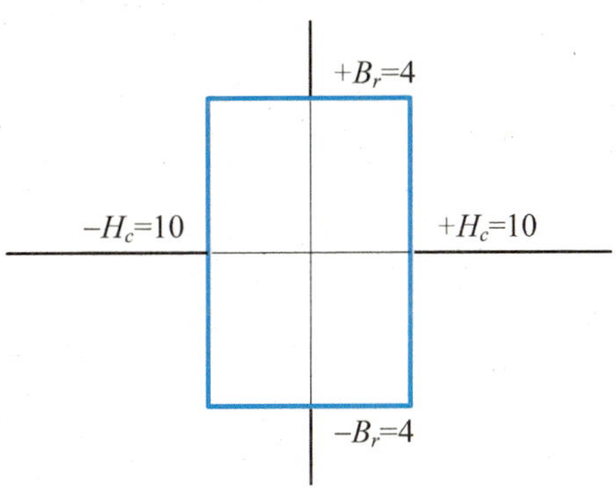

〈풀이〉 철심의 1회 자화에 의한 에너지 손실 ω_k은 히스테리시스로 둘러싸인 면적과 같기 때문에

$$\omega_k = \oint \vec{H} \cdot d\vec{B} = 4H_c B_r$$

이 된다.

따라서 주어진 주파수에 대하여 구하는 에너지 손실은

$$\begin{aligned} P_k &= 4fvH_cB_r \\ &= 4 \times 50 \times 20 \times 10^{-6} \times 4 \times 10 \\ &= 0.16\,[\mathrm{W}] \end{aligned}$$

이 된다.

학습활동

디스크 쓰기와 디스크 읽기

트랙 상에 데이터를 저장하는 동작을 디스크 쓰기(Disk Write)라고 한다. 쓰기 동작은 헤드의 코일에 전류가 흐르면 자장이 발생하는 전기적 성질을 이용한다. 즉 전기적 신호가 헤드로 보내지면 디스크가 회전하더라도 자기이력곡선에 의해 서로 다른 형태의 자성 패턴이 표면에 기록된다.

한편, 저장된 데이터를 디스크 표면으로부터 감지하여 인출하는 동작은 디스크 읽기(Disk Read)라고 한다. 읽기 동작은 자장이 존재하는 곳에 코일이 지나가면 코일에 전류가 유기되는 전기적 성질을 이용한다. 즉, 디스크 표면이 회전하는 동안에, 원하는 데이터가 저장되어 있는 트랙 부분이 헤드 밑을 통과하면, 기록될 때와 동일한 극성의 전류가 생성된다.

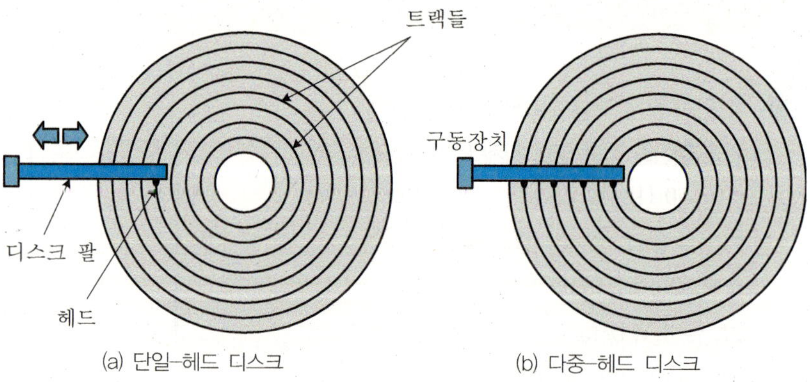

[그림 7-13] 디스크 표면과 헤드

학습내용요약

▌자성체에 자계가 인가되면 자성체는 자화가 일어나고 자화가 일어나는 형태에 따라 반자성체, 상자성체, 강자성체로 분류된다.

▌자화의 세기 M은 자성체 내의 단위체적당 자기 모멘트수로 정의하며 이는 단위길이당의 표면전류로 표현된다.

$$M = \frac{\Delta M}{\Delta v} = \frac{I_s \Delta S}{\Delta S \Delta l} = \frac{I_s}{\Delta l}$$

▌자화된 자성체 내의 자속밀도 B는 외부자계 H와 자화의 세기 M의 합으로 표현된다.

$$\vec{B} = \mu_0 \vec{H} + \vec{M}$$

⇨ 상자성체나 강자성체는 자화의 세기 M이 외부 자계 H와 동일한 방향으로 생겨 자성체 내의 자속이 증가하지만 반자성체의 경우엔 반대방향으로 생겨나 자속이 감소한다.

▌자성체 내의 자속밀도는 자성체의 자화율 χ_m과 관계됨

$$\vec{B} = (\mu_0 + \chi_m)\vec{H}$$

⇨ 비투자율 μ_r은 $\mu_r = \frac{\mu}{\mu_0} = 1 + \frac{\chi_m}{\mu_0}$의 관계를 가짐

▌서로 다른 자성체를 자계가 진행할 때 자성체 경계면에서 자속밀도와 자계의 경계조건

$B_{1n} = B_{2n}$	(자속밀도의 법선성분은 변하지 않는다)
$H_{1t} = H_{2t}$	(자계의 접선성분은 변하지 않는다)

▌자화곡선($B-H$ Curve)의 기울기를 나타내는 자성체의 투자율 $\mu\left(=\frac{B}{H}\right)$은 일정하지 않고 외부자계의 세기에 따라 변한다.

▌잔류자기 : 자기이력 현상으로부터 자화된 자성체에 외부 자계를 제거해도 자성체 내에 자속이 존재한다.

▌보자력 : 남아있는 자속을 완전히 제거하기 위해서는 반대방향으로 자계를 가해주어야 한다.

연습문제

제 7 장
진공 중의 정상자계

01 진공 중에서 4π[Wb]의 자하로부터 발산되는 총 자기력선의 수는?

02 비투자율 $\mu_r = 500$인 철심에서 자계의 세기가 100[AT/m]이다. 철심의 자화의 세기 [Wb/m²]는? 단, $\mu_0 = 4\pi \times 10^{-7}$[H/m]이다.

03 진공 중에서 1.6×10^{-4}[Wb]와 3×10^{-3}[Wb]의 두 자극 사이에 작용하는 힘이 10[N]이었다면 두 자극 사이의 거리[m]는?

04 공기 중에 있는 5[Wb]의 자하로부터 1[m] 떨어진 점의 자계의 세기[AT/m]는?

05 그림과 같이 공기 중에서 막대자석의 중심으로부터, 막대자석과 수직으로 r 떨어진 점 P의 자계의 세기는? 단, μ_0는 공기 중에서의 투자율이고 $r \gg l$이라 한다.

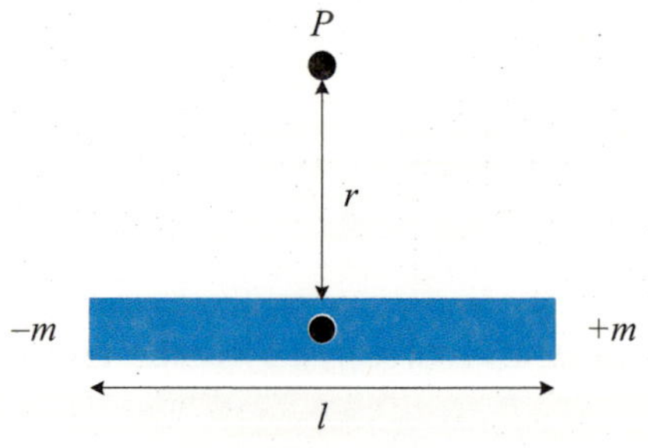

06 어떤 자성체 속의 자속밀도가 2×10^{-2}[Wb/m^2]일 때 자계의 세기가 5×10^3[A/m]이었다면, 이 자성체의 투자율[H/m]은?

07 유전율, 도전율 그리고 투자율을 서로 비교 설명하시오.

08 거리 r[m]를 두고 m_1, m_2[Wb]인 같은 부호의 자극이 놓여 있다. 두 자극을 잇는 선상의 어느 한 점에서 자계의 세기가 0인 점은 m_1[Wb]에서 몇 [m] 떨어져 있는가?

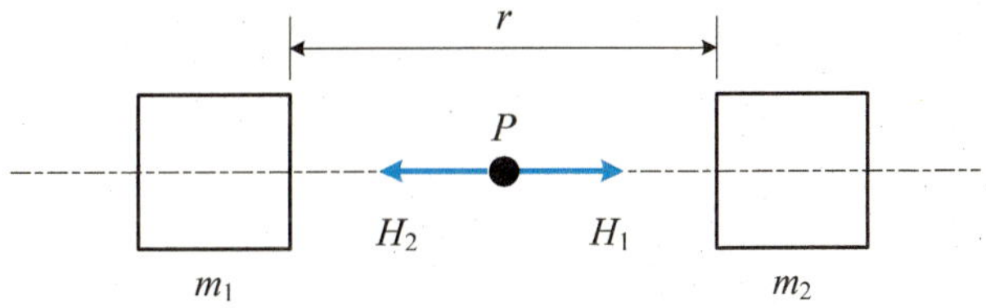

Chapter

08

전류의 자기작용

1. 전류가 자석에 미치는 영향
2. 자속과 자속밀도
3. Biot-Savart의 법칙
4. 직선 전류에 의한 자계
5. 평행한 도체 사이에 작용하는 힘
6. 원형 전류에 의한 자장
7. 솔레노이드에 의한 자계
8. 벡터계의 회전(Curl)

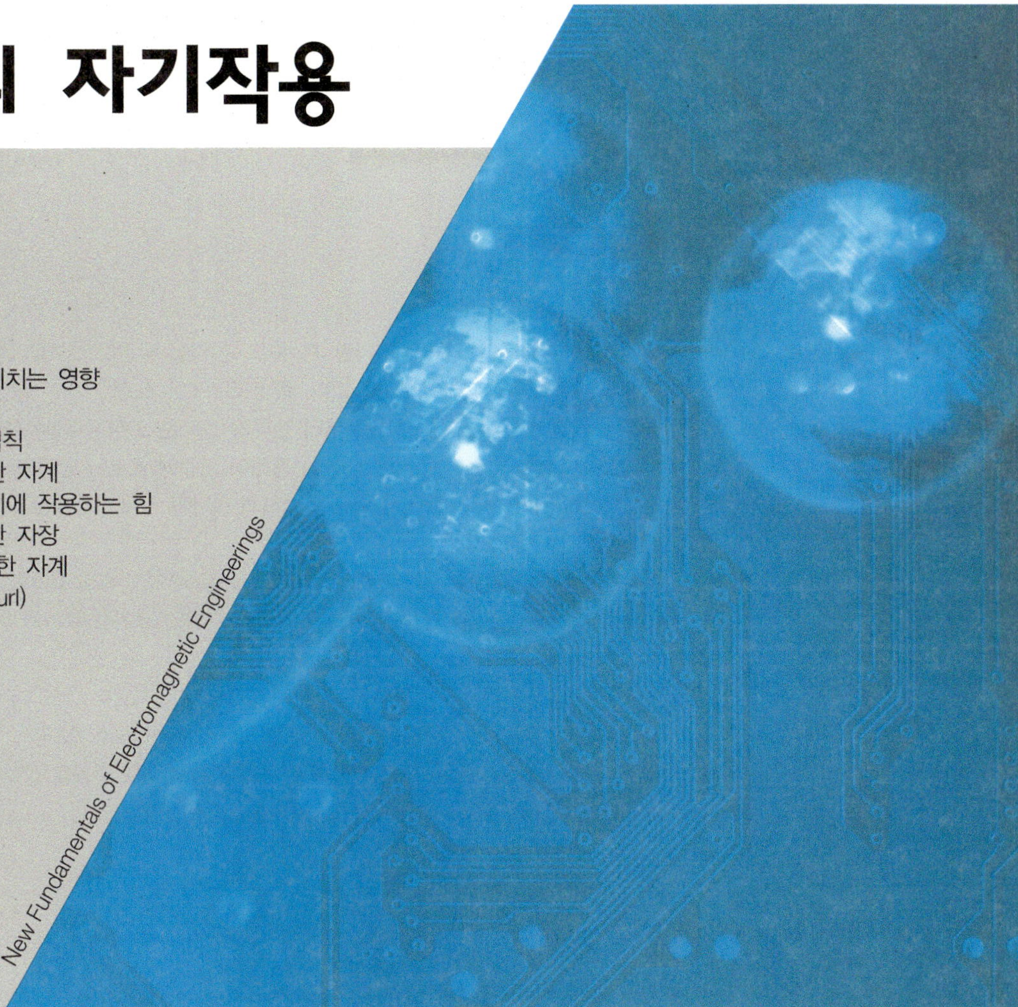

New Fundamentals of Electromagnetic Engineerings

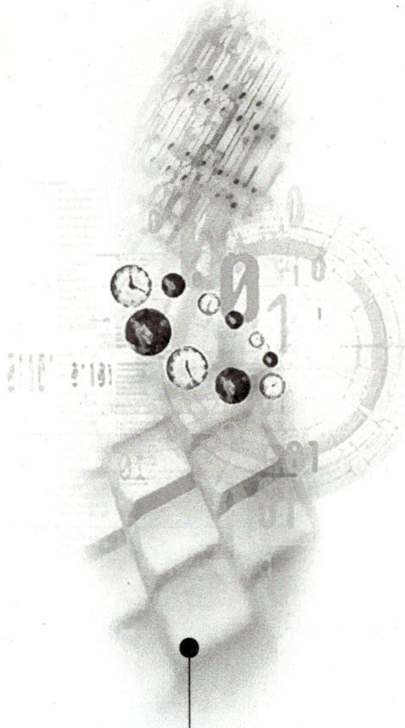

단원개요

1600년 영국의 길버트가 지구가 커다란 자석이라는 것을 발견하고 1820년 전류가 자계를 만드는 현상을 에르스텟에 의하여 발견되었다. 즉 에르스텟은 도선 가까이 놓인 자침이 도선에 흐르는 전류에 의하여 움직인다는 사실로부터 전류가 흐르는 도선 주위에 자계가 발생한다는 것을 발견하였다. 그 후 암페어는 많은 실험을 통하여 도선에 흐르는 전류와 자계와의 관계를 정량적으로 밝히게 되어 전자기학에서 중요한 법칙의 하나인 암페어(Ampere)의 법칙을 세우게 되었다.

본 장에서는 전류의 자기 현상을 설명하는 암페어(Ampere)의 법칙을 설명하고 자계의 원천이 되는 전류소로부터 임의의 거리만큼 떨어진 곳에서의 자계의 세기를 구하기 위한 비오 사바르(Biot-Savart) 법칙을 살펴본다.

정전계에서 전계와 그 원천인 전하 사이의 관계를 Gauss 법칙으로 나타내듯이 정자계에서는 자계와 그 원천인 전류사이의 관계를 Ampere 법칙으로 표현할 수 있다.

한편, 전계의 발산(divergence) 개념을 통해 전하와 전계 사이의 관계를 살펴보았듯이 자계의 회전(curl) 개념을 통해 전류와 자계 사이의 관계를 접근하기로 한다.

학습목표

1. 정전계상에서 정의된 전속밀도와 같이 정자계상에서의 자속밀도를 정의할 수 있다.
2. 미소전류소에 의한 자계의 세기를 구하기 위해 Biot-Savart 법칙을 소개할 수 있다.
3. 정전계의 Gauss 법칙에 대응되는 Ampere 법칙을 이용하여 전류와 자계 사이의 관계를 구할 수 있다.
4. Ampere 법칙의 미분형으로 표현되는 자계의 회전(curl) 개념과 연산방법 등을 알아 볼 수 있다.

1 전류가 자석에 미치는 영향

전하가 이동하면 전류가 발생한다. 도선상을 흐르는 전류는 단위 시간 동안에 도선의 단면을 통과하는 전하량으로 정의한다. 전류의 방향은 (+)전하의 이동 방향과 같으므로 도체 내에서는 (-) 전하를 띠는 자유전자의 이동에 의해 전류가 발생하므로 전자 이동의 반대 방향이 전류 방향이 된다.

일정한 크기를 가지고 일정한 방향으로 진행하는 전류를 정상 전류 또는 직류라고 하며 크기와 방향이 시간적으로 변하는 전류를 교류라고 한다.

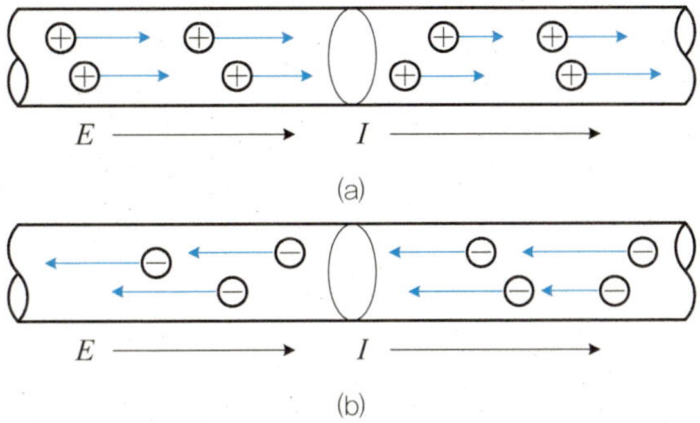

[그림 8-1] 전류의 정의

단위체적 내에 전자 e[C]인 수가 n개라 하고 이들 전하의 이동 속도가 v[m/sec]라고 하면 전류밀도는

$$J = nev \ [\mathrm{A/m^2}] \tag{8-1}$$

이 된다.

전하의 이동 속도 v는 외부 전계의 세기에 비례하므로

$$v = \mu E \tag{8-2}$$

가 되며 이 식에서 μ는 전하의 이동도를 나타낸다.

식(8-2)을 식(8-1)에 대입하면

$$J = ne\mu E = \sigma E \tag{8-3}$$

이 된다. 여기서 σ는 도체의 전도율 또는 전기 전도도를 나타내는 양이다.

도선에 전류가 흐르면 그 주위에 자장이 생기는데 그 방향은 암페어의 오른나사의 법칙(Ampere righthand screw law)에 의하여 결정된다.

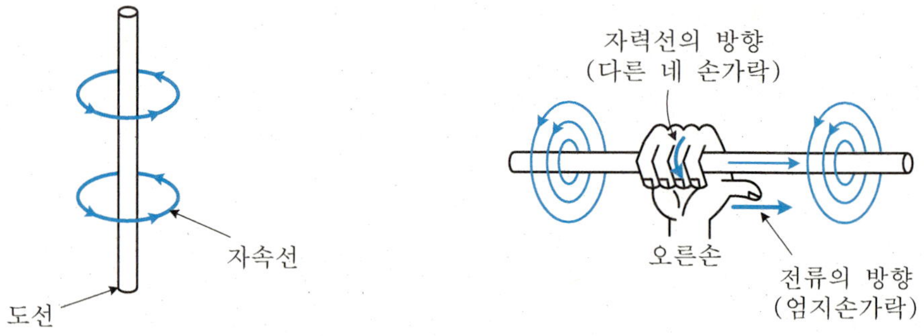

(a) 전류가 흐르는 도선 주위의 자계

(b) 자계 또는 자속선의 방향과 전류 I의 방향과의 관계를 설명하는 오른손 법칙

[그림 8-2] 암페어의 오른나사의 법칙

자침의 방향은 자계 방향과 일치하고 자계는 폐루프를 형성한다. 자침의 외부에서 N극에서 S극으로 향한 방향이므로 자계의 방향과 전류 방향과의 관계는 오른손 법칙으로 쉽게 구할 수 있다.

[그림 8-2] (b)와 같이 엄지손가락이 전류의 방향을 향하고 있으면 도선을 감싸는 손가락들은 자계의 방향을 가리킨다. 반대로 나사가 회전하는 방향으로 전류가 흐르면 손가락이 진행하는 방향으로 자장이 형성된다.

암페어의 실험 결과 전류에 의한 자계의 크기는 다음과 같은 성질이 있다.

- 자계의 세기는 전류의 세기에 비례한다.
- 자계의 세기는 전류가 흐르는 도선으로부터 거리에 반비례한다.
- 자계의 방향은 직선이 놓여있는 평면에 직각이며 오른손 법칙을 따른다.

도선에 전류 I [A]가 흐를 때 그 도선에서 r[m] 만큼 떨어진 점의 자계의 세기 H[A/m]을 암페어의 오른나사 법칙을 이용하면 다음과 같다.

$$H = k\frac{I}{r} \text{ [A/m]} \tag{8-4}$$

자계의 세기는 1[A]의 전류가 흐르고 있는 도체에서 $1/2\pi$[m]인 점의 자계의 세기를 1[A/m]로 정의한다. 따라서 식 (8-4)의 비례상수 k는 $1/2\pi$이 되기 때문에 식(8-4)는 식(8-5)가 된다.

$$H = \frac{I}{2\pi r} \text{ [A/m]} \tag{8-5}$$

[그림 8-2](b)와 같이 전류 I가 흐르는 도선에서 r[m] 떨어진 점의 자계의 세기를 $\vec{H}$라 하고 그 점의 미소길이를 $d\vec{L}$이라 하면 폐회로 C에 대한 선적분은 다음과 같이 표현된다.

$$\oint_c \vec{H} \cdot d\vec{L} = H \oint_c dL = 2\pi r H \tag{8-6}$$

식(8-5)과 식(8-6)으로부터 식(8-7)을 다음과 같이 얻는다.

$$\oint_c \vec{H} \cdot d\vec{L} = I \text{[A]} \tag{8.7}$$

[그림 8-2](b)와 같이 폐곡선 내에 N개의 전류가 존재하는 경우에는 다음과 같은 식이 정의된다.

$$\oint_c \vec{H} \cdot d\vec{L} = NI \tag{8-8}$$

식(8-8)을 **암페어의 주회법칙**이라 하며 이 법칙은 "임의의 폐곡선에 대한 자계 H [A/m]의 선적분은 이 폐곡선을 통과하는 총전류 I [A]와 같다."로 정의할 수 있다.

학습활동

암페어(Ampere, 1775~1836) 인물사

암페어는 프랑스의 물리학자이다. 전기 · 자기의 연구에 몰두하여 근대 전기학의 기초를 세웠다. 전류를 측정하는 데 쓰이는 단위 암페어는 앙페르의 이름에서 온 것이다. 1814년 과학 아카데미 회원으로 선출되었고, 1824년 콜레주 드 프랑스(프랑스의 고등 교육 기관)의 교수가 되었다. 암페어는 여러 분야의 학문에 업적을 남겼는데, 특히 전자기 현상과 전기역학의 연구에 공헌하였다. 자석에 얼굴을 향하여 발에서 머리로 전류를 통하면 자석의 N극, 즉 북극은 그 사람의 왼손 쪽으로 움직인다는 '암페어 회로 법칙'을 발견하였다.

수학 분야에서도 탁월한 능력을 발휘하여 물리 법칙을 수학적으로 정식화함과 동시에 독자적인 수학 연구도 진행하여, 미분 방정식에 관한 논문 등을 남겼다.

예제 8-1 100 [A]의 무한장 직선전류로부터 10 [cm] 떨어진 곳의 자계의 세기[A/m]는?

〈풀이〉

$$H = \frac{I}{2\pi r} = \frac{100}{2\pi \times 10 \times 10^{-2}} = \frac{500}{\pi}\ [\mathrm{A/m}]$$

예제 8-2 전류가 흐르는 무한장 직선도체로부터 a [m] 떨어진 점의 자계는 $2a$ [m] 떨어진 점의 자계의 몇 배인가?

〈풀이〉

$$H_1 = \frac{I}{2\pi a}$$

$$H_2 = \frac{I}{2\pi(2a)} = \frac{1}{2} H_1$$

$$\therefore\ H_1 = 2H_2$$

2 자속과 자속밀도

앞에서 공간상에 존재하는 전계를 가시적으로 표시하기 위해 전력선 또는 전속으로 정의했다. 즉 전기를 띤 물체(전하) 주위에는 전기적인 힘이 존재하며 이 힘의 크기와 방향을 전력선으로 표시하였다. 그러므로 전하량이 클수록 전하 주위에는 강한 전계가 형성되며 따라서 전속도 커진다.

이와 마찬가지로 전류가 흐르는 도선 주위나 자석의 주위에는 자기적인 힘이 존재하는 데 이 힘을 나타낸 것이 자력선 또는 자속(Magnetic Flux)이다.

자석은 N극과 S극의 두 자극(Magnetic Pole)을 가지고 있다. 이 두 자극은 [그림 8-3]에서 보는 바와 같이 자석을 나누어도 서로 분리되지 않고 또 다시 두 자극을 갖는 자석이 된다.

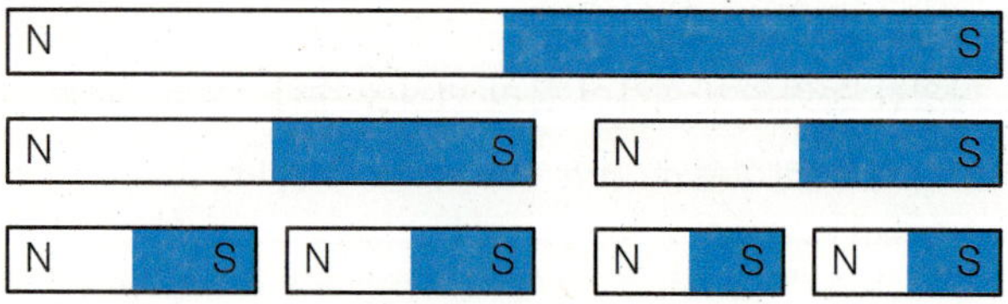

[그림 8-3] 자석의 자극

이와 같은 현상이 전기와 자기의 근본적인 차이점이 된다. 즉, 전기에서는 (+) 전하와 (-) 전하가 서로 분리될 수 있지만 자기에서는 N극과 S극이 서로 분리되지 않는 것이다.

그러나 전하 Q에 대응하는 점자극, 즉 자하 m을 가상적으로 정의하므로써 정전계에서 성립되었던 관계식들을 정자계에서도 적용할 수 있다.

자하 $+m$과 $-m$이 있을 때 자력선은 $-m$으로부터 나와 $+m$으로 들어가는데 이 통로를 통해서 진행하는 전체 자기력선을 자속 ϕ로 정의할 수 있다.

이 값은 전속 ψ과 마찬가지로 자속을 만드는 원인이 되는 자하량과 같게 된다.

$$\phi = m\ [\mathrm{Wb}] \tag{8-9}$$

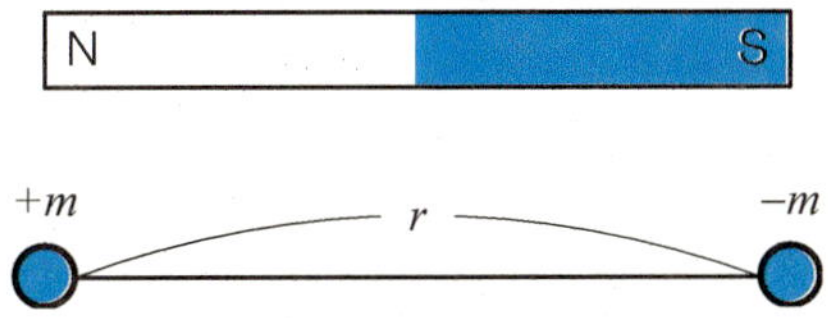

[그림 8-4] 자하의 정의

한편, 일정 자계 내에 전류 I가 흐르는 도선이 놓여 있으면 도선은 다음으로 주어지는 힘을 받게 된다.

$$F = BIL\ [\mathrm{N}] \tag{8-10}$$

여기서 L은 자계 내에 있는 도선의 길이이며 B는 자속밀도이다.

식(8-10)으로부터

$$B = \frac{F}{IL} = \frac{\text{힘}}{\text{전류모멘트}} \tag{8-11}$$

이 되어 자속밀도(Magnetic Flux Density) B는 전류 모멘트당 힘이라고 할 수 있다. B의 단위는 [Wb/m^2] 또는 T [Tesla] 등이 있으며 [Gauss]로 표기한다.

이들 관계는

$$1\ [\mathrm{Wb/m^2}] = 10^4\ [\mathrm{Gauss}] \tag{8-12}$$

이며 식(8-10)으로 표현되는 힘을 전자력(Electromagnetic Force)이라고 한다.

한편, 자속밀도 B가 존재하는 자계에서 직선 도선이 자계와 θ의 각으로 놓여 있을 때, 도선이 받는 힘을 벡터로 표시하면

$$\vec{F} = \vec{I} \times \vec{B} L \tag{8-13}$$

으로 된다.

그러면 자속의 개념에서 생각하여 본다. 자계 중의 임의의 면 $A[\mathrm{m}^2]$을 통하는 자속을 ϕ라 하면 단위 면적당의 자속은

$$B = \frac{\phi}{A}\ [\mathrm{Wb/m^2}] \tag{8-14}$$

가 된다. 이 때 B가 자속밀도이다.

이것을 일반적으로 표시하면 어떤 면을 통하는 자속은

$$\phi = \oint_s \vec{B} \cdot d\vec{S}\ [\mathrm{Wb}] \tag{8-15}$$

이다.

전속의 경우와 같이 면적 S를 통과하는 자속수는 [그림 8-5]와 같이 자속밀도의 방향과 면적 S인 면이 놓인 방향에 따라 달라지며 이들 두 벡터의 내적으로 표현된다.

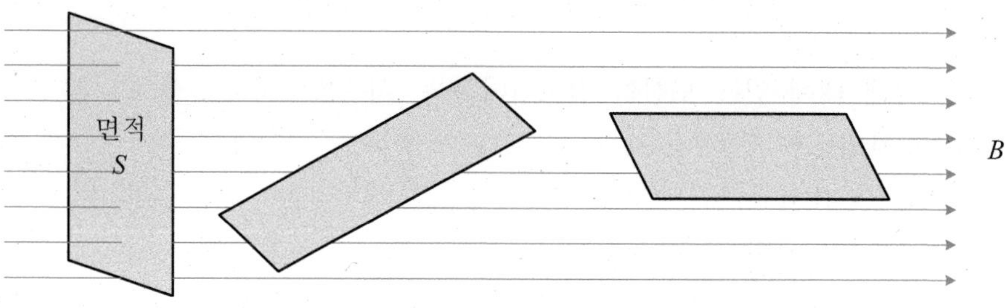

[그림 8-5] 면적 S를 통과하는 자속

예제 8-3 그림과 같은 동축선로에서, 내부와 외부 도체에 서로 반대 방향인 I[A]의 전류가 균일하게 흐르고 있을 때, 반지름 a로부터 b사이의 공간에 분포된 자속수는 선로의 단위 길이당 몇 [Wb]인가?

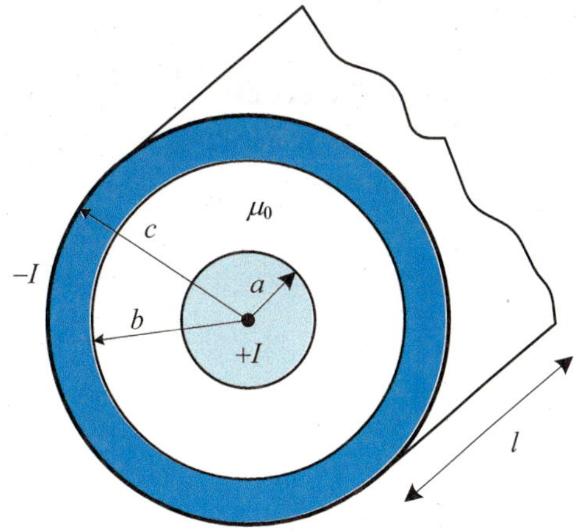

〈풀이〉 공간에 분포되는 자속은 내부도체를 둘러싸는 폐곡선을 만들기 때문에 외부도체의 전류는 아무런 관계가 없다. 중심으로부터 r인 거리점에 대한 자계의 세기 H와 자속밀도 B는

$$H = \frac{I}{2\pi r}, \qquad B = \mu_0 H = \frac{\mu_0 I}{2\pi r}$$

따라서 a와 b 사이의 자속과 수직인 미소면적 $ds = ldr$에서 l을 단위 길이라고 가정하면 $ds = dr$이 되어 a와 b 사이의 자속수는

$$\therefore \ \phi = \int_s B ds = \int_a^b \frac{\mu_0 I}{2\pi r} dr = \frac{\mu_0 I}{2\pi} \log \frac{b}{a} \text{ [Wb]}$$

예제 8-4 자속밀도 $\vec{B} = \hat{x} - 2\hat{y} - 3\hat{z}$ [Wb/m^2]인 평등자계 속에 $\vec{I} = 2\hat{x} - \hat{y} + \hat{z}$ [A]의 전류가 흐르는 1[m] 도선이 받는 힘은?

〈풀이〉

$$\vec{F} = \vec{I} \times \vec{B} L = (2\hat{x} - \hat{y} + \hat{z}) \times (\hat{x} - 2\hat{y} - 3\hat{z}) \times 1 = \begin{vmatrix} \hat{x} & \hat{y} & \hat{z} \\ 2 & -1 & 1 \\ 1 & -2 & -3 \end{vmatrix}$$
$$= 5\hat{x} + 7\hat{y} - 3\hat{z} \text{[N]}$$

3 Biot-Savart의 법칙

전류에 의한 자계는 암페어의 주회적분의 법칙에 의해 구할 수 있다.이 법칙에 의해 자계를 계산할 때에는, 대칭성 자계에 한정되는 수가 많다. Biot와 Savart는 전류에 기인된 자계의 세기를 수학적으로 가정한 후 실험에 의해 증명되었다.

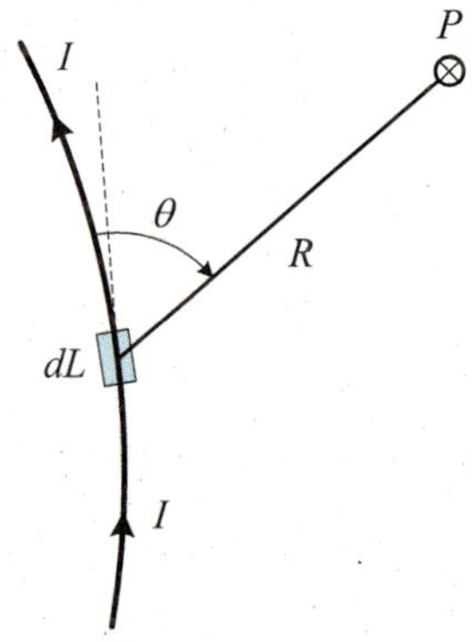

[그림 8-6] Biot-Savart의 법칙

그림과 같이 도선에 전류가 흐르고 있는데 점 P에는 지면과 직각인 방향으로 자장이 생기는데 도선의 미소 길이 dL에 의하여 점 P에 생기는 자속밀도는

$$dB = K\frac{IdL}{R^2}\sin\theta \tag{8-16}$$

으로 주어진다. 이 때 I는 도체의 전류이다.

여기서 비례상수 K는

$$K = \frac{\mu}{4\pi}$$

이 되고 미소 자속밀도 dB의 방향은 점 P와 dL로 이루어지는 평면에 수직이고, dL 방향에서 거리에 대한 단위벡터 $\hat{r}$방향으로 오른 나사를 돌릴 때 진행하는 방향이 된다.

그러므로 식(8-16)을 벡터로 표현하면

$$d\vec{B} = \frac{\mu I(d\vec{L} \times \hat{r})}{4\pi R^2} \ \text{[T]} \tag{8-17}$$

으로서 미소 전류소 $Id\vec{L}$에 기인한 자속밀도를 나타낸다. 식(8-17)에 대한 또 다른 편리한 표현은 다음과 같다.

$$d\vec{B} = \frac{\mu I(d\vec{L} \times \vec{R})}{4\pi R^3} \ \text{[T]} \tag{8-18}$$

이 식을 Biot-Savart의 법칙이라 하며 이는 미소 전류소에 의해 발생되는 자계의 세기를 나타내주는 식이 된다.

한편, 전체 전류소에 의한 자속밀도는 이 식을 전체 길이에 대하여 적분함으로써 얻을 수 있는데

$$B = \frac{\mu I}{4\pi}\int_L \frac{\sin\theta}{R^2} dL \tag{8-19}$$

으로 표현된다.

예제 8-5 길이 $2L$의 직선 도선에 직선 전류 I가 흐르고 있다. 도선의 이등분점에서 수직으로 r만큼 떨어진 점에서의 자속밀도 $\vec{B}$를 비오 사바르 법칙으로부터 구하라.

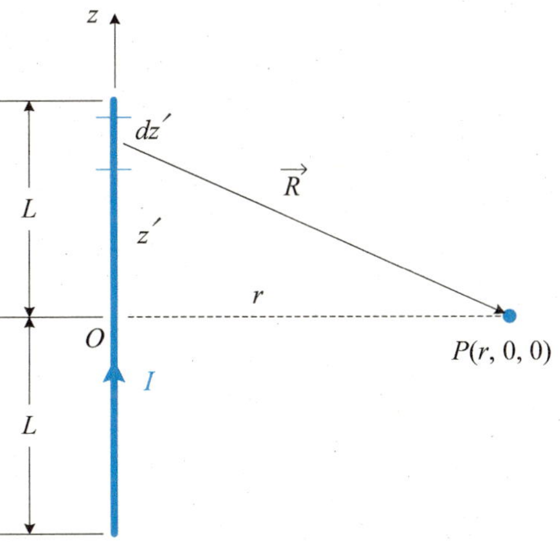

〈풀이〉 미소 길이 dz'으로부터 점 P까지의 길이 벡터는 $\vec{R} = \hat{r}r - \hat{z}z'$이므로

$$d\vec{L} \times \vec{R} = \hat{z}dz' \times (\hat{r}r - \hat{z}z') = \hat{\phi}rdz'$$

으로 표현된다.

식(8-18)에 대입하면

$$\vec{B} = \int d\vec{B} = \hat{\phi}\frac{\mu I}{4\pi}\int_{-L}^{L}\frac{rdz'}{(z'^2+r^2)^{3/2}}$$
$$= \hat{\phi}\frac{\mu IL}{2\pi r\sqrt{L^2+r^2}}$$

이 된다.

$z' = r\tan\theta$라고 가정하면

$$\int_{-L}^{L}\frac{rdz'}{(z'^2+r^2)^{3/2}} = \int_{-L}^{L}\frac{r^2\sec^2\theta}{r^3\sec^3\theta}d\theta = \int_{-L}^{L}\frac{1}{r\sec\theta}d\theta$$
$$= \frac{\sin\theta}{r}\Big|_{-L}^{L} = \frac{1}{r}\frac{z'}{\sqrt{r^2+z'^2}}\Big|_{-L}^{L}$$
$$= \frac{1}{r}\frac{2L}{\sqrt{L^2+r^2}}$$

학습활동

비오 사바르 인물사

비오는 프랑스의 물리학자 · 천문학자 · 수학자이며 1795년 에콜 폴리테크니크(이공과대학)에서 배우고, 1797년 보베대학 수학교수, 1800년 콜레주 드 프랑스 물리학 교수가 되었다. 전자기현상을 연구하여, 1820년 전류의 자기작용에 대한 '비오-사바르의 법칙'을 발표했다. 그러나 사바르는 1791년에 태어나서 1841년에 세상을 떠난 것만 알 수 있을 뿐 그의 생애에 대한 자료를 찾지 못하고 있다.

4 직선 전류에 의한 자계

전류가 [그림 8-7]에서 표시한 바와 같이 흐를 때 도선의 오른쪽에서의 자계 B는 오른손 법칙에 의해 지면과 수직으로 들어간다.

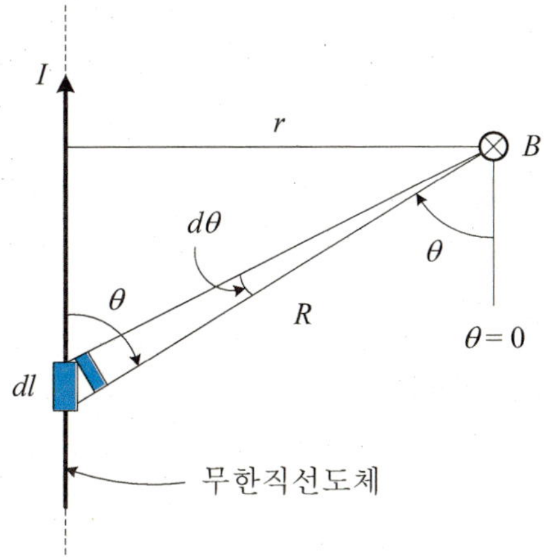

[그림 8-7] 무한 직선도선에서의 자속밀도

이 경우 $dl\sin\theta = Rd\theta$, $r = R\sin\theta$이므로 자계의 세기는

$$\begin{aligned} H &= \frac{I}{4\pi}\int_0^\pi \frac{\sin\theta}{R^2}dl \\ &= \frac{I}{4\pi}\int_0^\pi \frac{1}{R}d\theta \\ &= \frac{I}{4\pi r}\int_0^\pi \sin\theta d\theta \\ &= \boxed{\frac{I}{2\pi r}} \end{aligned} \tag{8-20}$$

이다.

비등방성 매질에서는 암페어의 주회적분의 법칙을 사용하여

$$\boxed{\oint \vec{H}\cdot d\vec{L} = I} \tag{8-21}$$

이 되어 폐회로 주위를 따라 선적분한 값은 폐회로내의 총 전류와 같다는 것을 의미하며 이 적분값은 적분경로와 무관하다.

예제 8-6 무한장 직선도체에서 20[A]의 전류가 흐를 때 도선에서 30[cm] 떨어진 점의 자계의 세기는?

〈풀이〉

$$\begin{aligned} H &= \frac{I}{2\pi r} \\ &= \frac{20}{2\pi \times 30 \times 10^{-2}} \\ &= 10.6\,[\mathrm{AT/m}] \end{aligned}$$

예제 8-7 무한장 직선 도선에서 50[cm] 떨어진 점의 자장의 세기가 200[AT/m]일 때 이 도선에 흐르는 전류는?

〈풀이〉

$$H = \frac{I}{2\pi r}$$

이므로

$$\begin{aligned} I &= H \cdot 2\pi r \\ &= 200 \times 2\pi \times 50 \times 10^{-2} \\ &= 628\,[\mathrm{A}] \end{aligned}$$

이다.

예제 8-8 반경 R인 원통 도체의 전류 밀도는 균일할 때 도체 내부와 외부의 자계의 식을 유도하고 도체 중심으로부터의 거리에 따른 H의 변화를 도시하라.

〈풀이〉 도체 외부($r > R$)인 영역에서 r을 일정하게 유지할 때

$$\int_0^{2\pi} H\hat{\phi} \cdot r d\phi\hat{\phi} = 2\pi r H$$

윗 식에서

$$H = \frac{I}{2\pi r}$$

이다.

도체 내부($r \leq R$)에서는 자계 $\overrightarrow{H}$의 값은 반경 r내의 전류에 의해서만 결정된다. 그러므로 도체 내부의 전계는

$$H = \frac{I'}{2\pi r}$$

으로 주어진다. 여기서 $I' = \left(\frac{r}{R}\right)^2 I$가 된다.

그러므로

$$H = \frac{1}{2\pi r}\left(\frac{r}{R}\right)^2 I$$
$$= \frac{I}{2\pi R^2} r$$

으로 표현된다.

전류 I가 흐르는 원통도체에 의한 자계의 세기는 도체 내에서는 거리 r에 비례하고 도체 외부에서는 거리 r에 반비례하며 이것을 도시하여 보면 다음과 같다.

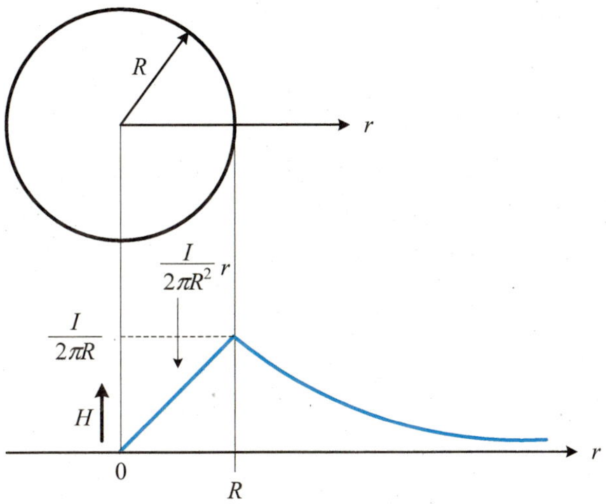

[그림 8-8] 균일한 전류밀도를 가진 자계의 거리에 따른 변화

5 평행한 도체 사이에 작용하는 힘

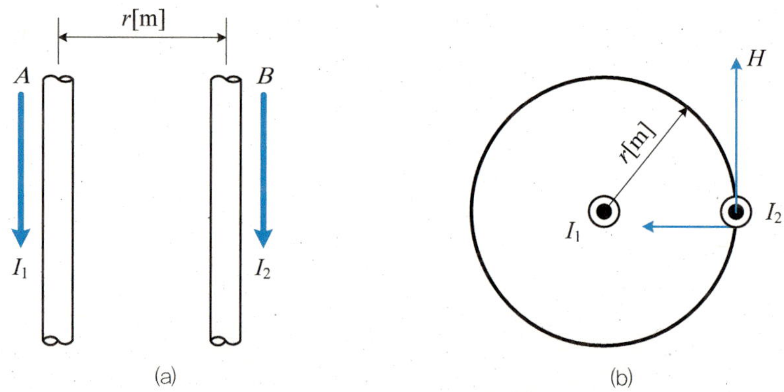

[그림 8-9] 평행한 도체에 작용하는 힘

평행한 두 도체에 전류를 흘리면 전자력이 발생한다. 공기 중에 r[m]의 간격으로 평행한 두 도선에 각각 I_1, I_2[A]의 전류가 흐른다고 가정할 때 B도체가 받는 힘 F_0는

$$\begin{aligned} F_0 &= I_2 B l \sin\theta \\ &= I_2 \frac{\mu_0 I_1 l}{2\pi r} \sin\theta \\ &= \frac{\mu_0 I_1 I_2}{2\pi r} l \text{ [N]} \end{aligned} \tag{8-22}$$

이 되며 단위 길이당 작용하는 힘은

$$F = \frac{F_0}{l} = \frac{\mu_0 I_1 I_2}{2\pi r} \tag{8-23}$$

$$= \frac{2 I_1 I_2}{r} \times 10^{-7} \text{ [N/m]}$$

이다. 여기서 I_2의 단위 길이당 작용하는 힘의 크기(평면에 수직)는 $\theta = 90^\circ$ 이므로 $\sin\theta = 1$ 이다.

예제 8-9 간격 5[cm]인 평행직선도체가 공기 중에 놓여 있다. 각각 20[A]와 30[A]의 전류가 흐를 때 도체 단위길이당 작용하는 힘[N]은?

〈풀이〉

$$F = \frac{\mu_0 I_1 I_2}{2\pi r} = \frac{4\pi \times 10^{-7} \times 20 \times 30}{2\pi \times 5 \times 10^{-2}} = 24 \times 10^{-4}$$

6 원형 코일에 의한 자장

[그림 8-10]에서와 같이 감은 횟수가 1회인 원형코일에 전류가 흐르면 그 주위에 자장이 생긴다.

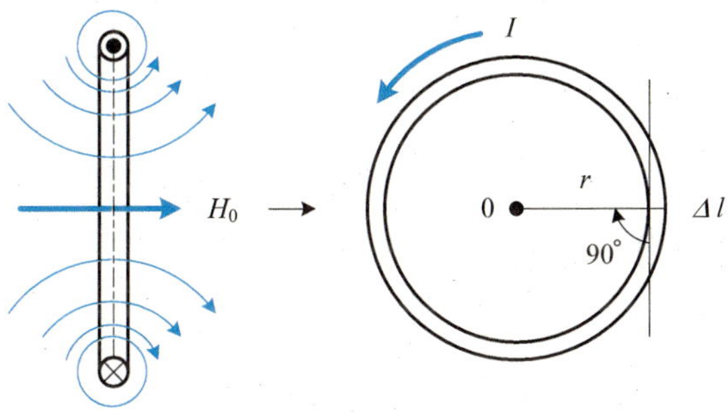

[그림 8-10] 원형도선에서의 자속밀도

Biot-Savart의 법칙에 의해

$$H = \frac{I}{4\pi}\int \frac{\sin 90°}{r^2} dl$$

$$= \frac{I}{4\pi}\int \frac{dl}{r^2} \quad (8\text{-}24)$$

이다.

따라서 원둘레에 대한 자계의 세기 H는

$$H = \frac{I}{4\pi r^2} \cdot 2\pi r = \frac{I}{2r}\,[\mathrm{Wb/m^2}] \quad (8\text{-}25)$$

이며 코일의 권수가 N회라면 자계의 세기는

$$H = \frac{NI}{2r}\,[\mathrm{Wb/m^2}] \tag{8-26}$$

으로 주어진다.

예제 8-10 지름 $60\,[\mathrm{cm}]$, 권수 100회의 원형 코일에 $5\,[\mathrm{A}]$의 전류가 흐를 때 중심에 생기는 자계의 세기는?

〈풀이〉 원형 코일의 중심의 자계의 세기 H는

$$H = \frac{NI}{2r} = \frac{100 \times 5}{2 \times 30 \times 10^{-2}} = 833\,[\mathrm{AT/m}]$$

이다.

7 솔레노이드에 의한 자계

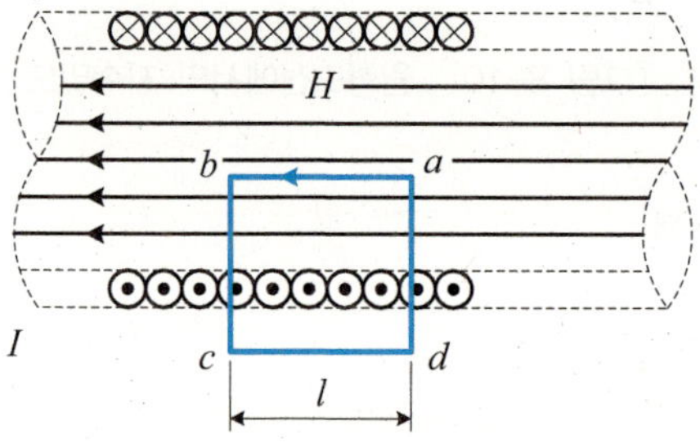

[그림 8-11] 솔레노이드에 의한 자계

한 번 이상의 회전수를 가진 도체의 코일을 일반적으로 솔레노이드라고 하는데 무한장 솔레노이드에 전류 $I[\mathrm{A}]$를 흘릴 때 솔레노이드 내부의 자계 H는

$$H = NI \tag{8-27}$$

으로 표현된다. 이 때 N은 길이 $1[\mathrm{m}]$당 감은 횟수이다.

즉, 솔레노이드의 내부 자계의 세기 H는 솔레노이드의 축에 평행하고, 평등 자장이며 방향은 오른 나사의 법칙에 따른다.

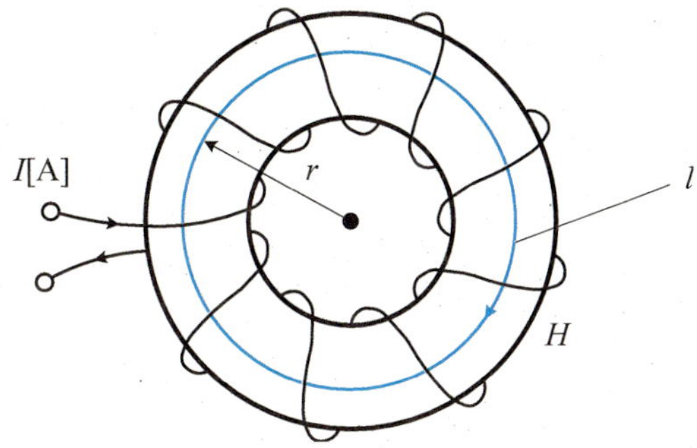

[그림 8-12] 환상 솔레노이드에 의한 자계

[그림 8-12]에서와 같이 도체를 환상으로 감은 환상 솔레노이드에 I[A]의 전류를 흘릴 때 외부 자장은 상쇄되어 0이 된다. 이 때 자계의 세기는

$$Hl = H2\pi r = NI \tag{8-28}$$

에서

$$H = \frac{NI}{2\pi r}\ [\mathrm{AT/m}] \tag{8-29}$$

으로 주어진다.

8 벡터계의 회전(Curl)

8.1 회전의 정의

전하 주위에 발생하는 전계와 도선 주위에 발생하는 자계는 그 발생 형태가 근본적으로 다르다. 즉, 전계는 전하로부터 퍼져나가는 형태(발산)로 발생되지만 자계는 도선 주위를 맴도는 형태(회전)로 발생된다. 이러한 관계는 전계와 자계의 미분식을 통해 명확하게 표현될 수 있다. [그림 8-13]과 같이 전류가 흐르는 도체 내에 미소 면적 ΔS를 취한 다음 ΔS를 통과하는 미소 전류를 ΔI라고 할 때 미소 면적을 형성하고 있는 폐곡선 루프 C를 따라 자계 H를

선적분하면 암페어의 법칙에 의해

$$\oint_c \vec{H} \cdot d\vec{L} = \Delta I \tag{8-30}$$

가 된다.

임의의 방향으로 벡터의 회전을 취할 경우 벡터 회전의 이 방향의 성분은 이 방향에 수직인 평면 내에 미소 폐회로를 취할 때 그 벡터의 선적분과 이 폐회로로 둘러싸인 면적과의 비의 극한치로 다음 식과 같이 표현된다.

이러한 정의의 수학적 형태는

$$(\text{Curl } \vec{H})_n = \lim_{\Delta S_n \to 0} \oint \frac{\vec{H} \cdot d\vec{L}}{\Delta S_n} = \vec{J} \tag{8-31}$$

이다. 위 식의 ΔS_n은 폐회로로 둘러싸인 평면의 면적이고 n은 임의의 좌표계의 어떤 성분으로도 바꿀 수 있다.

이 식은 어느 한 점에서 자계의 회전 성분이 존재하면 그 점에 반드시 회전 방향의 자계를 만드는 전류성분(전류밀도)이 존재한다는 것을 나타낸다.

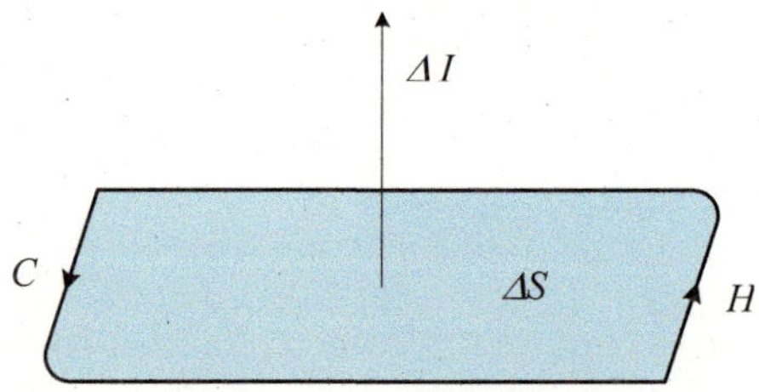

[그림 8-13] 자계의 회전

회전의 개념을 좀 더 알기 쉽게 이해하기 위해 아래 그림과 같이 바람이 불 때 바람개비의 상태를 살펴본다.

(a) 바람개비는 돌지 않는다. (회전이 없다)

(b) 바람개비는 돌아간다. (회전이 있다)

[그림 8-14] 회전의 개념

그림 (a)의 경우에는 바람의 세기가 위쪽과 아래쪽에서 서로 같으므로 바람개비는 돌지 않는다. 그러나 그림 (b)의 경우에는 위쪽이 아래쪽보다 바람의 세기가 강하므로 바람개비는 시계방향으로 돌아간다.

8.2 직각좌표계에서의 유도

미소한 폐회로에 따라서 암페어의 주회법칙을 적용하여 회전(curl)이라는 벡터개념을 유도하기로 한다.

먼저 미소 면적의 중심에서의 자계의 세기를

$$\overrightarrow{H_0} = H_{xo}\hat{x} + H_{yo}\hat{y} + H_{zo}\hat{z} \tag{8-32}$$

라 가정한다.

이 경우 폐회로에 따른 H의 선적분은

$$\oint \overrightarrow{H} \cdot d\overrightarrow{L} = \int_1^2 \overrightarrow{H} \cdot d\overrightarrow{L} + \int_2^3 \overrightarrow{H} \cdot d\overrightarrow{L} + \int_3^4 \overrightarrow{H} \cdot d\overrightarrow{L} + \int_4^1 \overrightarrow{H} \cdot d\overrightarrow{L} \tag{8-33}$$

이 되는데 구간 1-2에 대해서

$$\int_1^2 \overrightarrow{H} \cdot d\overrightarrow{L} = (\overrightarrow{H} \cdot d\overrightarrow{L})_{1-2} = \overrightarrow{H}_{y_{1-2}} \Delta y \tag{8-34}$$

으로 주어진다.

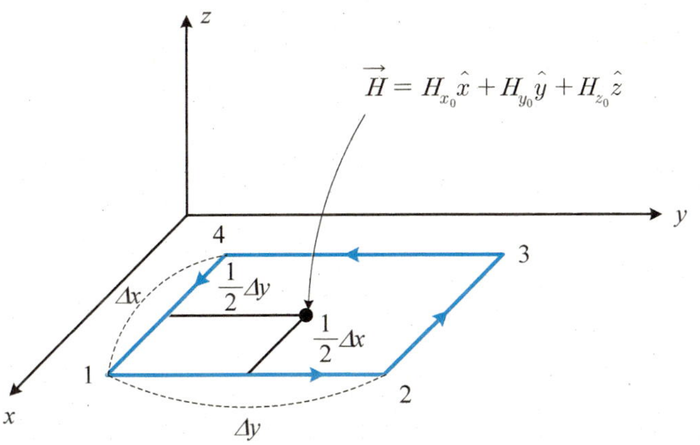

[그림 8-15] 직각 좌표계에서의 미소 폐회로

자계의 세기 $H_{y_{1-2}}$는 폐회로의 중심값 H_{y_0}와 1-2변의 중심에서 사각형의 중심까지의 거리가 $\Delta x/2$가 됨을 고려하면

$$H_{y_{1-2}} = H_{y_0} + \frac{\partial H_y}{\partial x}\left(\frac{1}{2}\Delta x\right) \tag{8-35}$$

이므로

$$(\vec{H} \cdot \Delta\vec{L})_{1-2} \simeq \left(H_{y_0} + \frac{1}{2}\frac{\partial H_y}{\partial x}\Delta x\right)\Delta y \tag{8-36}$$

으로 주어진다.

변 2-3에 대해서 자계의 세기 $H_{x_{2-3}}$는

$$H_{x_{2-3}} \simeq H_{x_0} + \frac{\partial H_x}{\partial y}\left(\frac{1}{2}\Delta y\right) \tag{8-37}$$

이므로

$$(\vec{H} \cdot \Delta\vec{L})_{2-3} \simeq H_{x_{2-3}}(-\Delta x) \simeq -\left(H_{x_0} + \frac{1}{2}\frac{\partial H_x}{\partial y}\Delta y\right)\Delta x \tag{8-38}$$

으로 주어진다.

변 3-4에 대해서 자계의 세기 $H_{y_{3-4}}$는

$$H_{y_{3-4}} \simeq H_{y_0} - \frac{\partial H_y}{\partial x}\left(\frac{1}{2}\Delta x\right) \tag{8-39}$$

이므로

$$(\vec{H} \cdot \Delta\vec{L})_{3-4} \simeq -\left(H_{y_0} - \frac{1}{2}\frac{\partial H_y}{\partial x}\Delta x\right)\Delta y \tag{8-40}$$

으로 표현된다.

변 4-1에 대해서 자계의 세기 $H_{y_{4-1}}$는

$$H_{x_{4-1}} \simeq H_{x_0} - \frac{\partial H_x}{\partial y}\left(\frac{1}{2}\Delta y\right) \tag{8-41}$$

으로 표현되어

$$(\vec{H} \cdot \Delta \vec{L})_{4-1} \simeq \left(H_{x_0} - \frac{1}{2}\frac{\partial H_x}{\partial y}\Delta y\right)\Delta x \tag{8-42}$$

가 된다.

따라서 이들을 합치면

$$\oint \vec{H} \cdot d\vec{L} \simeq \left(\frac{\partial H_y}{\partial x} - \frac{\partial H_x}{\partial y}\right)\Delta x \Delta y \tag{8-43}$$

이다.

따라서 폐회로를 주변으로 하는 임의의 면을 통과하여 흐르는 전류의 방향은 오른나사의 법칙에 의하면 z축 방향으로 Δs를 통과하여 흐르는 전류를 근사적으로 표현하면

$$\Delta I \simeq J_z \Delta x \Delta y \tag{8-44}$$

와 같다. 따라서 식(8-43)은

$$\oint \vec{H} \cdot d\vec{L} \simeq \left(\frac{\partial H_y}{\partial x} - \frac{\partial H_x}{\partial y}\right)\Delta x \Delta y \simeq J_z \Delta x \Delta y \tag{8-45}$$

또는

$$\frac{\oint \vec{H} \cdot d\vec{L}}{\Delta x \Delta y} \simeq \frac{\partial H_y}{\partial x} - \frac{\partial H_x}{\partial y} \simeq J_z \tag{8-46}$$

이다. 이 때 폐회로는 작을수록 정확한 값을 갖게 된다. 이러한 조건하에서 다음의 관계식이 성립한다.

$$\lim_{\Delta x, \Delta y \to 0} \oint \frac{\vec{H} \cdot d\vec{L}}{\Delta x \Delta y} = \frac{\partial H_y}{\partial x} - \frac{\partial H_x}{\partial y} = J_z \tag{8-47}$$

같은 방법으로 폐로를 각각 x, y축에 수직인 평면에 대해 취하여 전류밀도를 구하면

$$\lim_{\Delta z, \Delta y \to 0} \oint \frac{\vec{H} \cdot d\vec{L}}{\Delta z \Delta y} = \frac{\partial H_z}{\partial y} - \frac{\partial H_y}{\partial z} = J_x \tag{8-48}$$

$$\lim_{\Delta z, \Delta x \to 0} \oint \frac{\vec{H} \cdot d\vec{L}}{\Delta z \Delta x} = \frac{\partial H_x}{\partial z} - \frac{\partial H_z}{\partial x} = J_y \tag{8-49}$$

이 된다.

식(8-31)에 의해 식(8-47), 식(8-48) 그리고 식(8-49)는 직각 좌표계에서 $\overrightarrow{H}$의 회전과 x, y, z성분을 표시하므로

$$\text{curl}\,\overrightarrow{H} = \left(\frac{\partial H_z}{\partial y} - \frac{\partial H_y}{\partial z}\right)\hat{x} + \left(\frac{\partial H_x}{\partial z} - \frac{\partial H_z}{\partial x}\right)\hat{y} + \left(\frac{\partial H_y}{\partial x} - \frac{\partial H_x}{\partial y}\right)\hat{z} \tag{8-50}$$

이 되고, 행렬식으로 표현하면

$$\text{curl}\,\overrightarrow{H} = \begin{vmatrix} \hat{x} & \hat{y} & \hat{z} \\ \frac{\partial}{\partial x} & \frac{\partial}{\partial y} & \frac{\partial}{\partial z} \\ H_x & H_y & H_z \end{vmatrix} \tag{8-51}$$

이 된다.

또 이 식을 벡터의 외적과 벡터 연산자의 정의를 이용하여 벡터 연산자로 나타내면

$$\text{curl}\,\overrightarrow{H} = \nabla \times \overrightarrow{H} = \overrightarrow{J} \tag{8-52}$$

로 표시하며 암페어의 주회법칙의 미분형이라고 한다. 즉 연산자와 H의 외적(Cross Product)으로 정의되고 있다.

원통좌표계에 대해서는

$$\nabla \times \overrightarrow{H} = \begin{vmatrix} \frac{1}{r}\hat{r} & \hat{\phi} & \frac{1}{r}\hat{z} \\ \frac{\partial}{\partial r} & \frac{\partial}{\partial \phi} & \frac{\partial}{\partial z} \\ H_r & rH_\phi & H_z \end{vmatrix}$$

$$= \left(\frac{1}{r}\frac{\partial H_z}{\partial \phi} - \frac{1}{r}\frac{\partial (rH_\phi)}{\partial z}\right)\hat{r} + \left(\frac{\partial H_r}{\partial z} - \frac{\partial H_z}{\partial r}\right)\hat{\phi} + \left(\frac{1}{r}\frac{\partial (rH_\phi)}{\partial r} - \frac{1}{r}\frac{\partial H_r}{\partial \phi}\right)\hat{z} \tag{8-53}$$

이 되고 구좌표계에 대해서는

$$\nabla \times \overrightarrow{H} = \begin{vmatrix} \frac{1}{R^2 \sin\theta}\hat{R} & \frac{1}{R\sin\theta}\hat{\theta} & \frac{1}{R}\hat{\phi} \\ \frac{\partial}{\partial R} & \frac{\partial}{\partial \theta} & \frac{\partial}{\partial \phi} \\ H_R & RH_\theta & R\sin\theta H_\phi \end{vmatrix}$$

$$= \frac{1}{R\sin\theta}\left[\frac{\partial (H_\phi \sin\theta)}{\partial \theta} - \frac{\partial H_\theta}{\partial \phi}\right]\hat{R}$$

$$+\frac{1}{R}\left[\frac{1}{\sin\theta}\frac{\partial H_R}{\partial \phi}-\frac{\partial(RH_\phi)}{\partial R}\right]\hat{\theta}+\frac{1}{R}\left[\frac{\partial(RH_\theta)}{\partial R}-\frac{\partial H_R}{\partial \theta}\right]\hat{\phi} \qquad (8\text{-}54)$$

학습활동

암페어의 법칙

$$\oint \vec{H}\cdot d\vec{L}=I \text{ (적분형)}$$

$$\nabla\times\vec{H}=\vec{J} \text{ (미분형)}$$

[표 8-1] 발산과 회전의 비교

항목	발산(Divergence)	회전(Curl)
표기	$\nabla\cdot\vec{E}$	$\nabla\times\vec{H}$
의미	진행방향으로의 변화율	축 방향으로의 변화율
결과	스칼라	벡터
계	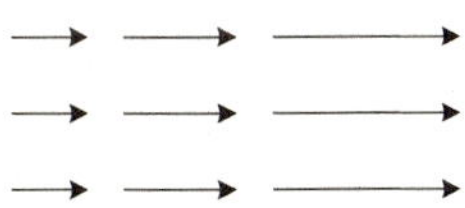	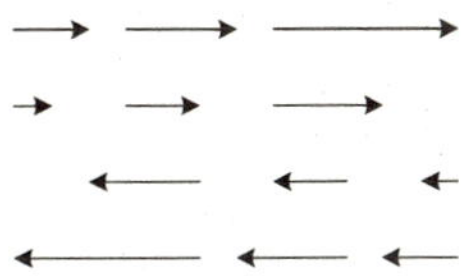

예제 8-11 $\vec{B}=\hat{x}2x^2y-\hat{z}xz$일 때 (a) ∇B_x (b) $\nabla\times\vec{B}$를 계산하라.

〈풀이〉 (a)

$$\nabla B_x=\hat{x}\frac{\partial B_x}{\partial x}+\hat{y}\frac{\partial B_x}{\partial y}+\hat{z}\frac{\partial B_x}{\partial z}$$

$$=\hat{x}4xy+\hat{y}2x^2$$

(b)

$$\nabla\times\vec{B}=\begin{vmatrix}\hat{x} & \hat{y} & \hat{z}\\ \frac{\partial}{\partial x} & \frac{\partial}{\partial y} & \frac{\partial}{\partial z}\\ 2x^2y & 0 & -xz\end{vmatrix}$$

$$=\hat{y}z-\hat{z}2x^2$$

학습내용요약

Ampere의 주회적분 법칙

⇨ 전류와 자계 사이의 일반적인 관계를 나타낸다.

⇨ 임의의 폐곡선을 따라 자계를 선적분하면 그 폐곡선 내에 포함된 자계의 원천이 되는 전류가 된다는 것을 보여준다.

$$\oint \vec{H} \cdot d\vec{L} = I$$

⇨ 전류가 흐르는 도선 주위나 자석의 주위에는 자기적인 힘이 존재하는데 이 힘을 나타낸 것이 자력선 또는 자속(Magnetic Flux)이다.

⇨ 비오 사바르의 법칙

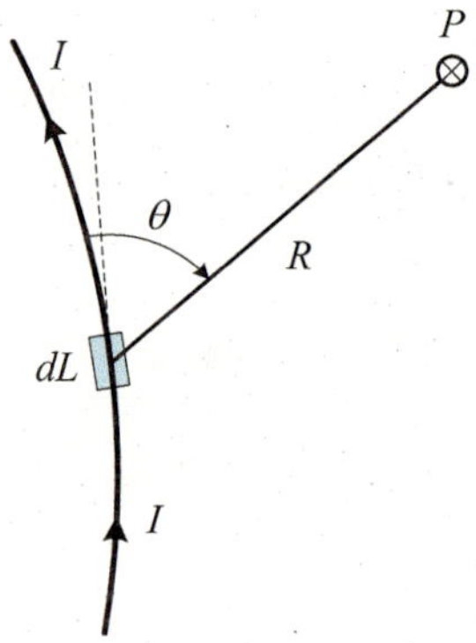

도선에 전류가 흐르고 있는데 점 P에는 지면과 직각인 방향으로 자장이 생기는데 도선의 미소길이 dL에 의하여 점 P에 생기는 자속밀도는

$$d\vec{B} = \frac{\mu I(d\vec{L} \times \hat{r})}{4\pi R^2}$$

가 된다.

자계의 회전(Curl) : Ampere 법칙의 미분형이라고도 한다.

⇨ 폐곡선이 만드는 면적을 무한히 작게 하면 폐곡선은 하나의 점이 된다.

⇨ Ampere 법칙은 이 점에서의 전류와 자계 사이의 관계로 표현된다.

$$\nabla \times \vec{H} = \vec{J}$$

연습문제

제 8 장 전류의 자기작용

01 자계의 세기 5×10^2[A/m]인 평등 자계 속에 단면이 10[cm^2]인 물체를 두었을 때, 이 물체를 지나는 자속이 2×10^{-4}[Wb]라 하면, 이 물체의 투자율은?

02 도체 내에 자유전자가 단위 체적당 n[개/m^3] 있을 때, 전계 E[V/m]에 의해서 v[m/s]의 속도로 S[m^2]의 단면을 통과하는 경우의 전류는? 단, 전자의 전하량의 크기는 e라 한다.

03 전류가 흐르는 무한장 직선도체로부터 a[m] 떨어진 점의 자계는 $3a$[m] 떨어진 점의 자계의 몇 배인가?

04 그림과 같이 반지름 1[m]의 반원과 두 줄의 반무한장 직선으로 된 도선에 4[A]의 전류가 흐를 때, 반원의 중심 O점의 자계[A/m]는?

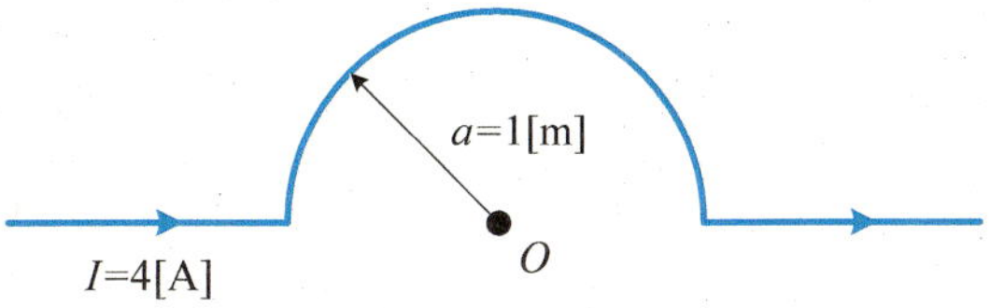

05 그림에서 P점의 자계의 세기를 l_1, l_2 그리고 a로 나타내어라.

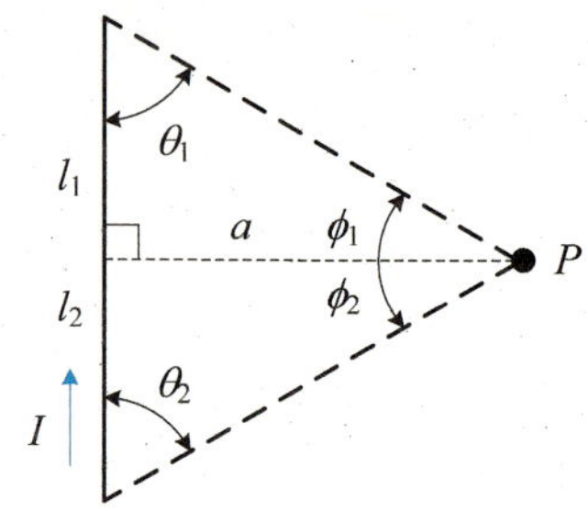

06 간격 1.5[m]인 왕복전송선로가 있다. 3[A]의 전류가 선로에 흐를 때, 단위 길이당 작용하는 힘[N/m]은?

07 길이 0.1[m]인 직선 도선에 $\vec{I} = 10\hat{z}$[A]의 전류가 흐르고 있을 때, 주위의 자속밀도가 $\vec{B} = 3\hat{x} + 4\hat{y}$ [Wb/m^2]라면, 도선에 작용하는 힘의 크기[N]는?

08 한 변이 5[cm]인 정사각형 코일의 면이 자계와 60[°]의 각을 가지고 있을 때, 자속밀도가 매초 2[Wb/m^2]이 비율로 변화한다면, 이 코일에 유기되는 기전력[mV]은?

09 자속밀도 B[Wb/m^2]의 평등자계와 수직으로 길이 l[m]의 직선도체가 v[m/sec]의 속도로 운동할 때 유기 기전력의 크기[V]는?

10 자속밀도 5[Wb/m^2]인 균등 자계 내에 있는 10[cm]의 도선이 자계와 수직방향으로 5[m/sec]의 속도로 운동할 때 발생하는 유기 기전력[V]은?

Chapter

09

자기회로, 인덕턴스 및 자계의 응용

1. 자기회로
2. 공극을 가진 자기회로
3. 인덕턴스
4. 인덕턴스의 조합
5. 자계의 응용

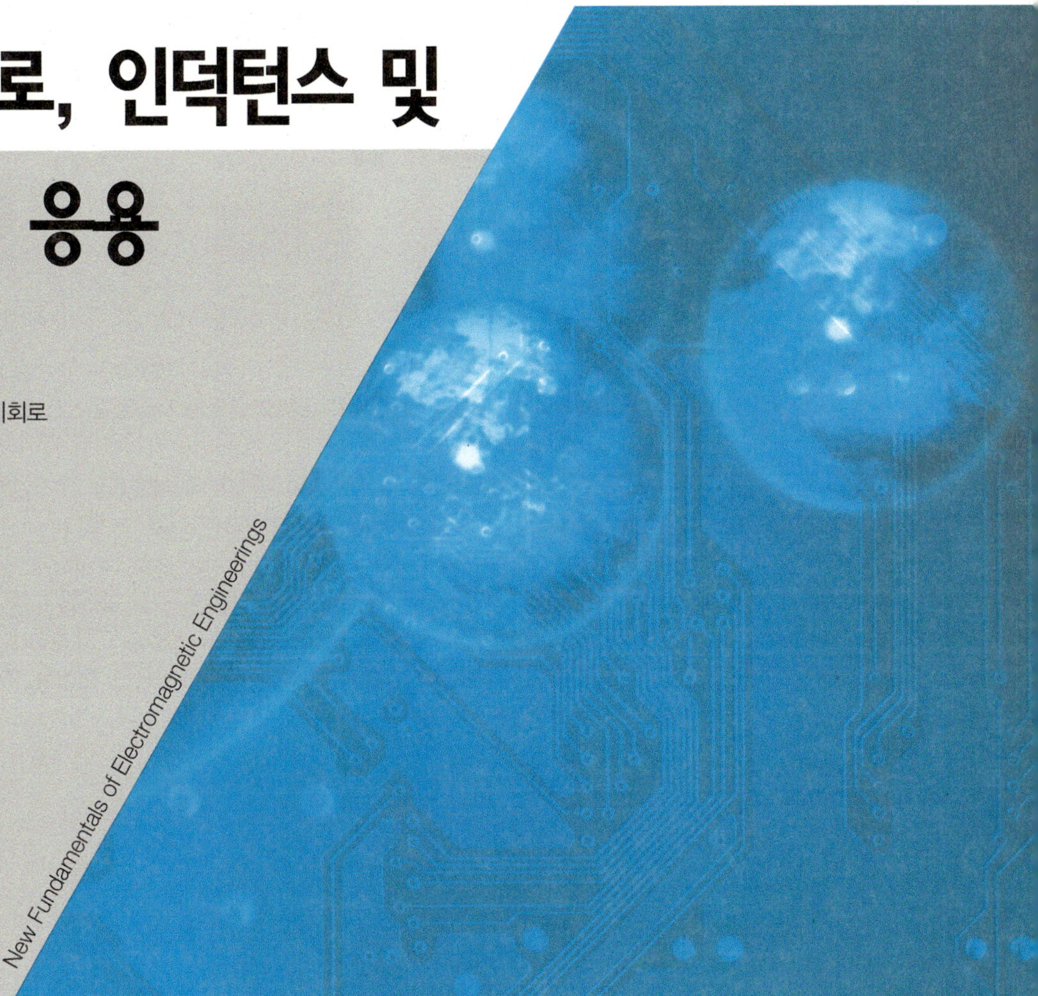

New Fundamentals of Electromagnetic Engineerings

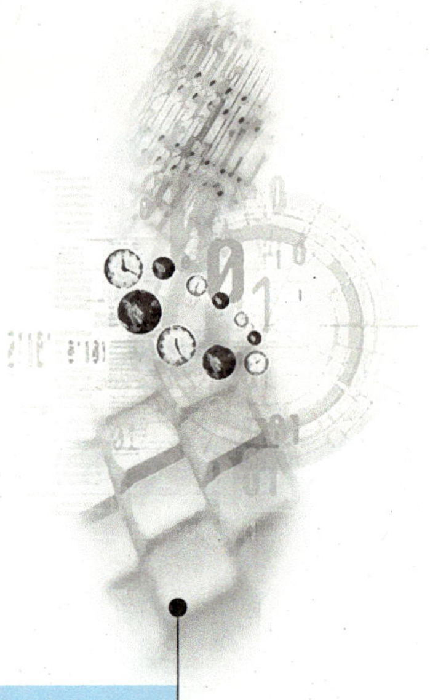

단원개요

일반적으로 전기회로는 전류가 흐르는 도선으로 이루어진 폐회로로 구성된다. 이와 유사하게 자속이 통과하는 통로를 투자율이 높은 강자성체로 만들면 자속은 공간으로 새어 나가지 않고 거의 대부분 자성체를 통하여 흐르게 된다.

그러므로 전류가 흐르는 통로인 도선과 같이 자속이 흐르는 통로인 자성체를 자속관(Flux Tube)으로 가정하면 전기회로와 대응하는 자기회로를 가정할 수 있다.

패러데이가 1831년 전자유도에 관한 법칙을 발견한 다음 해인 1832년에 헨리는 자기회로의 전류 변화에 의해서 자기 자신의 회로에 기전력이 유도된다는 것을 발견했다. 즉 임의의 회로에서 이 회로에 흐르는 전류가 변화하면 이 전류에 의한 쇄교 자속수도 변화하게 되어 이 변화를 막는 방향의 기전력이 자기 자신의 회로 내에 발생하게 된다. 이러한 현상을 자기유도라고 한다. 본 장에서는 먼저 자기회로를 고찰한 후 자계에 관한 ohm의 법칙과 자기유도에서 유도된 인덕턴스를 학습하기로 한다. 그리고 자계 내에서 이동전하가 받는 힘을 이용한 응용에 대해 알아보기로 한다.

전기자기학

학습목표

1. 자성체를 자속관으로 생각하고 자속관 내의 자속을 도선상의 전류와 대응시킨 자기회로에 대해 알아볼 수 있다.
2. 회로의 중요 수동소자를 이루는 인덕턴스를 고찰할 수 있다.
3. 자기회로에서의 자계에 관한 ohm의 법칙을 알아볼 수 있다.
4. 자계 내에서 이동전하가 받는 힘을 이용한 응용에 대해 알아볼 수 있다.

1 자기회로

도체 내부의 전류분포 상태와 자성체 내부의 자속분포 상태와는 매우 근사하다. 자속통로를 투자율이 큰 자성재료로 만들면 자속은 공간으로는 새어나가지 않고 대부분 자성재료 내를 통한다. 이와 같은 자속의 통로를 전기회로에 대응하여 자기회로라고 한다.

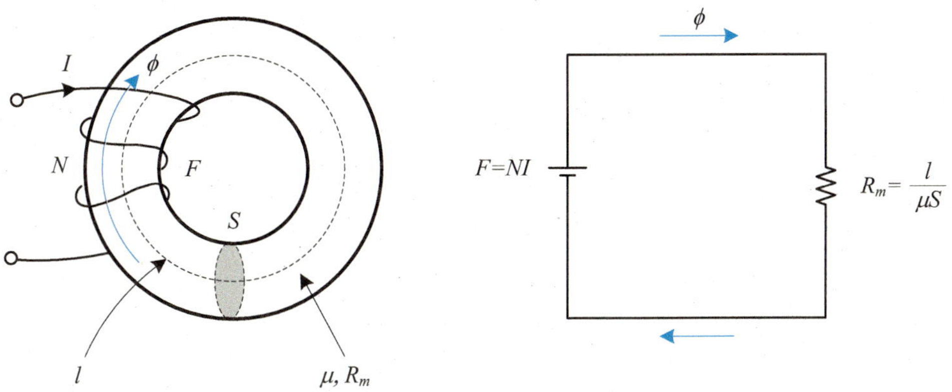

(a) 환상 자기회로 (b) 등가회로

[그림 9-1] 환상 자기회로

그러면 전기회로와 자기회로의 대응관계에 대하여 다음 표에 의하여 알아보기로 한다.

[표 9-1] 전기회로와 자기회로의 대응관계

전기회로(전류의 통로)		자기회로(자속의 통로)	
전류	I[A]	자속	ϕ[Wb]
전계	E[V/m]	자계	H[AT/m]
기전력	U_E[V]	기자력	U_m[AT]
전류밀도	J[A/m^2]	자속밀도	B[Wb/m^2]
도전률	σ[℧/m]	투자율	μ[H/m]
전기저항	R[Ω]	자기저항	R_m[AT/Wb]

코일의 권선수가 N회일 때 자기회로 내의 자계를 $\vec{H}$[AT/m]라 하고 자계 방향의 미소길이를 $d\vec{L}$이라 하면, 암페어의 주회법칙에 의하여 식(9-1)을 얻는다.

$$U_m = \oint_c \vec{H} \cdot d\vec{L} = NI \text{ [AT]} \tag{9-1}$$

가 성립한다. 여기서 U_m을 기자력이라고 하며 NI는 자기회로에 자속 ϕ를 발생시키는 원천이 된다.

R을 환상 자기회로의 반경이라고 할 때 식(9-1)은 다음과 같이 표현되며

$$\frac{B}{\mu}2\pi R = NI \tag{9-2}$$

자계 중의 임의의 면 $S\,[\mathrm{m}^2]$을 통하는 자속 ϕ는 식(9-3)과 같이 주어진다.

$$\phi = BS = \frac{\mu NI}{2\pi R}S \equiv \frac{U_m}{R_m} \tag{9-3}$$

식(9-3)을 자기회로에 대한 Ohm의 법칙이라고 하며 전기회로에서 두 점 사이의 저항 R은

$$R = \frac{U_E}{I}\ [\Omega] \quad (U_E : \text{기전력}) \tag{9-4}$$

로 주어진다면 자기회로의 두 점간의 자기저항 R_m은

학습활동

전기회로와 자기회로에 대한 수식관계

전기회로(전류의 통로)		자기회로(자속의 통로)	
도선 loop로 구성(폐회로)		자성체 loop로 구성(자속관)	
Ohm의 법칙	$I = \frac{V}{R}$	Ohm의 법칙	$\phi = \frac{U_m}{R_m}$
저항	$R = \rho\frac{l}{S} = \frac{l}{\sigma S}$	자기저항	$R_m = \frac{l}{\mu S}$
기전력	$U_E = -\int \vec{E}\cdot d\vec{l}$	기자력	$U_m = \oint \vec{H}\cdot d\vec{l}$
전류	$I = \int \vec{J}\cdot d\vec{S}$	자속	$\phi_m = \int \vec{B}\cdot d\vec{S}$
전류밀도	$J = \frac{I}{S} = \sigma E$	자속밀도	$B = \frac{\phi}{S} = \mu H$
키르히호프 법칙	$\sum I = 0$	키르히호프 법칙	$\sum \phi_m = 0$

$$R_m = \frac{U_m}{\phi}\ [\mathrm{H}^{-1}] \tag{9-5}$$

으로 표현된다. 여기서 U_m을 기자력(Magneto Motive Force)이라고 한다.

암페어의 주회적분으로부터 $\int_A^B \vec{H} \cdot d\vec{L} = U_{m_{AB}} = U_m$이므로 식(9-5)는

$$R_m = \frac{\int_A^B \vec{H} \cdot d\vec{L}}{\int_s \vec{B} \cdot d\vec{S}}\ [\mathrm{H}^{-1}] \tag{9-6}$$

가 된다.

회로가 면적 A의 균일한 단면적을 가지고 자계도 균일하다면 식(9-6)은

$$R_m = \frac{Hl}{BA} = \frac{l}{\mu A} \qquad [\mathrm{H}^{-1}] \tag{9-7}$$

이 된다. 여기서 A는 자기회로의 단면적([m^2])이고 l은 A점과 B점 사이의 거리([m])이다.

자기저항의 역수를 퍼미언스(permeance)라고 하며 자기저항이 병렬로 된 경우에는 자기저항보다는 퍼미언스로 계산하는 것이 편리하다. 이 경우 전체 퍼미언스는 각각의 퍼미언스의 합과 같다.

자기회로에 있어서 키르히호프의 법칙은

① 자기회로에서 임의의 결합점으로 유입하는 자속의 전체 합은 0이다.
② 임의의 폐자로에서 각 부의 자기저항과 자속과의 스칼라곱의 총합은 그 폐자로에 있는 기자력의 총합과 같다.

예제 9-1 서로 직렬 연결된 두 개의 6면체의 양단면 간의 전체 자기 저항과 퍼미언스를 구하라. 이 때 자속밀도 B는 6면체 전체에 걸쳐 균일하고 양단면에 수직이다. 두 물체의 투자율은 $\mu_1 = 2{,}000\mu_0$, $\mu_2 = 1{,}000\mu_0$이다.

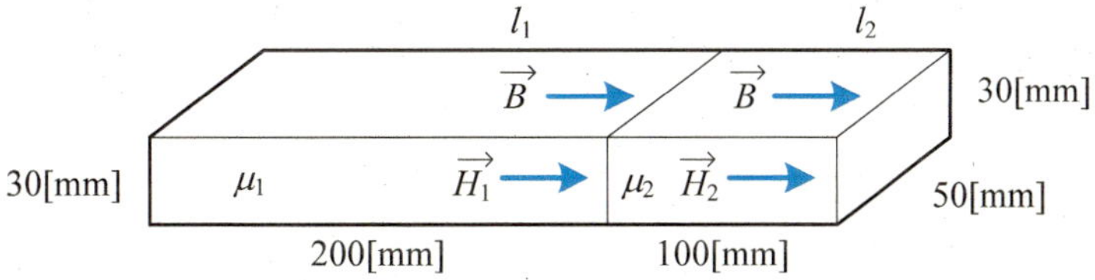

[그림 9-2] 단면이 구형인 육면체

〈풀이〉

$$R_{m_1} = \frac{l_1}{\mu_1 A} = \frac{0.2}{2{,}000 \times 4\pi \times 10^{-7} \times 15 \times 10^{-4}}$$
$$= 0.53 \times 10^5 \,[\mathrm{H}^{-1}]$$
$$R_{m_2} = \frac{l_2}{\mu_2 A} = 0.53 \times 10^5 \,[\mathrm{H}^{-1}]$$

그러므로 전체 자기저항은

$$R_m = R_{m_1} + R_{m_2}$$
$$= 2 \times 0.53 \times 10^5$$
$$= 1.06 \times 10^5 \,[\mathrm{H}^{-1}]$$

이 되고 전체 퍼미언스 P_m은

$$P_m = 1/R_m = 9.4 \,[\mu\mathrm{H}]$$

으로 주어진다.

예제 9-2 철심에 코일을 500회 감고 이 코일에 $I = 1.5\,[\mathrm{A}]$의 전류를 흘릴 때 $1.5 \times 10^{-3}\,[\mathrm{Wb}]$의 자속이 생긴다. 자기저항 $R_m\,[\mathrm{AT/Wb}]$를 구하라.

〈풀이〉

$$\phi = \frac{F}{R_m} = \frac{NI}{R_m}$$
$$\therefore\ R_m = \frac{NI}{\phi} = \frac{500 \times 1.5}{1.5 \times 10^{-3}} = 5 \times 10^5 \,[\mathrm{AT/Wb}]$$

2 공극을 가진 자기회로

폭이 g인 좁은 공극을 가진 자기회로에서 공극을 포함한 평균길이가 l일 때 Ampere-turn[NI] 측면에서 고찰하여 본다.

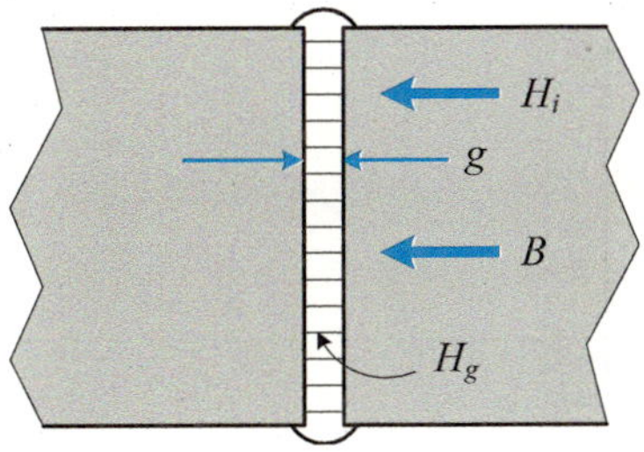

[그림 9-3] 공극을 가진 자기회로

공극 내에서의 자계를 H_g라 하면 $H_g = B/\mu_0$이며, 트로이드 내에서의 자계 H_i는

$$H_i = \frac{B}{\mu} = \frac{B}{\mu_r \mu_0} = \frac{H_g}{\mu_r} \qquad (9\text{-}8)$$

가 된다.

식(9-8)에 의해

$$\frac{H_g}{H_i} = \mu_r \qquad (9\text{-}9)$$

로 표현된다.

자속밀도 B를 발생시키기 위해 요구되는 ampere-turn은 자기회로 주변에 대해 H를 선적분한 것과 동일하므로

$$\begin{aligned} NI &= \oint \overrightarrow{H} \cdot d\overrightarrow{L} = Hl = H_i(l-g) + H_g g \\ &= H_i[(l-g) + \mu_r g] \end{aligned} \qquad (9\text{-}10)$$

가 된다.

강자성체를 자화시키는 경우, 자화시키기 위하여 공급한 에너지는 자기에너지로서 축적된다. 이 자성체를 자속밀도 0에서 B까지 자화시킬 때 자계 에너지밀도 w는 다음 식으로 주어진다.

$$\begin{aligned} w &= \int_0^B \overrightarrow{H} \cdot d\overrightarrow{B} = \int_0^B \frac{\overrightarrow{B}}{\mu} \cdot d\overrightarrow{B} = \frac{1}{2}\frac{B^2}{\mu} = \frac{1}{2}\mu H^2 \\ &= \frac{1}{2} HB \ [\mathrm{J/m^3}] \end{aligned} \qquad (9\text{-}11)$$

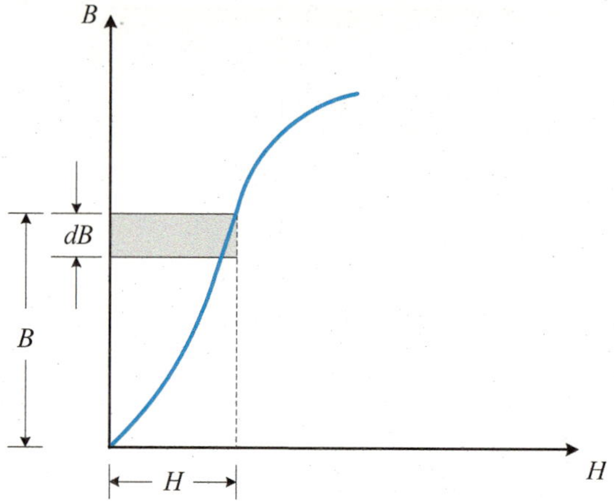

[그림 9-4] 자화에 필요한 에너지

따라서 균일자계 내에서 체적 v 내에 포함되는 전체에너지는 식(9-11)로 나타내어진다.

$$W = \frac{1}{2}BHv = \frac{1}{2}\mu H^2 v = \frac{1}{2}\frac{B^2}{\mu}v \ [\text{J}] \tag{9-12}$$

학습활동

자기에너지의 응용

회로 차단기의 정격 전류를 초과하면, 전자석의 코일에 흐르는 전류의 증가로 인해 수직 팔에 더 큰 자기에너지가 발생되고, 수직 팔의 위 반쪽은 끌어당기고, 피벗 아래에 있는 아래 반쪽은 오른쪽으로 끌어당겨 접촉이 끊긴다.

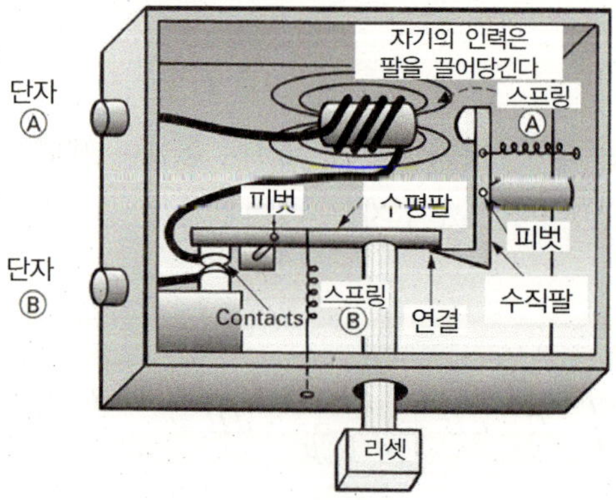

[그림 9-5] 자기회로 차단기

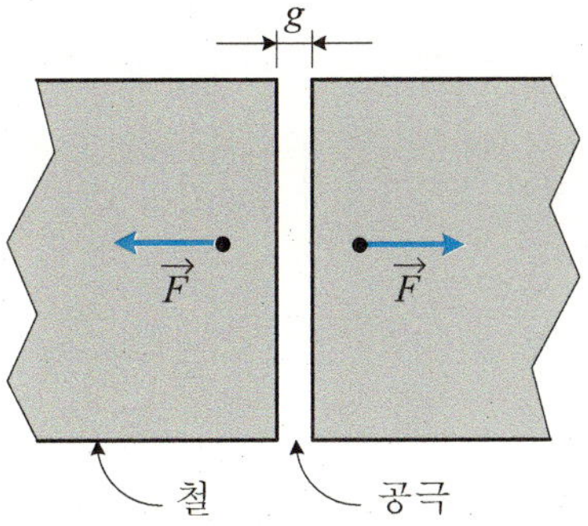

[그림 9-6] 공극에서의 힘

가 된다.

공극이 미소량 dg만큼 증가하도록 힘을 증가시키고, 자속밀도 B를 일정하게 유지시키기 위해 코일에 흐르는 전류를 증가시켰을 때 공극 내에 축적되는 에너지의 증가량은

$$d\omega = \frac{B^2 A}{2\mu_0} dg \tag{9-13}$$

이 된다. 여기서 A는 공극의 면적[m^2]이며 g는 공극의 폭[m]이다.

식(9-13)은 에너지 차원을 가지므로

$$d\omega = F dg \tag{9-14}$$

가 되는데 여기서 F는 자극간에 발생되는 인력이다.

그러므로 식(9-13)과 식(9-14)에서

$$F = \frac{B^2 A}{2\mu_0} \tag{9-15}$$

로 표현된다.

한편, [그림 9-7]에서는 전자석의 철편이 흡인하는 힘은

$$F = \frac{B^2}{2\mu_0} \times 2A = \frac{B^2 A}{\mu_0} \tag{9-16}$$

이 된다.

학습활동

stretch 효과

전기기기속의 구형코일에 전류가 흐르면 전류 상호간의 반발력이 작용하여 도선이 원형을 형성하는 현상

예제 9-3 권선수 N의 코일에 흐르는 전류 I가 자기회로에서 자속 ϕ를 발생시킨다고 할 때 접극자(armature)에 작용하는 끌어올리는 힘을 구하라. 이 때 코어의 단면적은 S이다.

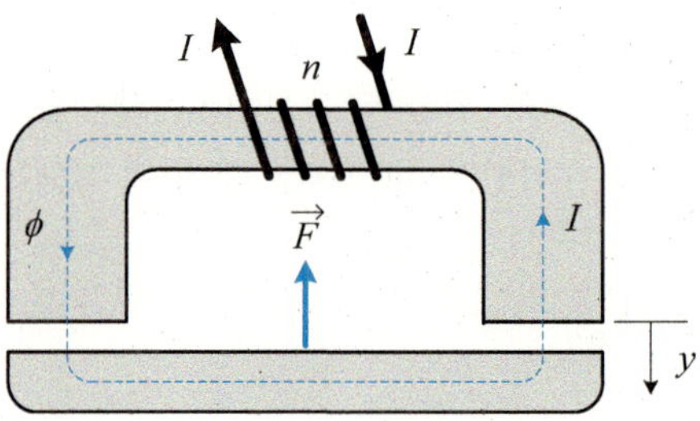

[그림 9-7] 전자석

〈풀이〉 가상 변위 dy(y방향으로 미소 증가)는 두 공극에 저장된 자기에너지만큼 변화하므로

$$dW = 2\left(\frac{B^2}{2\mu_0} S\,dy\right) = \frac{\phi^2}{\mu_0 S} dy$$

가 된다.

그러므로 y방향에서의 힘은

$$\vec{F} = \hat{y}\left(-\frac{\partial W}{\partial y}\right) = -\hat{y}\frac{\phi^2}{\mu_0 S}$$

으로 주어진다.

여기서 (-) 부호는 공극의 길이를 감소시키려는 힘을 나타내는 것이다. 즉, 끌어당기는 힘을 말한다.

3 인덕턴스

3.1 자기 인덕턴스(Self-Inductance)

코일의 자속 쇄교수가 변화하면 그 코일에는 기전력이 유도된다. 따라서 코일에 전류를 통해 놓고 이 전류를 변화시키면 전류의 변화에 따라 코일의 쇄교수가 변화하므로 코일 자체에 기전력이 유도된다. 이와 같이 전류가 흐르는 코일 자체에 전압이 발생하는 작용을 자기유도라 한다.

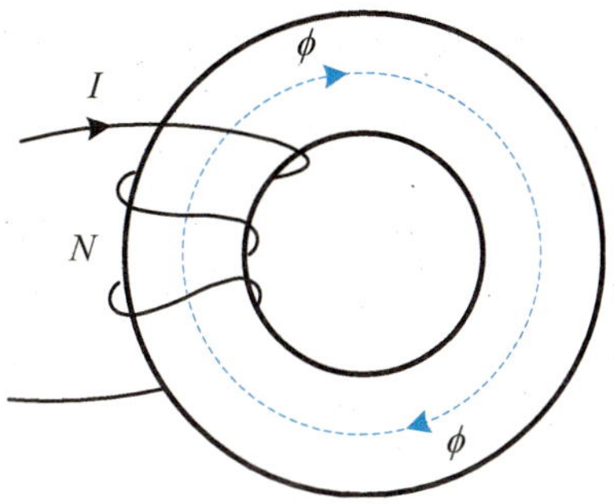

[그림 9-8] 자기 인덕턴스

[그림 9-8]과 같이 권선수가 N인 환상코일에 전류 I[A]를 흘릴 때 발생하는 자속 ϕ가 트로이드의 각 코일과 쇄교하는 경우, 권선수 N과 각 권선과 쇄교하는 자속 ϕ와의 곱 즉 $N\phi$를 자속 쇄교수라 한다. $N=1$인 경우 즉 단일 권선인 경우에는 자속 쇄교는 쇄교 자속과 같다.

자기 인덕턴스는 코일에 흐르는 전류 I와 전류 I에 의한 자속 쇄교수 $N\phi$의 비로 정의한다. 즉,

$$L = \frac{N\phi}{I}\ [\mathrm{H}] \tag{9-17}$$

이다.

이것을 다시 개념적으로 정리하면 전류가 1[A] 흘렀을 때 단일 권선수를 가진 코일의 자속 쇄교수가 1[Wb]라면 이 때 자기 인덕턴스는 1[H]가 된다고 한다.

학습활동

자기 인덕턴스에서의 코일이 가지는 에너지

코일의 단면적 $A\,[\mathrm{m}^2]$, 길이를 $l\,[\mathrm{m}^2]$이라고 할 때 코일이 갖고 있는 에너지는

$$W = \int_v \frac{1}{2}\mu H \cdot H dv = \frac{1}{2}\frac{\phi}{A}\frac{NI}{l}Al = \frac{1}{2}LI^2$$

이 된다.

예제 9-4 단면적 $100\,[\mathrm{cm}^2]$, 비투자율 2,000인 철심에 500회의 코일을 감고, 여기에 $1\,[\mathrm{A}]$의 전류를 흘릴 때 자계가 $1.28\,[\mathrm{AT/m}]$이었다면 자기 인덕턴스는?

〈풀이〉 철심의 단면적을 A라고 할 때 자속은

$$\begin{aligned}\phi &= BA \\ &= \mu_0\mu_r HA\end{aligned}$$

이며 이 때 자기 인덕턴스는

$$\begin{aligned}L &= \frac{N\phi}{I} = \frac{N\mu_0\mu_r HA}{I} \\ &= \frac{500 \times 4\pi \times 10^{-7} \times 2{,}000 \times 1.28 \times 100 \times 10^{-4}}{1} \\ &= 16.08\,[\mathrm{mH}]\end{aligned}$$

이다.

학습활동

쇄교

전자유도 법칙에 의하면 자속이 금속과 쇄교하면 유기기전력이 발생한다. 쇄교한다는 것은 교차하고 있는 상태를 말하는 것이 아니라 계속 교차하는 움직임을 말한다. 예를 들면 교류 전압에서 나오는 자장은 계속 크기가 변하기 때문에 자장이 금속을 계속 쇄교하므로 유도전압이 발생한다.

3.1.1 환상코일의 자기 인덕턴스

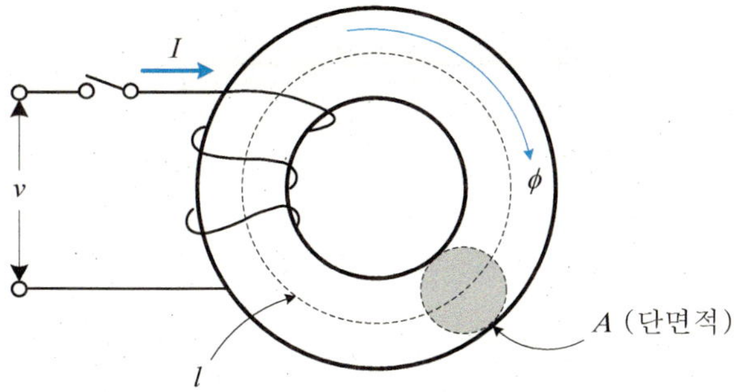

[그림 9-9] 환상코일의 자기인덕턴스

환상 코일의 길이가 l 이라고 할 때 이 때 생기는 자속 ϕ는

$$\phi = \frac{NI}{\dfrac{l}{\mu A}} = \frac{\mu ANI}{l}\,[\mathrm{Wb}] \tag{9-18}$$

가 되는데 식(9-17)에서 $I = i$라고 할 때 코일에 발생되는 전압 v는

$$v = L\frac{di}{dt} = N\frac{d\phi}{dt} \tag{9-19}$$

으로 주어진다.

이것을 다시 개념적으로 서술하면 전류가 1[sec] 동안에 1[A]의 비율로 변화할 때 단일 권선수를 가진 코일에 유도되는 기전력이 1[V]이면 자기 인덕턴스는 1[H]이다.

식(9-19)에 식(9-18)을 대입하면

$$v = \frac{\mu AN^2}{l}\frac{di}{dt} \tag{9-20}$$

가 되어 이 때 자기 인덕턴스 L은

$$\begin{aligned} L &= \frac{\mu AN^2}{l} \\ &= \frac{\mu_0\mu_r AN^2}{l} \end{aligned} \tag{9-21}$$

으로 표현된다.

그러므로 자기 인덕턴스는 자기회로의 투자율, 길이, 단면적 그리고 코일의 권수에 의해 정해지며 특히 권수의 제곱에 비례하는 성질이 있다.

3.1.2 유한장 코일의 자기 인덕턴스

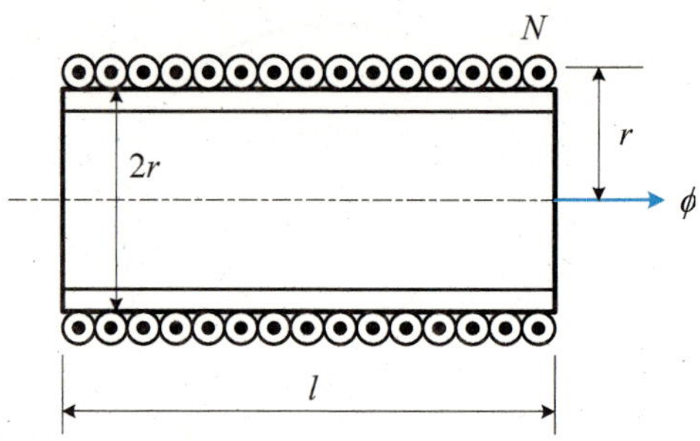

[그림 9-10] 유한장 코일의 자기 인덕턴스

길이 l[m], 권선수 N, 코일의 반지름 r[m] 그리고 투자율 μ[H/m]일 때 자기 인덕턴스는

$$L = k\frac{\mu\pi r^2}{l}N^2 \tag{9-22}$$

이다. 이 때 k는 코일의 지름 $2r$[m]와 길이 l[m]의 비로 정해지는 계수이다.

예제 9-5 반지름 0.05[m], 길이 20[cm]의 공심 솔레노이드의 자기 인덕턴스를 1[mH]로 하고자 할 때, 코일의 권선수는 대략 얼마인가? 단, $\mu = \mu_0$이다.

〈풀이〉 $L = \frac{\mu_0 A N^2}{l}$ 에서

$$N^2 = \frac{Ll}{\mu_0 A} = \frac{1\times 10^{-3}\times 20\times 10^{-2}}{4\pi\times 10^{-7}\times(0.05\times 10^{-2})\times\pi} \simeq 2\times 10^5$$

$\therefore\ N \simeq 447$ [회]

예제 9-6 지름이 40[mm]인 원형 종이관에 일정하게 2000회의 코일이 감겨있는 솔레노이드의 인덕턴스는? 단, 솔레노이드의 길이는 50[cm], $\mu = \mu_0$이다.

〈풀이〉

$$L = \frac{\mu_0 A N^2}{l} = \frac{4\pi\times 10^{-7}\times(2000)^2\times\pi\left(\frac{40\times 10^{-3}}{2}\right)^2}{50\times 10^{-2}}$$

$$= 12.6\times 10^{-3}[\text{H}] = 12.6[\text{mH}]$$

학습활동

무한장 솔레노이드의 자장

무한장 솔레노이드에 전류가 흐를 때 외부자장의 세기는 0인 평등자장이고 내부자장은 어디서나 같은 세기인 평등자장이다.

학습활동

벡터 자기 퍼텐셜(Vector Magnetic Potential)

자속밀도 $\overrightarrow{B}$와 다음 관계가 있는 벡터 $\overrightarrow{A}$를 벡터 자기 퍼텐셜이라고 한다.

$$\overrightarrow{B} = \nabla \times \overrightarrow{A}$$

위의 관계식을 이용하면

$$\overrightarrow{J} = \nabla \times \overrightarrow{H} = \nabla \times \left(\frac{1}{\mu} \nabla \times \overrightarrow{A} \right) = -\frac{1}{\mu} \nabla^2 \overrightarrow{A}$$

으로 되어

$$\overrightarrow{A} = \frac{\mu}{4\pi} \int_v \frac{\overrightarrow{J}}{R} dv$$

으로 표현된다.

3.2 상호 인덕턴스(Mutual Inductance)

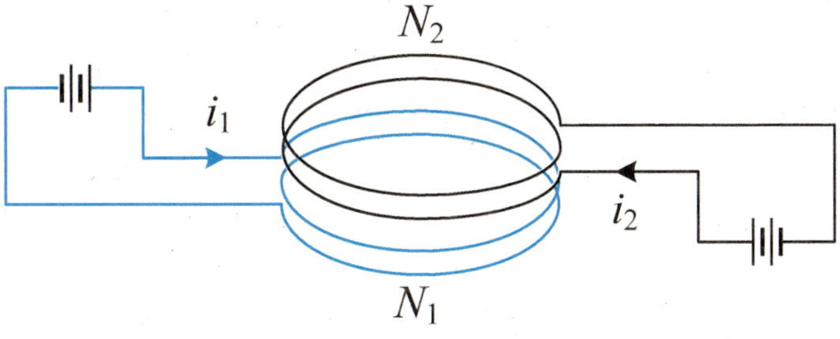

[그림 9-11] 두 회로간의 상호 인덕턴스

시간적으로 변화하는 자속이 다른 회로를 쇄교하게 되면 다른 회로에는 기전력이 발생한다. 이 때 상호 인덕턴스 M은 한 회로의 시간당 전류의 변화율로 다른 회로에 유기되는 기전력의

양을 결정한다. 이것을 수식으로 표현하면

$$v_2 = -M_{21}\frac{di_1}{dt} \tag{9-23}$$

이다.

여기서 식(9-23)은 1회로에서의 전류 변화가 2회로에 기전력을 유기시킨다는 것을 의미한다. 반대로 2회로에서의 전류가 변화할 때 1회로에 유기되는 기전력은

$$v_1 = -M_{12}\frac{di_2}{dt} \tag{9-24}$$

가 된다.

2회로에 유기된 기전력 v_2는 회로 1의 전류에 의해 회로 2에 발생된 자속 ϕ_{21}과 권선수 N_2로 표시하는데 다음 식과 같다.

$$v_2 = \frac{N_2 d\phi_{21}}{dt} \tag{9-25}$$

이 때 상호 인덕턴스는 식(9-23)과 식(9-25)에 의해

$$M_{21} = \frac{N_2(d\phi_{21}/dt)}{(di_1/dt)} \tag{9-26}$$

인데 식(9-26)을 적분하면

$$M_{21} = \frac{N_2\phi_{21}}{I_1} \tag{9-27}$$

가 된다. 이 때 유도 기전력의 방향은 무시한다.

그러므로 상호 인덕턴스는 단지 다른 회로의 단위 전류에 의해 한 회로에 쇄교되는 자속을 의미한다. 따라서 2회로에 의해 1회로에 쇄교되는 자속인 상호인덕턴스 M_{12}는

$$M_{12} = \frac{N_1\phi_{12}}{I_2} \tag{9-28}$$

이다.

이 때 두 코일에 면적을 같게 하거나 한 코일을 트로이드 상의 다른 코일에 감을 때 한 회로에서 발생한 자속이 모두 다른 회로를 쇄교하여 최대 자속이 쇄교한다. 그러면 상호 인덕턴스는

$$M = \frac{N_1\phi_{12}}{I_2} = \frac{N_2\phi_{21}}{I_1} \tag{9-29}$$

이 된다.

한편 각 코일의 자기 인덕턴스는

$$L_1 = \frac{N_1\phi_1}{I_1} \tag{9-30}$$

$$L_2 = \frac{N_2\phi_2}{I_2} \tag{9-31}$$

으로 표현된다.

코일 2의 자속이 모두 코일 1을 쇄교한다면

$$\frac{\phi_{12}}{I_2} = \frac{\phi_2}{I_2} \tag{9-32}$$

이 된다.

마찬가지로 코일 1의 자속이 모두 코일 2를 쇄교한다면

$$\frac{\phi_{21}}{I_1} = \frac{\phi_1}{I_1} \tag{9-33}$$

이다.

식(9-32), (9-33)을 식(9-27), (9-28)에 대입하고 M_{12}와 M_{21}을 곱하면

$$\begin{aligned} M_{12}M_{21} &= M^2 \\ &= \frac{N_1N_2\phi_1\phi_2}{I_1I_2} \\ &= L_1L_2 \end{aligned} \tag{9-34}$$

으로 주어진다.

그러므로 최대 상호 인덕턴스 M_{max}는

$$M_{max} = \sqrt{L_1L_2} \tag{9-35}$$

인데 이는 M의 가능한 최대값을 자기 인덕턴스로 표현한 것이다.

일반적으로 상호 인덕턴스는

$$M = k\sqrt{L_1 L_2} \tag{9-36}$$

이며 k는 0~1 사이의 값을 갖는 결합계수로 코일의 형태와 상호 위치에 따라 결정되는 상수이다.

이러한 상호 유도 작용을 이용하여 2차 코일 측에 원하는 기전력을 발생시키는 장치인 변압기가 있다. [그림 9-12]와 같이 권선수가 각각 N_1, N_2인 두 코일을 철심에 감아 1차 코일에 v_1의 기전력을 인가하여 전류 I_1이 흐르게 하면 상호유도작용에 의해 2차 코일측 단자에 유기되는 기전력 v_2는 식(9-25)가 되며 1차 코일을 쇄교하는 자속은 모두 2차 코일을 쇄교하므로 1차측의 저항성분을 무시하면 1차측에 가한 기전력 v_1은

$$v_1 = \frac{N_1 d\phi_{12}}{dt} \tag{9-37}$$

가 된다. 위의 두 식으로부터

$$\frac{v_2}{v_1} = \frac{N_2}{N_1} \tag{9-38}$$

가 되어 양측의 기전력 비는 곧 권선비가 됨을 알 수 있다. 이 결과로부터 권선비를 조정하므로써 2차측에서 원하는 크기의 기전력을 얻을 수 있게 된다.

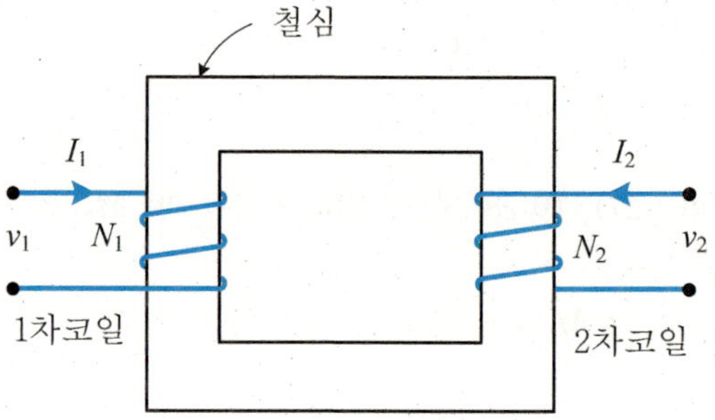

[그림 9-12] 변압기

학습활동

상호인덕턴스 M의 성질

① 두 회로의 상대적인 위치와 투자율 등에 의해서 결정된다.
② 두 회로가 서로 자속의 쇄교가 없으면 $M=0$이다.
③ A회로에 1[A]의 전류가 흐를 때 단일 권선수를 가진 B회로의 쇄교자속수가 1[Wb]이면 $M=1$ [H]이다.
④ 전류의 방향 또는 코일의 방향에 따르는 자속의 방향에 따라 M은 (+) 또는 (-)의 값을 가진다.

예제 9-7 상호 인덕턴스가 100 [μH] 인 회로의 1차 코일에 흐르는 전류가 3 [sec] 동안에 3 [A] 에서 15 [A] 로 변화하였다. 2차 코일에서의 유도 기전력[V] 를 구하라. 이 때 두 코일이 서로 반대방향으로 직렬 접속되어 있다고 가정한다.

〈풀이〉

$$e_2 = -M_{21}\frac{di_1}{dt} = -100\times 10^{-6}\cdot\frac{15-3}{3} = -4\times 10^{-4}[\text{V}]$$

예제 9-8 두 코일의 자기 인덕턴스가 각각 $L_1 = 0.1$ [H], $L_2 = 0.4$ [H] 이고, 상호 인덕턴스 $M = 0.18$ [H] 라고 할 때 두 코일의 결합계수 k를 구하라.

〈풀이〉

$$M = k\sqrt{L_1L_2}$$

$$\therefore\ k = \frac{M}{\sqrt{L_1L_2}} = \frac{0.18}{\sqrt{0.1\cdot 0.4}} = \frac{0.18}{0.2} = 0.9$$

예제 9-9 $L_1 = 10$ [mH], $L_2 = 40$ [mH] 인 두 코일 사이의 결합계수가 0.5일 때, 두 코일을 서로 동일한 방향으로 직렬 접속하여 5 [A] 의 전류를 흘리면, 합성코일에 저축되는 에너지 [J] 는?

〈풀이〉 두 코일 사이의 상호 인덕턴스

$$M = k\sqrt{L_1L_2} = 0.5\times\sqrt{10\times 40} = 10[\text{mH}]$$

$$W = \frac{1}{2}L_1I_1^{\ 2} + \frac{1}{2}L_2I_2^{\ 2} + MI_1I_2$$

에서 $I_1 = I_2 = I$이므로

$$W = \frac{1}{2}(L_1+L_2+2M)I^2 = \frac{1}{2}(10+40+2\times 10)\times 10^{-3}\times 5^2$$

$$= 8.75\times 10^{-1}[\text{J}]$$

4 인덕턴스의 조합

4.1 상호 간섭이 없는 인덕턴스의 조합

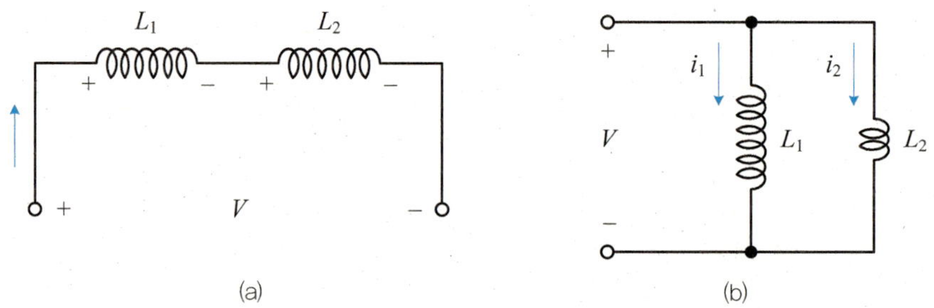

[그림 9-13] 인덕턴스 접속

[그림 9-13] (a)와 같이 몇 개의 인덕턴스가 직렬로 연결되어 있는 경우 양단에 전압을 가하면 각 인덕턴스에 흐르는 전류는 같다.

2개의 인덕턴스가 직렬로 연결된 경우에 유기되는 기전력은

$$L_1 \frac{di}{dt} + L_2 \frac{di}{dt} = L \frac{di}{dt} \tag{9-39}$$

이 되므로 전체 인덕턴스는

$$L = L_1 + L_2 \tag{9-40}$$

으로 표현된다.

[그림 9-13] (b)와 같이 인덕턴스를 병렬로 연결되어 있으면

$$v_1 = L_1 \frac{di_1}{dt} \tag{9-41}$$

$$v_2 = L_2 \frac{di_2}{dt} \tag{9-42}$$

이고 $v_1 = v_2$이므로

$$\frac{di}{dt} = \frac{di_1}{dt} + \frac{di_2}{dt} = \left(\frac{1}{L_1} + \frac{1}{L_2}\right) v \tag{9-43}$$

로 되며 $v = L\dfrac{di}{dt}$ 이므로 전체 인덕턴스는

$$\frac{1}{L} = \frac{1}{L_1} + \frac{1}{L_2} \tag{9-44}$$

가 된다.

4.2 상호 간섭이 있는 인덕턴스의 조합

$$\begin{aligned} v = v_1 + v_2 = L\frac{di}{dt} &= L_1\frac{di}{dt} + L_2\frac{di}{dt} \pm 2M\frac{di}{dt} \\ &= (L_1 + L_2 \pm 2M)\frac{di}{dt} \end{aligned} \tag{9-45}$$

이 된다.

이 때 [그림 9-14]와 같이 두 코일이 동일한 방향으로 감겨있는 경우 총 인덕턴스는

$$L = L_1 + L_2 + 2M \tag{9-46}$$

이 되며 서로 반대 방향으로 감겨있는 경우 총 인덕턴스는

$$L = L_1 + L_2 - 2M \tag{9-47}$$

으로 표현한다.

(a) A, B 코일이 동일한 방향으로 감겨 있는 경우

(b) A, B 코일이 다른 방향으로 감겨 있는 경우

[그림 9-14] 상호 인덕턴스에 의해 쇄교되는 직렬연결된 두 코일

예제 9-10 자기 인덕턴스가 각각 $L_1 = 49\,[\mathrm{mH}]$, $L_2 = 100\,[\mathrm{mH}]$ 두 인덕턴스의 결합계수가 $k = 0.7$인 두 인덕턴스를 서로 반대 방향으로 직렬 접속한 경우 합성 인덕턴스를 구하라.

〈풀이〉 상호 인덕턴스 M은

$$M = k\sqrt{L_1 L_2} = 0.7\sqrt{49 \times 100} = 0.7 \times 70 = 49\,[\mathrm{mH}]$$

이다.

두 코일이 서로 반대 방향으로 감겨 있으므로

$$L = L_1 + L_2 - 2M = 49 + 100 - 2 \times 49 = 51\,[\mathrm{mH}]$$

가 된다.

5 자계의 응용

5.1 자기편향(Magnetic Deflection)

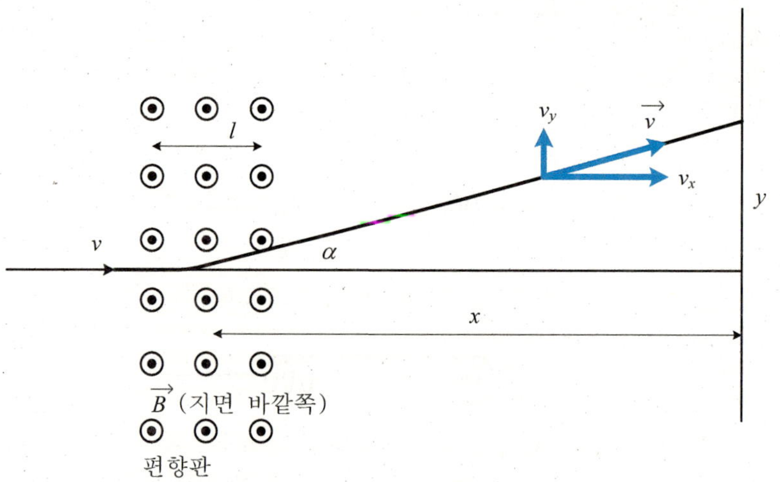

[그림 9-15] 자기 편향편 음극선관

l이 매우 작은 경우 y방향으로 전자가 가속된다고 가정할 때 이 때 y방향의 속도는

$$v_y = a_y t = a_y \frac{l}{v_x} \tag{9-48}$$

이다.

전자가 자계 내에서 받는 힘은

$$F = ma_y = Bev_x \tag{9-49}$$

으로 표현되므로

$$v_y = \frac{Bev_x}{m}\frac{l}{v_x}$$
$$= \frac{Bel}{m} \tag{9-50}$$

가 된다. 이 때 굴절각 α는

$$\alpha = \tan^{-1}\frac{v_y}{v_x} = \tan^{-1}\frac{y}{x} = \tan^{-1}\frac{Bel}{mv_x} \tag{9-51}$$

가속전압을 V_a라고 하면 전자의 운동에너지는

$$\frac{1}{2}mv_x^{\ 2} = eV_a \tag{9-52}$$

이므로

$$v_x = \sqrt{\frac{2eV_a}{m}} \tag{9-53}$$

이 되어 식(9-50), (9-53)에서

$$y = x\frac{v_y}{v_x}$$
$$= xBl\sqrt{\frac{e}{2mV_a}}\ [\mathrm{m}] \tag{9-54}$$

가 된다.

여기서 y : 스크린에서 편향된 자계([m])

x : 편향 자계에서 스크린까지의 거리([m])

e : 입자의 전하([C])

m : 입자의 질량([kg])

l : 편향 자계의 길이([m])

5.2 홀 효과(Hall Effect)

홀 효과는 전류가 흐르는 도체가 자계 내에 있을 때 생기는 전압 발생에 관한 것이다. 이 효과를 이용해서 반도체 내의 전류 반송자가 전자인가 혹은 정공인가를 알아낼 수 있으며 역으로 전류가 자계 내에 비례하도록 하여 자계의 세기를 구할 수 있다.

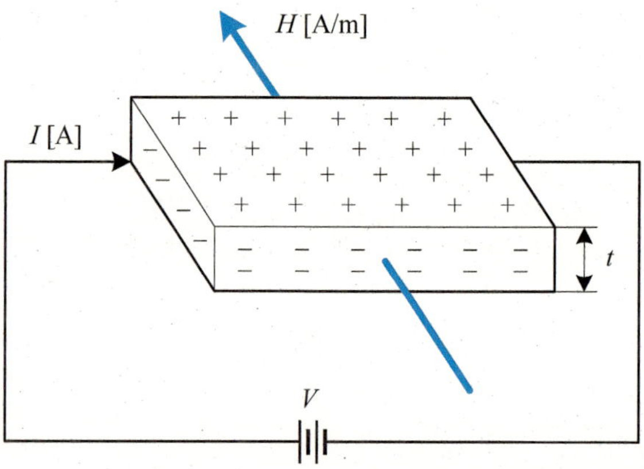

[그림 9-16] Hall 효과

[그림 9-16]과 같이 P형 반도체의 x축 방향으로 전류 I[A]를 흘리고 y축 방향으로 자계의 세기 H[A/m]를 가하면 정공에는 z축 방향의 힘이 작용해서 정공은 윗면으로 밀려서 윗면에는 양이온이 모이고, 아래 면에는 음이온이 모인다.

이 때 홀 효과에 의해서 생기는 기전력 V_H는

$$V_H = k\frac{HI}{t} \tag{9-55}$$

이며 k는 물질에 의해 결정되는 상수, 즉 홀 상수이다.

5.3 핀치 효과(Pinch Effect)

[그림 9-17]과 같은 단면을 갖는 액체 도체에 전류를 흘리면 전류의 방향과 수직 방향으로 원형자계가 생겨 중심 방향으로 액체에 힘이 작용하게 된다. 그 결과 액체 단면은 수축하므로 저항이 크게 되어 전류의 흐름이 어렵게 된다.

전류가 작게 되면 수축력은 감소하여 액체 단면은 원상태로 되돌아와 다시 전류가 흘러 수축력이 생긴다. 이와 같은 현상이 되풀이되는 것을 핀치효과라 한다. 이와 같은 핀치효과에 의하면 열에너지를 좁은 공간에 모을 수도 있다.

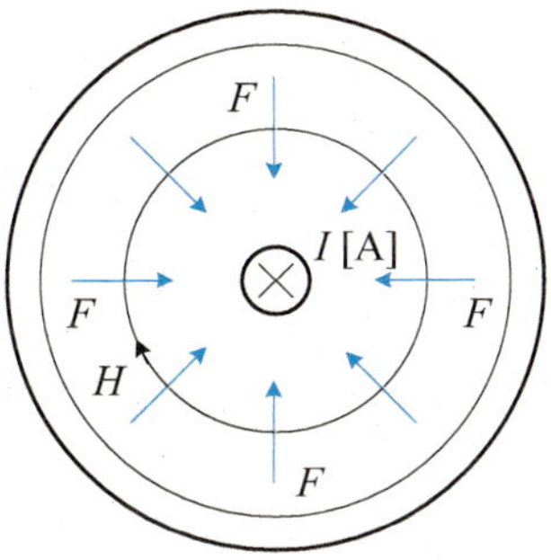

[그림 9-17] 핀치 효과

학습내용요약

자기회로

자속통로를 투자율이 큰 자성재료로 만들면 자속은 공간으로는 새어나가지 않고 대부분 자성재료 내를 통한다. 이와 같은 자속의 통로를 전기회로에 대응하여 자기회로라고 한다.

퍼미언스(permeance)

퍼미언스는 자기저항의 역수이며 자기저항이 병렬로 된 경우 사용하며 전체 퍼미언스는 각각의 퍼미언스의 합과 동일하다.

자기에너지

강자성체를 자화시키는 경우, 자화시키기 위하여 공급한 에너지는 자기에너지로서 축적된다. 이 자성체를 자속밀도 0에서 B까지 자화시킬 때 자계 에너지밀도 w는 다음 식으로 주어진다.

$$w = \frac{1}{2}HB \ [\mathrm{J/m^3}]$$

자기유도

코일에 전류를 통해 놓고 이 전류를 변화시키면 전류의 변화에 따라 코일의 쇄교수가 변화하므로 코일 자체에 기전력이 유도된다. 이와 같이 전류가 흐르는 코일 자체에 전압이 발생하는 작용을 자기유도라 한다.

인덕턴스

권선수 N의 코일에 전류 I가 흐를 때 전체 쇄교자속 $N\phi$는 전류에 비례한다.

$$N\phi = LI$$

여기서 비례상수 L를 인덕턴스라고 한다.

연습문제 제 9 장 자기회로, 인덕턴스, 자계의 응용

01 권선수 100회인 코일의 자기 인덕턴스가 0.1[H]이다. 여기에 5[A]의 전류를 흘리면 쇄교자속수[Wb]는?

02 권선수 2,000회, 자기 인덕턴스 1[H]인 코일에 5[A]의 전류가 흐를 때, 이 코일의 면적이 0.1[m^2]이면 이 면적을 통하는 자속[Wb]은?

03 자기 인덕턴스 100[mH]와 400[mH]인 두 코일 사이의 상호 인덕턴스가 160[mH]라면, 결합계수는?

04 100[H]인 같은 코일 2개를 직렬로 자속이 서로 상쇄하는 방향으로 접속하였더니 합성 인덕턴스가 40[H]이었다. 두 코일 사이의 상호 인덕턴스 [H]는?

05 인덕턴스 10[mH]인 A코일과 어떤 코일 B를 같은 방향으로 직렬 접속하면, 합성 인덕턴스가 20[mH]가 되고, 반대 방향으로 직렬 연결하면 같은 방향일 때보다 40[%] 감소한다면 B코일의 인덕턴스[mH]는?

06 단면적 S[m^2], 평균 자로의 길이 l[m], 권수 N회의 환상 코일의 자기 인덕턴스[H]는?

07 단면적 $4[cm^2]$의 철심에 $6 \times 10^{-4}[Wb]$의 자속을 통하게 하려면 $2800[AT/m]$의 자계가 필요하다. 이 철심의 비투자율은?

08 단면적 $100[cm^2]$, 비투자율 1000인 철심에 500회의 코일을 감고, 여기에 $1[A]$의 전류를 흘릴 때 자계가 $1.28[AT/m]$였다면 자기 인덕턴스$[mH]$는?

09 어떤 자기회로에 $3000[AT]$의 기자력을 줄 때 $2 \times 10^{-3}[Wb]$의 자속이 통하였다. 이 자기회로의 자화에 필요한 에너지 $[J]$는?

10 결합계수가 1인 두 코일 A, B가 있다. A의 전류가 $50[A/sec]$로 변화할 때 A 코일에 $20[V]$, B 코일에 $15[V]$의 기전력이 유기되었다. B 코일의 자기 인덕턴스$[H]$는?

Chapter

10

시변 전계 및 자계

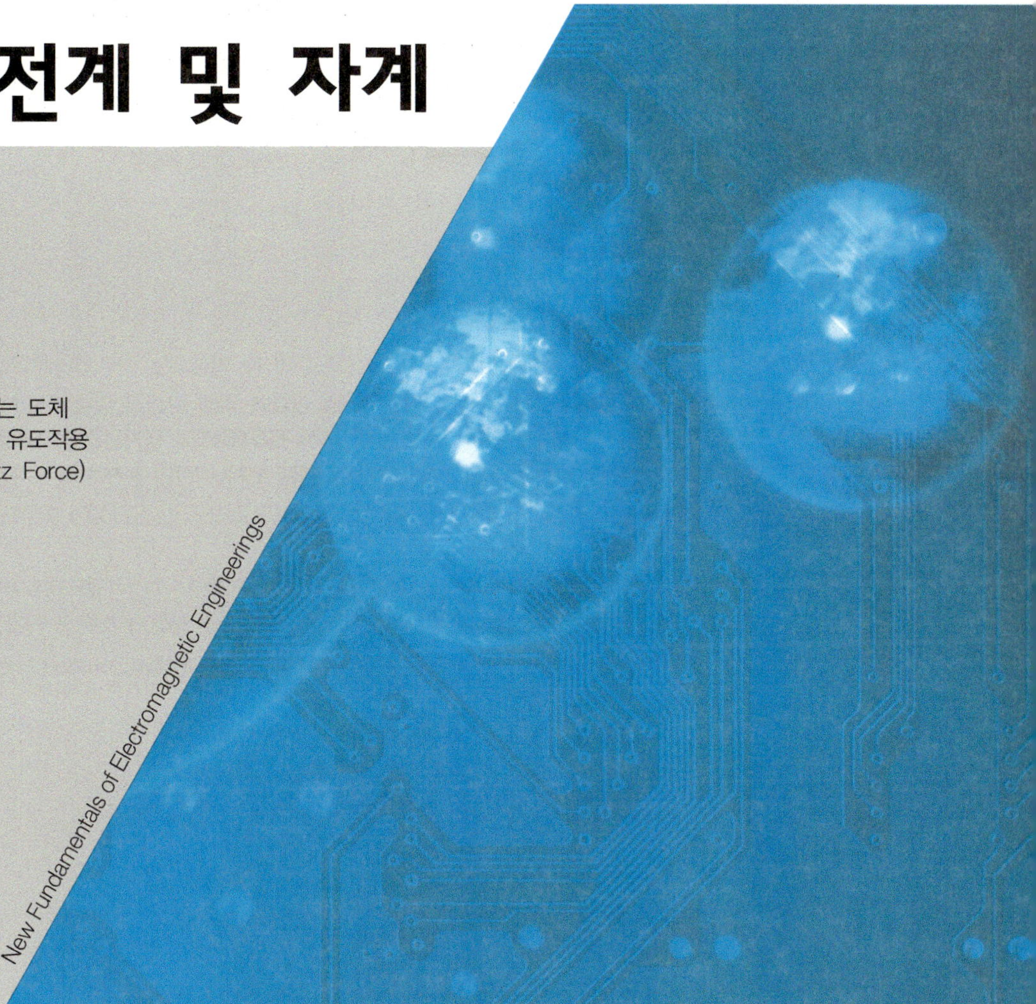

New Fundamentals of Electromagnetic Engineerings

단원개요

전류가 흐르는 도선 주위에 자계가 형성되고 이 때 발생되는 자계의 세기와 방향은 나침반에 미치는 영향으로부터 유추될 수 있다. 지구의 질량에 의해 발생된 중력장이나 전기를 띤 전하에 의해 발생된 전계 내에서 힘이 작용하듯이 도선 전류에 의해 생겨난 자계 내에서도 눈에 보이지 않는 힘이 작용한다. 그런데 전계와 자계가 시간에 따라 변하면 정전계와 정자계에서는 일어나지 않는 새로운 현상이 일어난다. 먼저, 자계가 시간적으로 변하는 공간상에 폐루프가 놓여져 있으면 이 폐루프에 기전력이 발생한다.

지금까지는 정전계와 정상 자계에서의 기본적인 관계식들을 고찰하였으므로 본 장에서는 시간적으로 변하는 전자계에서 기본적 관계식들을 고찰한다. 이 장에서 중요한 것들은

(1) 폐루프를 쇄교하는 자석의 변화에 따라 기전력(Electro Motive Force)이 유기되는 것을 말해주는 Faraday의 법칙

(2) 자계 내에서 이동에 의해 생성되는 기전력[유도작용]

(3) 자계 내에 움직이는 전하에 작용하는 힘[Lorentz 힘]

(4) Ampere의 주회적분 공식에서 유도된 Maxwell 방정식 등이다.

학습목표

1. 폐루프에 유도되는 기전력을 나타내는 Faraday 법칙에 대해 살펴볼 수 있다.
2. 전류의 개념을 공간으로 확장시킨 변위전류의 개념에 대해 알아볼 수 있다.
3. 자계 내에 움직이는 전하에 작용하는 힘(Lorentz 힘)에 대해 알아 볼 수 있다.
4. 전자파의 발생근거가 되는 Maxwell 방정식을 나타내고 그 식이 의미하는 바를 알아볼 수 있다.

1 Faraday의 법칙

전류가 흐르고 있는 주위에 자계가 생기는 것은 이미 설명하였으나 그 반대로 자계가 시간적으로 변화하는 경우에 기전력을 생기게 하여 유도전류가 흐르는 현상을 1831년 Faraday에 의해 발견되었다.

쉼 터

패러데이(Faraday, 1791~1867) 인물사

가난한 대장장이의 아들로 태어난 패러데이는 13세에 리보의 도제로 들어갔다. 그는 정규교육이라는 것을 받지 못했으나 책을 가까이 하는 직업이 계기가 되어 독서에 매진하게 되었다. 그는 과학에 특히 많은 관심을 받게 되었는데 왕립 연구소의 자연철학 교수인 데이비의 사사를 받았고 1821년에 패러데이는 전자기 회전이라는 현상을 발견했다. 그는 전류가 흐르는 도선 주위에서 자석이 돌게 하고 역으로 도선이 자석 주위를 돌게 하는 장치를 고안했다. 이로써 패러데이는 전류로부터 연속적인 운동을 처음으로 일으켰다. 이 장치는 최초의 전동기이었다. 전동기는 전기를 새로운 동력원으로 사용할 수 있음을 의미했다.

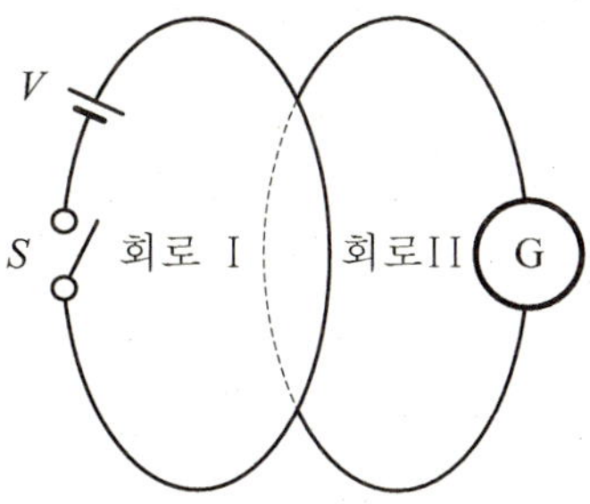

[그림 10-1] Faraday의 법칙

회로 I 에는 전지 V와 스위치를 연결하고, 회로 II에는 검류계 G를 연결한다. 스위치 S를 열고 닫음을 반복하여 회로 I 에 전류를 흐르게 하였다 흐르지 않게 하였다 하면 회로 II에 전류가 흐르는 것을 관찰할 수 있다. 스위치 S를 열고 닫을 때 회로 II에 흐르는 전류의 방향은 서로 반대이다. 그러나 스위치 S를 열어 회로 I 에 전류를 흐르지 않게 하면 회로 II에는 전류가 흐르지 않는다.

이와 같이 회로 II와 쇄교하는 자속수가 변화하기 때문에 회로 II에 기전력이 유기되는 현상을 **전자유도**라고 한다.

자계의 변화는 새로운 전계를 발생시키는데 이 기전력을 일으키는 전계를 루프를 따라 적분하면 기전력 V는

$$V = \oint \vec{E} \cdot d\vec{L} \tag{10-1}$$

이 된다.

폐루프에 유기된 기전력(e. m. f)과 기전력을 발생시키는 자계 사이의 정량적인 관계가 Faraday의 법칙이다. 이 법칙에 의하면, 폐회로에 유기된 전체 기전력은 회로를 쇄교하는 전체 자속의 시간에 따른 감소율과 같다. 즉

$$V = -\frac{d\phi_m}{dt} \tag{10-2}$$

여기서 V : 전체 기전력[V], ϕ_m : 자속[Wb], t : 시간[sec] 그리고 우변의 (-)부호는 유도 기전력의 방향을 표시하며 자속이 감소할 때에는 (+)방향으로 유도 기전력이 생기는 의미하고 있다.

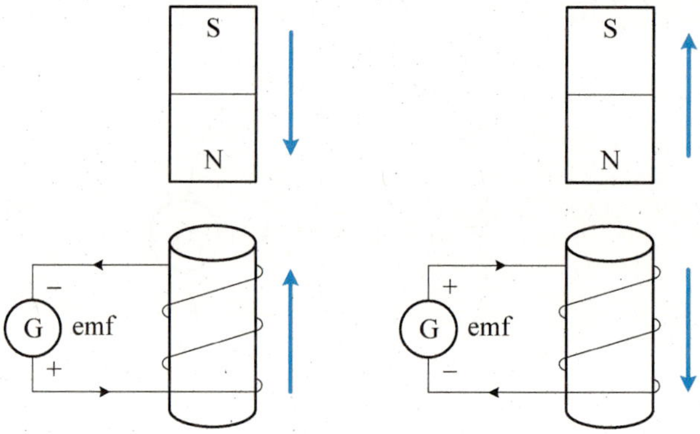

[그림 10-2] Lentz의 법칙

이것은 Lentz의 법칙에 근거를 두고 있는데, 예를 들면 [그림 10-2]와 같이 전자유도에 의하여 생긴 기전력은 그 유도 전류가 만드는 자속이 원래 자속의 증가 또는 감소를 방해하는 방향으로 자속이 발생되도록 전류가 흐르는 즉, 자속에 관한 관성의 법칙이다.

자속 ϕ_m과 쇄교하는 임의의 곡면 $\vec{S}$를 생각하자. 자속밀도를 $\vec{B}[\mathrm{Wb/m^2}]$이라 하면

$$d\phi_m = \vec{B} \cdot d\vec{S} \tag{10-3}$$

이므로, 전체 자속은

$$\phi_m = \int_s \vec{B} \cdot d\vec{S} \tag{10-4}$$

가 된다.

식(10-4)를 식(10-2)에 대입하면

$$V = -\frac{d}{dt}\int_s \vec{B} \cdot d\vec{S} \tag{10-5}$$

가 되며 자계의 경우만 시간에 따라 변하므로

$$V = -\frac{\partial}{\partial t}\int_s \vec{B} \cdot d\vec{S} \tag{10-6}$$

로 표현된다.

식(10-5)와 식(10-6)에서

$$\int \vec{E} \cdot d\vec{L} = -\frac{\partial}{\partial t}\int_s \vec{B} \cdot d\vec{S} \tag{10-7}$$

로 적을 수 있다.

식(10-7)을 ΔS로 나누고 $\Delta S \rightarrow 0$의 극한을 취하면

$$\lim_{\Delta S \rightarrow 0} \frac{\oint \vec{E} \cdot d\vec{L}}{\Delta S} = (\nabla \times \vec{E})_n \tag{10-8}$$

으로 표현하는데 이 때 $(\nabla \times \vec{E})_n$은 $\vec{E}$의 회전의 ΔS에 수직한 성분이다.

식(10-8)을 정리하면

$$\oint \vec{E} \cdot d\vec{L} = \iint (\nabla \times \vec{E}) \cdot d\vec{S} \tag{10-9}$$

가 된다.

즉, $\vec{E}$의 회전의 면적적분은 이 면적의 둘레를 이루는 선을 따르는 $\vec{E}$의 폐곡선 적분과 같다. 이를 Stokes의 정리라고 한다.

식(10-7)과 식(10-8)에서

$$\nabla \times \vec{E} = -\frac{\partial \vec{B}}{\partial t} \tag{10-10}$$

가 되며 이것은 전자 유도법칙의 미분형이고 자속밀도 $\vec{B}$가 시간적으로 변화하면 전계가 유도되어서 거기에 도체가 있으면 유도 기전력이 생긴다.

식(10-10)을 Faraday의 법칙에서 유도된 Maxwell 방정식이라고 한다.

예제 10-1 면적이 $0.5\,[\mathrm{m}^2]$이고 권선수가 10인 루프가 공기 중에 있다. 이 루프 면에 수직이고 자속밀도의 변화율이 $10\,[\mathrm{mT/sec}]$인 균일한 자계를 가했다.

(a) 루프 양단에 나타나는 기전력을 구하라.

(b) 루프 양단의 기전력이 $100\,[\mathrm{mV}]$일 때 자계의 변화율을 구하라.

〈풀이〉 (a) Faraday의 법칙에서 루프 면적을 A라고 하면 기전력은

$$V = -N\frac{d\phi}{dt} = -N\frac{d(BA)}{dt} = -NA\frac{dB}{dt}$$
$$= 10 \times 0.5 \times 10$$
$$= 50\,[\mathrm{mV}]$$

(b) $V = 100\,[\mathrm{mV}]$이면

$$\frac{dB}{dt} = \frac{100}{0.5 \times 10} = 20\,[\mathrm{mT/s}]$$

예제 10-2 다음 그림에서 벡터계 $\vec{F} = \hat{x}xy - \hat{y}2x$가 주어질 때 Stokes의 정리를 증명하시오.

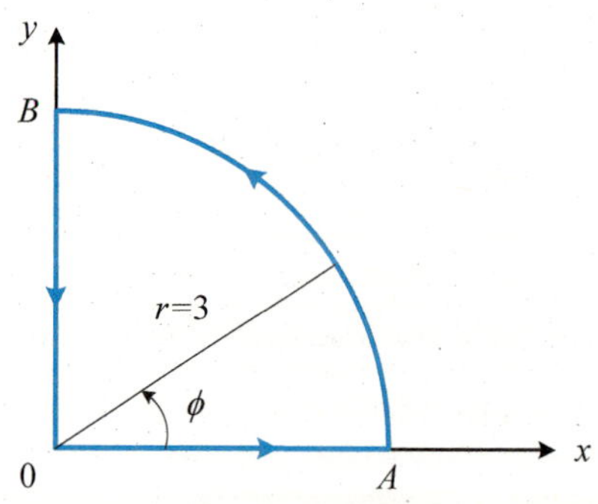

〈풀이〉 순환을 구하는 적분을 세 부분으로 나눈다.

$$\oint_{OABO} \vec{F} \cdot d\vec{L} = \int_{O}^{A} \vec{F} \cdot d\vec{L} + \int_{A}^{B} \vec{F} \cdot d\vec{L} + \int_{B}^{O} \vec{F} \cdot d\vec{L}$$

OA 경로를 따라 : $y=0,\quad \vec{F} = -\hat{a}_y 2x,\quad d\vec{L} = \hat{a}_x dx,\quad \vec{F} \cdot d\vec{L} = 0$

$$\int_{O}^{A} \vec{F} \cdot d\vec{L} = 0$$

BO 경로를 따라 : $x=0,\quad \vec{F}=0,\quad \int_{B}^{O} \vec{F} \cdot d\vec{L} = 0$

AB 경로를 따라 : $d\vec{L} = \hat{a}_x dx + \hat{a}_y dy$

$$\vec{F} \cdot d\vec{L} = xydx - 2xdy$$

1/4원의 방정식은 $x^2+y^2=9(0 \leqq x,\ y \leqq 3)$이다. 그러므로,

$$\int_{A}^{B} \vec{F} \cdot d\vec{L} = \int_{3}^{0} x\sqrt{9-x^2}\,dx - 2\int_{0}^{3} \sqrt{9-y^2}\,dy$$

이 때 우변 식의 첫 번째 항에서 $9-x^2=y$로 치환하여 풀면

$$f_1(y) = -\int_{0}^{9} \frac{1}{2}\sqrt{y}\,dy = -9$$

가 되며 두 번째 항에서는 $y=3\sin\theta$로 치환하여 풀면

$$f_2(\theta) = \int_{0}^{\frac{\pi}{2}} 3\cos\theta \cdot 3\cos\theta d\theta = \frac{9}{4}\pi$$

으로 되어

$$\oint_{OABO} \vec{F} \cdot d\vec{L} = -9\left(1+\frac{\pi}{2}\right)$$

가 된다.

면적 적분을 하기 위해서 $\nabla \times \vec{F}$를 구하는 데 그 표현식은 다음과 같다.

$$\nabla \times \vec{F} = \begin{vmatrix} \hat{x} & \hat{y} & \hat{z} \\ \frac{\partial}{\partial x} & \frac{\partial}{\partial y} & \frac{\partial}{\partial z} \\ xy & -2x & 0 \end{vmatrix} = -\hat{z}(2+x)$$

한편, $d\vec{S} = \hat{n}dS = \hat{z}dxdy$이 되므로

$$\int_s (\nabla \times \vec{F}) \cdot d\vec{S} = \int_0^3 \int_0^{\sqrt{9-y^2}} (\nabla \times \vec{F}) \cdot (\hat{z}dxdy)$$
$$= -9\left(1+\frac{\pi}{2}\right)$$

으로 주어지므로 Stokes의 정리가 증명된다.

학습활동

자속의 변화에 의해 기전력이 유기되는 과정

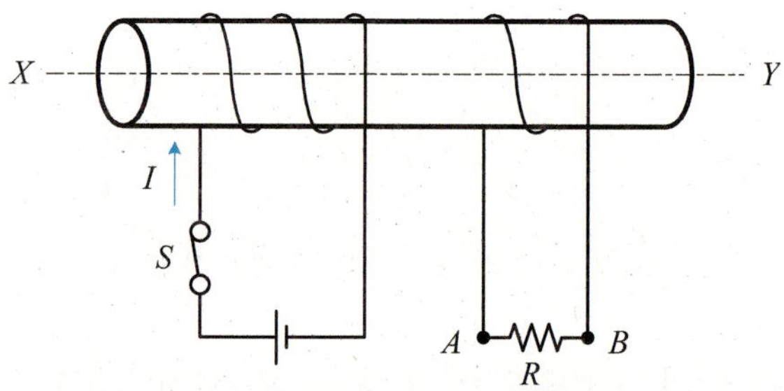

처음 상태에서 자속은 코일 속을 $X \rightarrow Y$ 방향으로 지나고 있다. S를 열면 이 자속이 없어지게 되므로, 이 자속을 유지시키고자 하는 방향인 $X \rightarrow Y$ 방향의 자속을 만들기 위하여 저항에 $B \rightarrow A$ 방향으로 전류가 흐른다. 얼마 후 전류는 영이 된다. 스위치 S를 다시 닫으면 $X \rightarrow Y$ 방향으로 자속이 생기므로 이를 방해하기 위하여 $Y \rightarrow X$ 방향의 자속이 생기도록 $A \rightarrow B$ 방향의 전류가 흘러야 한다.

2 자계 속을 운동하는 도체

길이가 L[m]인 폐루프를 가진 도체 a, b가 속도 v[m/sec]로 자계 속을 운동하고 있을 때 미소 시간 dt 동안에 이동한 거리는 vdt이다.

이 때 선소(線素) dl이 이동함으로써 생기는 미소 면적은

$$d\vec{S} = \vec{v}dt \times d\vec{L} \tag{10-11}$$

이므로 쇄교하는 자속은

$$d\phi = \int \vec{B} \cdot (\vec{v}dt \times d\vec{L}) \tag{10-12}$$

이다.

식(10-12)에서 dt는 폐루프가 형성하는 적분에서 고려해야 할 요소가 아니므로

$$\frac{d\phi}{dt} = \int \vec{B} \cdot (\vec{v} \times d\vec{L}) \tag{10-13}$$

이다.

벡터 공식에 의하면

$$\vec{B} \cdot (\vec{v} \times d\vec{L}) = (\vec{B} \times \vec{v}) \cdot d\vec{L} = -(\vec{v} \times \vec{B}) \cdot d\vec{L} \tag{10-14}$$

$$\frac{d\phi}{dt} = -\int (\vec{v} \times \vec{B}) \cdot d\vec{L} \tag{10-15}$$

이 된다. 따라서 폐루프에 유기되는 기전력은

$$V = -\frac{d\phi}{dt} = \int (\vec{v} \times \vec{B}) \cdot d\vec{L} \tag{10-16}$$

이다.

$\vec{B}$가 균일하고 $\vec{v}$는 모든 점에서 그 값이 같다면 식(10-16)은

$$V = vBl \tag{10-17}$$

이 된다. 여기서 l은 도선의 길이이다.

식(10-16)과 식(10-17)은 운동 도체에 관한 기전력의 식이라 한다.

식(10-16)이 보다 일반적인 식이며 식(10-17)은 폐루프의 운동 방향, 자계가 서로 수직인 특수한 경우에 적용되는 식이다.

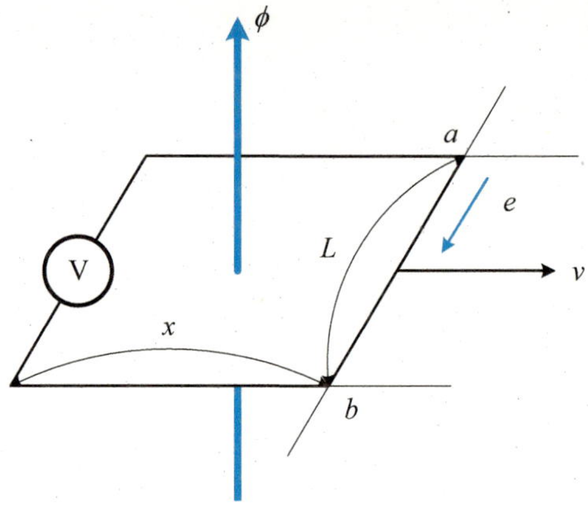

[그림 10-3] 자계 중의 폐회로의 운동

예제 10-3 자속밀도 B[Wb/m^2]의 평등자계와 수직으로 길이 l[m]의 직선도체가 v[m/s]의 속도로 운동할 때 유기 기전력의 크기[V]는?

〈풀이〉 유기 기전력을 e라고 할 때 $\vec{v}$와 $\vec{B}$가 수직이므로 $\theta = \dfrac{\pi}{2}$가 된다.

$$\therefore\ e = vBl\sin\theta = vBl\sin\frac{\pi}{2} = vBl\ \text{[V]}$$

예제 10-4 자속밀도 0.6[Wb/m^2]인 평등자계의 방향과 수직으로 놓인 50[cm]의 도선을 자계와 30° 의 방향으로 매초 40[m/s]의 속도로 운동시킬 때 도선에 유기되는 기전력[V]은?

〈풀이〉 도선 ab가 B와 90° 를 유지하면서 30° 의 방향으로 이동하여 cd의 위치로 간 것이나, ab가 B와 30° 기울어진 상태로 B와 90° 의 방향으로 이동한 것이나, 자속을 끊는 면적은 같다.

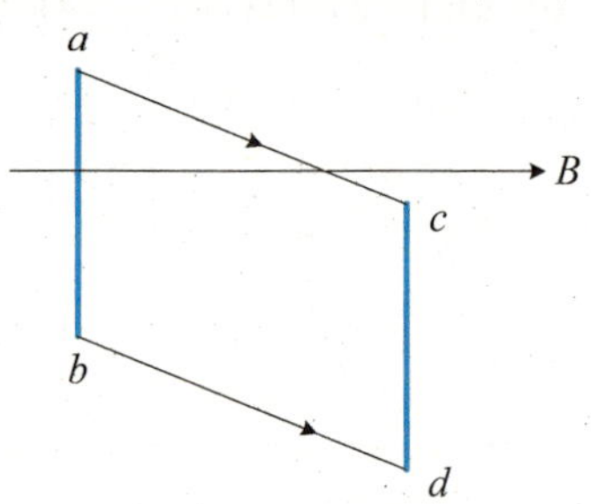

$$\therefore\ e = vBl\sin\theta$$
$$= 40 \times 0.6 \times 0.5 \times \frac{1}{2} = 6\,\text{[V]}$$

3 일반적인 경우의 유도작용

도체가 v의 속도로 운동하고 또한 자속밀도도 시간적으로 변하는 경우, 즉 두 가지 변화가 동시에 일어나는 경우 폐루프에 유기되는 전체 기전력은 식(10-16)과 식(10-6)의 합으로 나타난다.

$$V = \oint (\vec{v} \times \vec{B}) \cdot d\vec{L} - \int_s \frac{\partial B}{\partial t} \cdot d\vec{S} \qquad (10\text{-}18)$$

식(10-18)에서 우변의 첫 항은 운동에 의해 유기되는 기전력이고, 둘째 항은 B의 시간적 변화에 의해 유기된 기전력을 나타낸다. 또, 첫 항의 선적분은 회로의 주위를 적분한 것이며, 둘째 항의 면적분은 회로에 의해 둘러 싸여지는 면을 적분한 것이다.

이것을 요약하면 다음과 같다.

(1) $V = \oint (\vec{v} \times \vec{B}) \cdot d\vec{L} - \int_s \frac{\partial \vec{B}}{\partial t} \cdot d\vec{S}$; 일반적인 경우

(2) $V = \oint (\vec{v} \times \vec{B}) \cdot d\vec{L}$; 운동만 있는 경우

(3) $V = -\int_s \frac{\partial \vec{B}}{\partial t} \cdot d\vec{S}$; 자속밀도만 변화하는 경우

학습활동

기전력(Electromotive Force)

고도로 축적된 전하는 고전압을 유기하고 미약하게 축적된 전하는 저전압을 유기한다. 전압은 기전력이라고도 하며, 2개의 반대되는 양전하와 음전하가 존재하는 데 이 전압의 크기는 회로에 가해지는 전위차의 총량으로 표시되기도 한다.

전압은 전자의 흐름 또는 전류로 인해 발생되는 힘, 압력, 전위차 또는 기전력으로 전압에 대한 단위는 volt, 부호는 로마자 대문자인 V를 사용한다.

예로, 회로에 5 V의 전압이 가해지면 다음과 같이 표시한다.

$$V = 5\,[\mathrm{V}]$$

이 경우 왼쪽 V는 voltage라 표현하지 volt라고 하지 않는다. 이는 1 volt가 5 volt가 아니기 때문이다.

예제 10-5 루프의 폭 l은 일정하나 길이 x는 균일한 속도 v로 습동도체를 움직여서 시간에 따라 일정하게 증가되고 있다. 이 때 자속밀도는 루프 평면에 수직이며 $B = B_0 \sin\omega t$인 경우 루프에 유기되는 전체 기전력을 구하라.

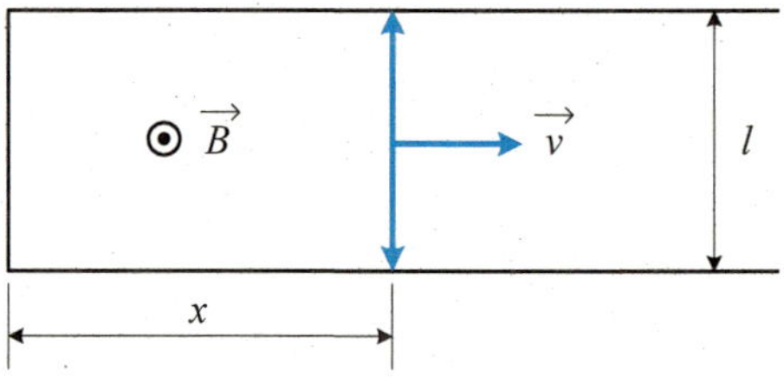

[그림 10-4] 습동 도체(Sliding Conductor)

〈풀이〉 운동에 의해 유기되는 기전력은

$$
\begin{aligned}
V_m &= \oint (\vec{v} \times \vec{B}) \cdot d\vec{L} \\
&= vBl \\
&= vlB_0 \sin\omega t
\end{aligned}
$$

이며 B의 시간적 변화에 대한 기전력은

$$
\begin{aligned}
V_t &= -\int_s \frac{\partial \vec{B}}{\partial t} \cdot d\vec{S} \\
&= -\omega B_0 l x \cos\omega t
\end{aligned}
$$

가 된다.

이 때 전체 기전력은

$$
\begin{aligned}
V &= V_m + V_t \\
&= VlB_0 \sin\omega t - \omega B_0 l x \cos\omega t
\end{aligned}
$$

이다.

4 로렌츠 힘(Lorentz Force)

지금까지 시변 자계가 존재하는 영역에서 도선의 길이가 존재할 때 기전력에 대해서 살펴보았으나 이 절에서는 시변 전계와 자계가 존재하는 공간상을 전하가 이동할 때 이동전하가 받는 힘에 대하여 학습하도록 하며 대표적인 것이 로렌츠 힘(Lorentz Force)이다.

자기장을 발생시키는 원천은 전류이므로 자기장내에서는 전류가 흐르는 도선이 힘을 받게 되며 결국 전류는 무수한 전하의 이동으로 볼 수 있으므로 자계 내에서는 이동전하가 힘을 받게 됨을 알 수 있다.

일반적으로 전하량 q로 대전된 입자가 자기장 B에 수직인 방향으로 v의 속도로 입사하면 이 때 전하량이 받는 힘은

$$\vec{F} = q(\vec{v} \times \vec{B}) \tag{10-19}$$

가 되며 만약 대전 입자가 자기장에 수직으로 입사하지 않고 θ의 각을 이루면서 입사한다면 이 입자가 받는 힘의 크기는

$$F = qvB\sin\theta \tag{10-20}$$

으로 표현된다.

이 때 힘의 방향은 이동방향에 수직인 방향인데 등속원운동을 하며 속도 v와 자속밀도 B에 대한 오른나사 진행 방향을 갖는다.

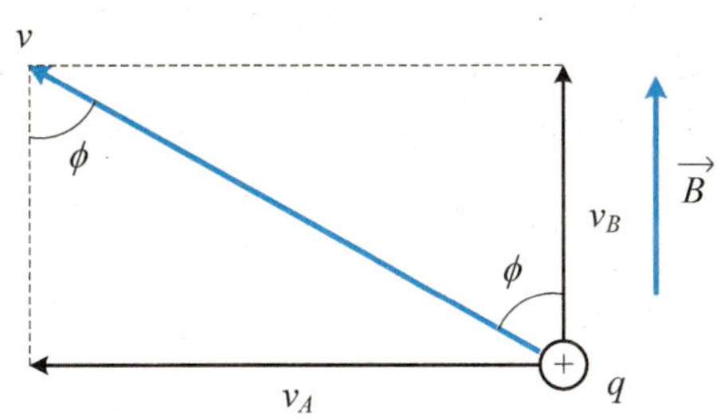

[그림 10-5] 이동전하에 작용하는 힘의 방향

한편, 전계와 자계가 존재하는 공간에서 전하 q에 작용하는 힘은 다음과 같이 나타낼 수 있으며 이 식을 로렌쯔 힘(Lorentz Force)이라 한다.

$$\vec{F} = q(\vec{E} + \vec{v} \times \vec{B}) \tag{10-21}$$

사이클로드론은 이러한 로렌츠 힘으로 전자의 이동 방향을 바꿔가면서 입자를 가속시키는 원형의 입자 가속기로서 병원 의료용으로 많이 사용하고 있다.

[표 10-1] 중력장, 전장, 자장에서 작용하는 힘에 대한 비교

	중력장(g)	전기장(E)	자기장(H)
힘을 받는 대상	질량 m인 물체	전하 q	속도 v로 운동하는 전하 q
작용하는 힘	$F_g = mg$	$F_e = qE$	$\overrightarrow{F_m} = q(\vec{v} \times \vec{B})$
힘의 방향	중력장의 방향	전기장의 방향	운동방향과 자기장 방향의 오른나사 방향

예제 10-6 **자속밀도가 $20\,[\mathrm{mT}]$인 공간에 전자가 $v = 4 \times 10^9\,[\mathrm{m/sec}]$의 속도로 자계 방향에 대해 30° 방향으로 입사할 때 전자에 작용하는 자기력을 구하라.**

〈풀이〉 전자에 작용하는 힘의 크기는

$$\begin{aligned}|\vec{F}| &= |-e(\vec{v} \times \vec{B})| = |evB\sin\theta| \\ &= \left|-1.6 \times 10^{-19} \times 4 \times 10^9 \times 20 \times 10^{-3} \times \frac{1}{2}\right| \\ &= 6.4 \times 10^{-12}[\mathrm{N}]\end{aligned}$$

이 되고 힘의 방향은 전자가 (-) 전하를 띠므로 $\vec{v}$ 방향에서 $\vec{B}$ 방향으로 나사를 돌릴 때 진행하는 방향의 반대 방향이 된다.

예제 10-7 자속밀도 B인 공간상에 질량이 $m\,[\mathrm{kg}]$이고 전하량이 $+e$인 양자가 반경 r인 원주상으로 원운동을 하기 위한 속도 v는?

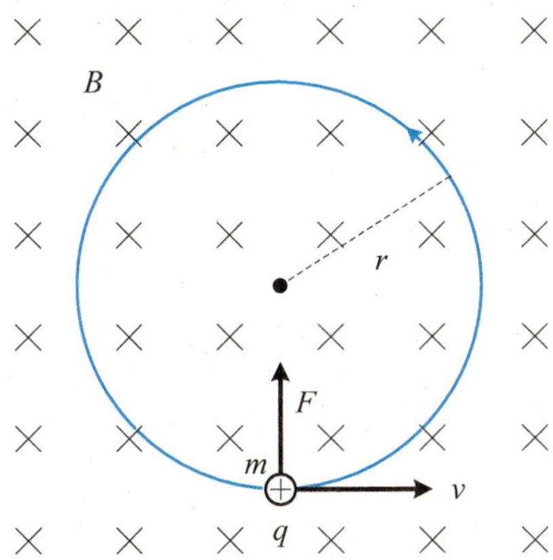

[그림 10-6] 로렌쯔 힘

〈풀이〉 양자가 작용하는 자기력은 $\theta = 90^\circ$ 이므로

$$F = evB\sin\theta = evB$$

이 되고 힘의 방향은 원의 중심으로 향하는 방향이 된다. 양자가 원운동을 하기 위해서는 가속도가 $a = \dfrac{v^2}{r}$가 되어야 하므로

$$F = ma = m\frac{v^2}{r} = evB$$

이 되어 속도 v는

$$v = \frac{e}{m}Br$$

이 된다.

5 변위전류

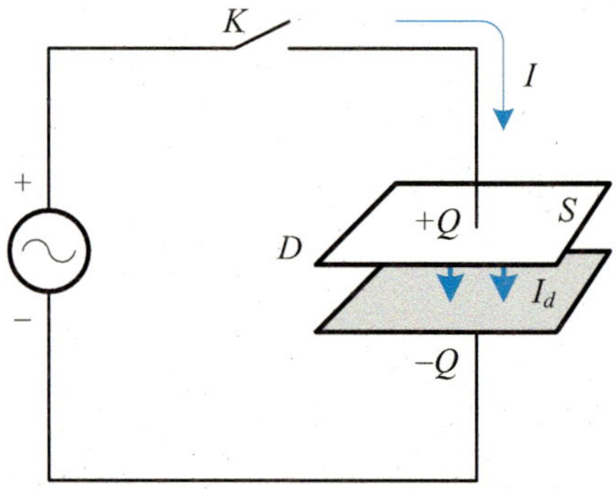

[그림 10-7] 변위 전류

[그림 10-7]과 같은 평판 콘덴서에서 전하는 보존되므로 극판에 유입되는 전도 전류는

$$I = \frac{dq}{dt} = \frac{d}{dt}(\rho_s S) = S\frac{d\rho_s}{dt} = S\frac{dD}{dt} = I_d \tag{10-22}$$

(S : 평판의 넓이)

과 같이 변위전류 I_d로 변형된다.

여기서 유전체 내의 전속밀도의 변화를 전류밀도로 대치 가능하며 이를 변위 전류밀도(Displacement Current Density)라고 한다.

도선에 흐르는 전류, 즉 저항에 흐르는 전류는 전도전류만 흐르고 콘덴서에 흐르는 전류는 변위전류만 흐르므로 전하의 이동이 없는 완전 유전체에서는

$$\nabla \times \vec{H} = \frac{\partial \vec{D}}{\partial t} \tag{10-23}$$

이 성립하며, 이 식은

$$\nabla \times \vec{E} = -\frac{\partial \vec{B}}{\partial t} \tag{10-24}$$

와 비교되는 모양을 갖는다. 즉 식(10-21)은 자계가 시간적으로 변화하면 전계를 유기시키고 식(10-23)에서는 유전체 내에서 전계가 시간적으로 변화하면 자계를 유기시킨다. 이러한 식은 송신 안테나에서 시간적으로 변하는 전자파가 모든 방향으로 방사할 때 그 내용이 수신측에 전달되는 원리를 가지고 있다.

일반적으로, 즉 전도전류와 변위전류가 공존하는 경우

$$\oint \vec{H} \cdot d\vec{L} = I = I_c + I_d \tag{10-25}$$

로 표현된다. 여기서 I_c는 전도전류이며 I_d는 변위전류이다.

$$\nabla \times \vec{H} = \vec{J} = \vec{J_c} + \vec{J_d} \tag{10-26}$$

이므로 Stroke의 정리에 의해

$$\begin{aligned} \oint \vec{H} \cdot d\vec{L} &= \int (\nabla \times \vec{H}) \cdot d\vec{S} \\ &= \int \vec{J} \cdot d\vec{S} \\ &= \int \left(\vec{J_c} + \frac{\partial \vec{D}}{\partial t} \right) \cdot d\vec{S} \end{aligned} \tag{10-27}$$

으로 주어진다. 여기서 $\vec{J_c}$는 전도 전류밀도이며 $\vec{J_d}$는 변위 전류밀도이다.

그러므로

$$\boxed{\nabla \times \vec{H} = \vec{J_c} + \frac{\partial \vec{D}}{\partial t}} \tag{10-28}$$

가 된다. 이것이 Ampere의 법칙에서 유도된 Maxwell의 제4방정식이다.

예제 10-8 극판 간격 $d = 5\,[\mathrm{cm}]$이고 극판 면적 $S = 5\,[\mathrm{cm}^2]$인 평행판 콘덴서에 비유전율 $\epsilon_r = 10$인 유전체가 채워져 있다. 양단에 전압 $V = 100\sin(2 \times 10^6 t)$을 가했을 때 콘덴서 내부의 변위전류를 구하라.

〈풀이〉 유전체 내의 전속밀도 D는

$$D = \epsilon E = \epsilon_0 \epsilon_r \frac{V}{d} = \frac{1}{36\pi} \times 10^{-9} \times 10 \times \frac{100\sin(2 \times 10^6 t)}{5 \times 10^{-2}}$$

가 되므로 변위전류밀도 J_d는

$$J_d = \frac{\partial D}{\partial t} = \frac{1}{36\pi} \times 10^{-9} \times 10 \times \frac{100 \times 2 \times 10^6}{5 \times 10^{-2}} \times \cos(2 \times 10^6 t)$$

$$= \frac{1}{90\pi} \times 10^2 \cos(2 \times 10^6 t)$$

이 되어 변위 전류 I_d는

$$I_d = J_d S = \frac{1}{90\pi} \times 10^2 \times 5 \times 10^{-4} \times \cos(2 \times 10^6 t)$$

$$= \frac{1}{18\pi} \times 10^{-2} \cos(2 \times 10^6 t) \ \text{[A]}$$

으로 주어진다.

6 Maxwell 방정식

앞 절에서 설명한 변위 전류에 대하여 Maxwell은 변위 전류도 전도 전류와 똑같은 자계를 만든다고 주장했다. 또한 전자 유도에 의한 전계 분포를 제시하는 식(10-24)는 모든 공간에 대해서도 성립하는 것이므로 모든 장소에 있어서,

$$\nabla \times \vec{H} = \vec{J_c} + \frac{\partial \vec{D}}{\partial t} \tag{10-29}$$

$$\nabla \times \vec{E} = -\frac{\partial \vec{B}}{\partial t} \tag{10-30}$$

인 두 개의 방정식이 성립해야 한다.

식(10-29)는 앞 절에서 언급한 바와 같이 자장의 회전으로서 Ampere의 주회법칙에서 유도된 것이며, 식(10-30)은 Faraday의 전자유도 법칙에서 유도되었으며, 유도전압은 폐회로를 쇄교하는 자력선의 시간적 변화율에 비례하며 변화 방향은 반대이다. 이것은 Maxwell의 제3전자방정식에 속한다.

이 두 개의 방정식은 Maxwell의 전자 기본방정식(Maxwell's fundamental equations of electromagnetic field)이라고 한다.

Maxwell의 제1전자방정식과 제2전자방정식은 Gauss의 정리에서 유도되는데

$$\nabla \cdot \vec{D} = \rho \quad (10\text{-}31)$$

$$\nabla \cdot \vec{B} = 0 \quad (10\text{-}32)$$

이다. 전자는 전장의 발산으로서 임의의 폐곡면을 뚫고 발산하는 전장의 전체전속은 그 폐곡면 내에 포함되는 전 전하량과 같다. 후자는 자장의 발산으로서 임의의 폐곡면을 통해서 발산하는 자속의 총합은 0이다.

이들 4개의 방정식은 전자계 이론의 기초가 되는 편미분 방정식으로 Maxwell 방정식의 미분형이라 한다. 지금부터 Maxwell의 미분형에서 적분형을 유도하여 보자.

식(10-30)을 표면 적분하면

$$\oint_s (\nabla \times \vec{E}) \cdot d\vec{S} = -\int_s \frac{\partial \vec{B}}{\partial t} \cdot d\vec{S} \quad (10\text{-}33)$$

이 되는데 Stroke의 정리를 적용하면

$$\oint_c \vec{E} \cdot d\vec{L} = -\int_s \frac{\partial \vec{B}}{\partial t} \cdot d\vec{S} \quad (10\text{-}34)$$

이다.

같은 방법으로 식(10-29)를 표면 적분하면

$$\oint_s (\nabla \times \vec{H}) \cdot d\vec{S} = \oint_s \vec{J_c} \cdot d\vec{S} + \int_s \frac{\partial \vec{D}}{\partial t} \cdot d\vec{S} \quad (10\text{-}35)$$

이 되는데 Stroke의 정리를 이용하므로써

학습활동

맥스웰(Maxwell, 1831~1879) 인물사

맥스웰은 스코틀랜드 출생으로 어려서부터 수학에 남다른 능력을 가지고 있었다. 그는 패러데이와는 대조적으로 좋은 가정에서 태어나 훌륭한 교육을 받았다. 맥스웰은 에든버러 대학을 1850년에 마친 후 1854년에 케임브리지 대학을 졸업했다.

맥스웰은 패러데이가 이룩한 실험 연구의 성과를 수학화하는 작업에 큰 관심을 가졌다. 이에 따라 전기장 방정식과 자기장 방정식을 결합하였을 때 하나의 통합된 방정식을 수립할 수 있었는데 이것이 유명한 맥스웰 방정식이다. 그 방정식은 전자기적 진동의 속력이 광속임을 드러냄으로써 빛이 전자기파의 일종이라는 것을 예측할 수 있게 해 주었다.

$$\oint \vec{H} \cdot d\vec{L} = I_{전도전류} + \int_s \frac{\partial \vec{D}}{\partial t} \cdot d\vec{S} \tag{10-36}$$

가 되어 폐회로를 따른 자장의 세기 $\vec{H}$의 선적분은 폐회로 표면을 통해서 흐르는 전체 전류와 같다.

식(10-31) 및 (10-32)를 체적에 대해서 적분하면

$$\int_v (\nabla \cdot \vec{D}) dv = \int_v \rho dv \tag{10-37}$$

$$\int_v (\nabla \cdot \vec{B}) dv = 0 \tag{10-38}$$

이 되어 발산 정리를 적용하면

$$\oint_s \vec{D} \cdot d\vec{S} = \int \rho dv \tag{10-39}$$

$$\oint_s \vec{B} \cdot d\vec{S} = 0 \tag{10-40}$$

가 된다.

요 약

① Maxwell의 전자방정식

$\nabla \cdot \vec{D} = \rho$ (제 1 전자방정식)

$\nabla \cdot \vec{B} = 0$ (제 2 전자방정식)

$\nabla \times \vec{E} = -\dfrac{\partial \vec{B}}{\partial t}$ (제 3 전자방정식)

$\nabla \times \vec{H} = \vec{J_c} + \dfrac{\partial \vec{D}}{\partial t}$ (제 4 전자방정식)

② Maxwell의 전자 기본방정식

$$\nabla \times \vec{H} = \vec{J_c} + \frac{\partial \vec{D}}{\partial t}$$

$$\nabla \times \vec{E} = -\frac{\partial \vec{B}}{\partial t}$$

[표 10-2] 미분형과 적분형태를 가진 Maxwell 방정식

<table>
<tr><th>방정식</th><th colspan="2">공식</th><th>내용설명</th><th>분류</th><th>비고</th></tr>
<tr><td rowspan="2">제1 방정식</td><td>미분형</td><td>$\nabla \cdot \vec{D} = \rho$</td><td rowspan="2">임의의 폐곡면을 뚫고 발산하는 전장의 전체전속은 그 체적 내에 포함되는 전 전하량과 같다.</td><td rowspan="2">전장의 발산 (divergence)</td><td rowspan="2">전장의 Gauss법칙</td></tr>
<tr><td>적분형</td><td>$\oint_s \vec{D} \cdot d\vec{S} = \int_v \rho dv$</td></tr>
<tr><td rowspan="2">제2 방정식</td><td>미분형</td><td>$\nabla \cdot \vec{B} = 0$</td><td rowspan="2">임의의 폐곡면을 통해서 발산하는 자속의 총합은 0이다.</td><td rowspan="2">자장의 발산 (divergence)</td><td rowspan="2">자장의 Gauss법칙</td></tr>
<tr><td>적분형</td><td>$\oint_s \vec{B} \cdot d\vec{S} = 0$</td></tr>
<tr><td rowspan="2">제3 방정식</td><td>미분형</td><td>$\nabla \times \vec{E} = -\frac{\partial \vec{B}}{\partial t}$</td><td rowspan="2">유도전압은 폐회로를 쇄교하는 자력선의 시간적 변화율에 비례하며, 변화방향은 반대이다.</td><td rowspan="2">전장의 회전 (curl)</td><td rowspan="2">Faraday 유도법칙</td></tr>
<tr><td>적분형</td><td>$\oint_c \vec{E} \cdot d\vec{L} = -\frac{\partial}{\partial t}\oint_s \vec{B} \cdot d\vec{S}$</td></tr>
<tr><td rowspan="2">제4 방정식</td><td>미분형</td><td>$\nabla \times \vec{H} = \vec{J_c} + \frac{\partial \vec{D}}{\partial t}$</td><td rowspan="2">폐경로를 따른 자장의 세기 $\vec{H}$의 선적분은 폐경로 표면을 통해서 흐르는 전체 전류와 같다.</td><td rowspan="2">자장의 회전 (curl)</td><td rowspan="2">Ampere의 주회 적분법칙</td></tr>
<tr><td>적분형</td><td>$\oint_c \vec{H} \cdot d\vec{L} = \oint_s \vec{J_c} \cdot d\vec{S} + \frac{\partial}{\partial t}\oint_s \vec{D} \cdot d\vec{S}$</td></tr>
</table>

예제 10-9 자유공간에서 전계가 $\vec{E} = \hat{y}10\cos(\omega t - 10x)\,[\mathrm{V/m}]$일 때 자계 $\vec{H}$를 구하라.

〈풀이〉 자유공간에서 Maxwell 방정식은

$$\nabla \times \vec{H} = \frac{\partial \vec{D}}{\partial t} = \epsilon_0 \frac{\partial \vec{E}}{\partial t}$$
$$= -\hat{y}10\,\omega\epsilon_0 \sin(\omega t - 10x)$$

가 된다.

자유공간에서 전파의 진행 방향은 x성분이지만 자계는 z성분을 가지게 되므로

$$\nabla \times \vec{H} = \begin{vmatrix} \hat{x} & \hat{y} & \hat{z} \\ \frac{\partial}{\partial x} & \frac{\partial}{\partial y} & \frac{\partial}{\partial z} \\ 0 & 0 & H_z \end{vmatrix} = \hat{x}\frac{\partial H_z}{\partial y} - \hat{y}\frac{\partial H_z}{\partial x} = -\hat{y}\frac{\partial H_z}{\partial x}$$

가 된다.

그러므로

$$\frac{\partial H_z}{\partial x} = 10\omega\epsilon_0 \sin(\omega t - 10x)$$

으로 표현되어

$$\begin{aligned} H_z &= 10\omega\epsilon_0 \times \frac{1}{10} \times \cos(\omega t - 10x) \\ &= \omega\epsilon_0 \cos(\omega t - 10x) \end{aligned}$$

이 된다.

최종 결과식을 벡터로 표시하면 다음과 같이 주어진다.

$$\vec{H} = \hat{z}\,\omega\epsilon_0 \cos(\omega t - 10x)$$

예제 10-10 간격 d, 면적 S의 평행판 전극 사이에 유전율 ϵ, 고유저항 ρ인 물체가 채워져있다. 전극 사이에 전압의 최대치 V_m, 각 주파수 ω인 전압을 가했을 때, 전극 사이에 흐르는 전도전류 i_c와 변위전류 i_d의 크기의 비 $|i_d|/|i_c|$는?

〈풀이〉 전극 사이의 시변 전압을 $v = V_m \sin\omega t$라고 하면

$$\text{전도전류 } i_c = \frac{V}{R} = \frac{V_m \sin\omega t}{\rho\frac{d}{S}} = \frac{SV_m}{\rho d}\sin\omega t,$$

$$\text{변위전류 } i_d = \int_S \frac{\partial \vec{D}}{\partial t} \cdot d\vec{S} = \epsilon S\frac{\partial E}{\partial t} = \frac{\epsilon S}{d}\frac{\partial V}{\partial t} = \frac{\omega\epsilon S V_m}{d}\cos\omega t$$

으로 주어지므로

$$\frac{|i_d|}{|i_c|} = \frac{\frac{\omega\epsilon S V_m}{d}}{\frac{SV_m}{\rho d}} = \omega\epsilon\rho$$

이 된다.

7 맴돌이 전류

Maxwell의 제4전자방정식인

$$\nabla \times \vec{H} = \vec{J} \tag{10-41}$$

에서 회전을 취하면

$$\begin{aligned}\nabla \times \nabla \times \vec{H} &= \nabla \times \vec{J} \\ &= \nabla \times \sigma \vec{E} \\ &= -\sigma \frac{\partial \vec{B}}{\partial t}\end{aligned} \tag{10-42}$$

으로 된다.

이 식에 의하면 철, 알루미늄 그리고 유리관 등을 관통하고 있는 자속이 시간적으로 변화하고 있는 곳에서는 전류의 회전이 존재하고 있다. 전류의 회전이 존재한다고 하는 것은 도체 중에서 폐곡면이 전류의 유선이 있다는 것으로서 전류는 소용돌이 모양으로 흐르게 된다.

금속의 종류에 따라 그 내부의 분자 결합 상태에 의하여 [그림 10-8]과 같이 맴돌이 전류가 흐른다. 도체 내에 맴돌이 전류가 발생하면 도체의 저항으로 손실이 발생하고, 줄열이 발생하여 도체의 온도 상승요인이 된다.

자속의 주파수를 f라 하면 전류 분포는 $\omega\sigma\mu$로 정해지며 이 값이 클수록 맴돌이 전류는 커지게 된다. 실제 계산에 의하면 단위 체적당의 맴돌이 전류손 P_e는 주파수 f가 그리 크지 않을 때에는

$$P_e \propto kf^2 {B_m}^2 \ (B_m : \text{교번자손의 최대값}) \tag{10-43}$$

라 쓸 수 있는데, 이 때의 비례상수 k는 도체의 모양에 따라 정해진다. 모양이 작을수록 비례상수는 적다. 철심일 때에는 교번자계에 대해서 히스테리시스 손실(Hysteresis Loss)이 있는데 이 외에 맴돌이 전류 손실이 있어 이 히스테리시스손과 맴돌이 전류 손실을 합하여 철손(Iron Loss)이라 하는데 규소 강판에서 각각의 비는 약 4:1이 된다.

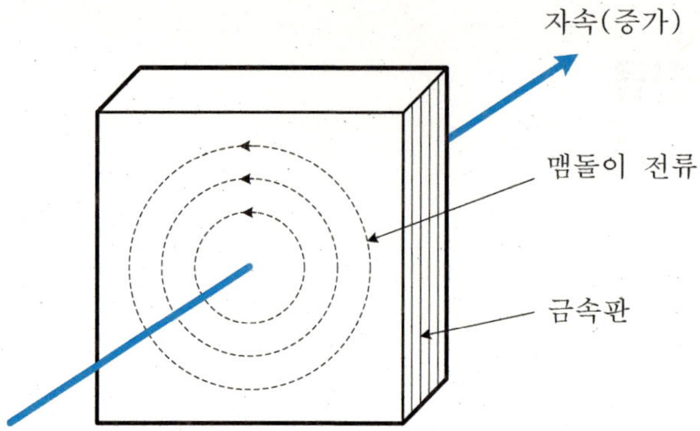

[그림 10-8] 맴돌이 전류

학습내용요약

전자유도 현상

⇨ 시간에 따라 변하는 자기장 내에 놓여진 폐회로에는 기전력이 유기되어 유도전류가 흐른다.

Lenz의 법칙

⇨ 유도기전력의 방향은 자속의 변화를 억제하는 방향으로 생겨서 변화되기 전의 상태를 유지하려는 성질을 가진다.

Faraday 법칙

⇨ 유도기전력의 크기는 쇄교자속의 시간적 변화량과 같다.

⇨ 자속이 급격히 변하면 이에 대한 반작용도 커져서 유도기전력도 커진다.

$$V = -\frac{d\phi}{dt}$$

Stokes의 정리

⇨ Stokes의 정리는 폐곡 면적분과 체적 적분 사이의 관계를 나타내는 발산정리에 대응되는 정리이다.

⇨ 도체가 v의 속도로 운동하고 또한 자속밀도도 시간적으로 변하는 경우 폐루프에 유기되는 전체 기전력은 다음과 같다.

$$V = \oint (\vec{v} \times \vec{B}) \cdot d\vec{L} - \int_s \frac{\partial \vec{B}}{\partial t} \cdot d\vec{S}$$

로렌쯔 힘

⇨ 전계와 자계가 존재하는 공간에서 전하 q에 작용하는 힘은 다음과 같이 나타낼 수 있으며 이 식을 로렌쯔 힘(Lorentz Force)이라 한다.

$$\vec{F} = q(\vec{E} + \vec{v} \times \vec{B})$$

Maxwell 방정식

⇨ 시간적으로 변하는 전계와 자계 사이의 관계를 나타낸다.

⇨ 전자파의 존재에 대한 예언을 가능하게 하였고 전자파의 특성을 파악하는데 유용하게 활용된다.

$$\nabla \times \vec{E} = -\frac{\partial \vec{B}}{\partial t} \qquad \nabla \cdot \vec{D} = \rho$$

$$\nabla \times \vec{H} = \vec{J_c} + \frac{\partial \vec{D}}{\partial t} \qquad \nabla \cdot \vec{B} = 0$$

전자유도현상 : 시간적으로 변하는 자계가 전계를 발생시킨다.

변위전류개념 : 시간적으로 변하는 전계가 자계를 발생시킨다.

연습문제

제 10 장 시변 전계 및 자계

01 정상자계에서 $\overrightarrow{H} = \hat{x}xy - \hat{z}xz$일 때 전류밀도는?

02 간격 d, 면적 S의 평행판 전극 사이에 유전율 ϵ인 유전체가 있다. 전극 사이에 $e = V_m\cos\ \omega t$의 전압을 가할 때, 유전체속의 변위 전류[A]는?

03 어떤 지점의 바닷물의 도전율이 $\sigma = 5[\mho/\text{m}]$, 비유전율이 $\epsilon_r = 80$일 때 변위전류의 성분이 전도전류 성분의 $10[\%]$가 되는 주파수[MHz]는?

04 간격 d[m]인 2개의 평행판 전극 사이에 유전율 ϵ의 유전체가 있다. 전극 사이에 전압 $v = V_m\cos\omega t\,[\text{V}]$를 가했을 때 변위 전류 밀도$[\text{A/m}^2]$는?

05 공기 중에서 E[V/m]의 전계를 인가하여 $i_d[\text{A/m}^2]$의 변위전류가 흐를 때 주파수 f는 몇 [Hz]인가?

06 유전체에서 임의의 주파수 f에서의 손실각 $\tan\delta$라 할 때 전도 전류 i_c와 변위전류 i_d의 크기가 같아지는 주파수를 f_c라 하면 $\tan\delta$를 f와 f_c로 나타내라.

07 Maxwell 방정식의 전자 방정식을 적분형으로부터 미분형을 유도하고 그 물리적 의미를 설명하라.

08 정전 유도 현상과 전자 유도 현상을 비교하여 설명하라.

09 다음 용어를 간단히 설명하라.

1) Faraday의 법칙
2) Lorentz 힘
3) Maxwell의 전자 기본 방정식
4) Stokes의 정리
5) 자속에 관한 관성의 법칙

Chapter

11

평면파

New Fundamentals of Electromagnetic Engineerings

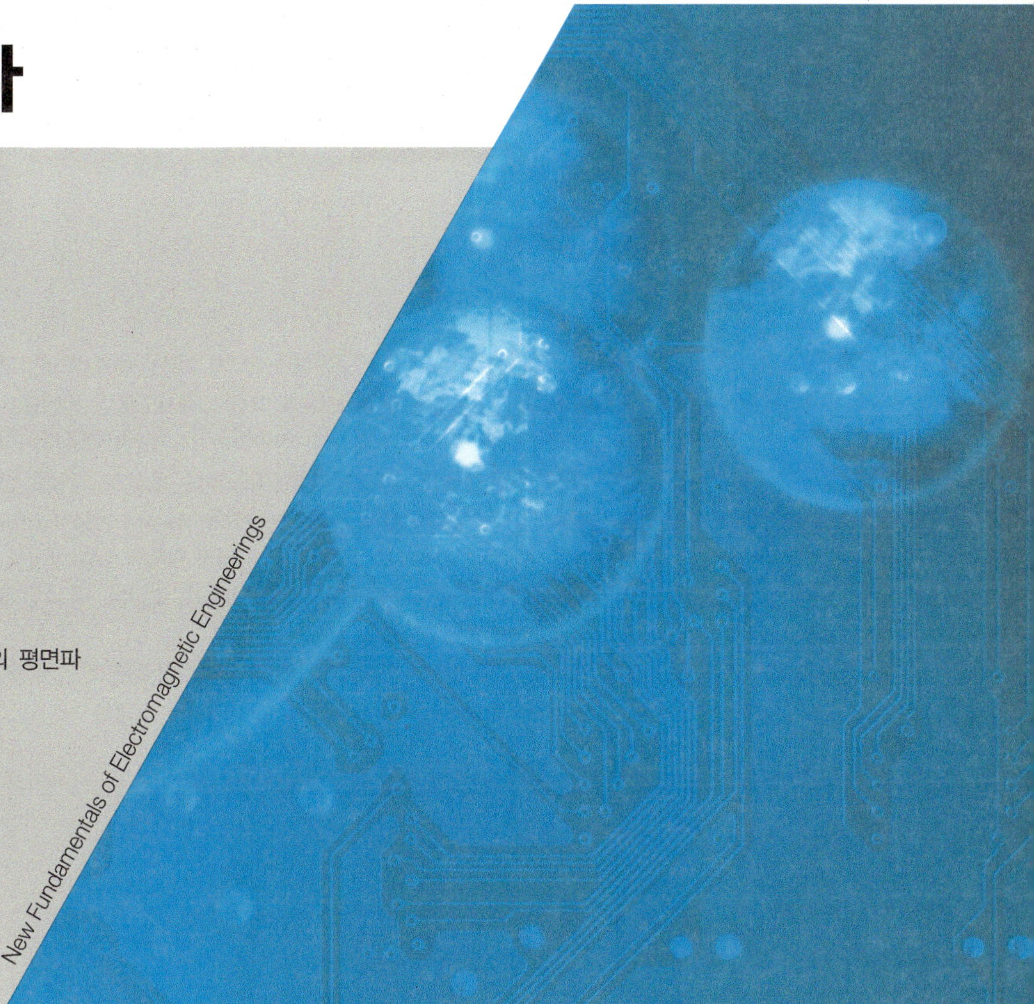

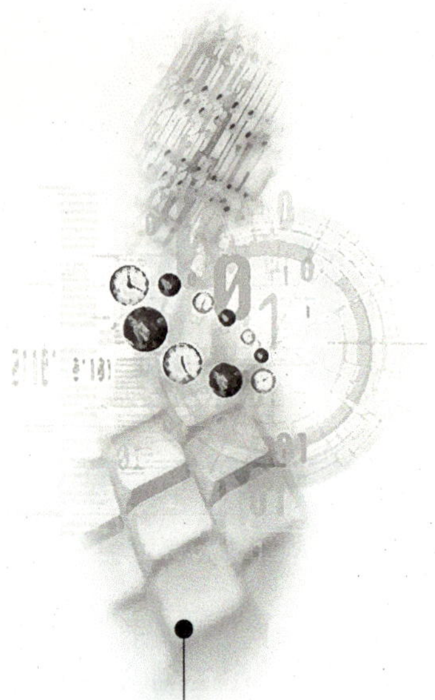

단원개요

평면파는 전계 E에 대한 Maxwell 방정식의 특수해로서 진행방향에 수직인 무한 평면에서 같은 방향과 같은 크기, 그리고 같은 위상을 갖는다. (자계 H에 대해서도 같은 방법으로 정의된다.) 엄격히 말하면, 평면파는 실질적으로 존재하지 않는다. 평면파는 그 특성이 특별히 간단하여 이에 대한 연구는 근본적인 이론 연구는 물론 실질적인 응용에도 아주 중요한 역할을 한다.

본 장에서는 전계와 자계가 파동이 되어 전파하는 현상을 Maxwell 방정식을 이용하여 알아보는데 이러기 위해서는 매질 내에서 시간적으로 변화하는 전자파가 만족해야 할 방정식, 즉 파동 방정식과 그 해를 구한다. 이 때 매질은 균일 등방성이고 선형이며 또 도전율 $\sigma = 0$인 완전 유전체이라고 가정한다.

뿐만 아니라 전자파의 위상 속도와 군속도의 개념을 알아보며 매질의 경계에서 반사파가 존재할 때 이 반사파가 진행파와 합성되어 시간적 공간적으로 어떠한 모양을 가지고 전자파가 분포하는지를 알아본다.

또한 매질에서 전자파가 갖는 임피던스와 에너지의 전달을 표시하는 벡터의 개념을 고찰한다.

학습목표

1. 전자파를 수식으로 표현한 파동방정식을 도출할 수 있다.
2. 파동방정식의 해를 통해 전자파의 특성을 알아볼 수 있다.
3. 진행파와 반사파가 합쳐서 만드는 정재파의 특성을 살펴볼 수 있다.

1 파동 방정식

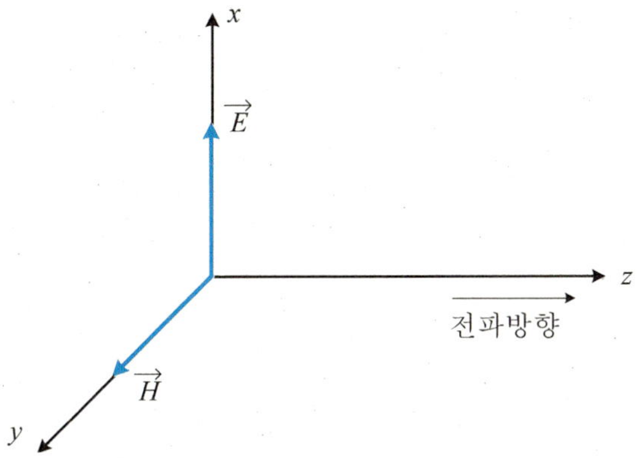

[그림 11-1] 평면파

$\vec{E}$가 전파방향에 수직을 이루는 파를 TE파라고 하며 $\vec{H}$가 전파 방향에 수직을 이루는 파를 TM파라고 한다. 한편 $\vec{E}$와 $\vec{H}$가 모두 전파 방향에 수직을 이루는 파를 TEM(Transverse Electromagnetic Wave)라고 부르는데 균일 평면파에서 $\vec{E}$와 $\vec{H}$는 한 평면 내에 존재하며 그 평면 내의 모든 곳에서 같은 값을 가진다.

[그림 11-1]과 같이 z방향으로 전파하는 자유공간 내의 균일 평면 전자파가 있다. 그리고 전계 $\vec{E}$는 x방향만의 성분 E_x만을 그리고 자계 $\vec{H}$는 y방향의 성분 H_y만을 갖는다고 하자. 이 때 자유 공간의 유전율 및 투자율은 각각 ϵ, μ이다.

학습활동

전파 모드의 종류

1) TE(Transverse Electric) Mode : 전파의 진행 방향에 전계가 없고 자계가 존재하는 파로 H파라고 하며 이 때 전계는 진행 방향의 직각 방향에 존재한다.
2) TM(Transverse Magnetic) Mode : 전파의 진행 방향에 자계가 없고 전계가 존재하는 파로 E파라고 하며 이 때 자계는 진행 방향의 직각 방향에 존재한다.
3) TEM(Transverse ElectroMagnetic) Mode : 전계와 자계가 전파 방향에 직각 방향으로 진행하며 진행 방향의 E와 H 성분은 존재하지 않는다.

여기서는 비도전 매질을 다루고 있으므로 전도 전류밀도 $\vec{J}$는 0이 된다.

Maxwell의 제4전자 방정식인

$$\nabla \times \vec{H} = \frac{\partial \vec{D}}{\partial t} \tag{11-1}$$

에서 식(11-1)은

$$\begin{aligned} &\hat{x}\left(\frac{\partial H_z}{\partial y} - \frac{\partial H_y}{\partial z}\right) + \hat{y}\left(\frac{\partial H_x}{\partial z} - \frac{\partial H_z}{\partial x}\right) + \hat{z}\left(\frac{\partial H_y}{\partial x} - \frac{\partial H_x}{\partial y}\right) \\ &= \frac{\partial}{\partial t}(\hat{x}D_x + \hat{y}D_y + \hat{z}D_z) \end{aligned} \tag{11-2}$$

이 된다. [그림 11-1]에서 표시된 바와 같이 E_x의 전계 성분과 H_y의 자계 성분만을 갖고 z방향으로 진행하는 평면파에 대해서

$$\begin{aligned} -\frac{\partial H_y}{\partial z} &= \frac{\partial D_x}{\partial t} \\ &= \epsilon\frac{\partial E_x}{\partial t} \end{aligned} \tag{11-3}$$

가 된다.

Maxwell의 제 3 전자방정식인

$$\nabla \times \vec{E} = -\frac{\partial \vec{B}}{\partial t} \tag{11-4}$$

에서 식(11-4)는

$$\begin{aligned} &\hat{x}\left(\frac{\partial E_z}{\partial y} - \frac{\partial E_y}{\partial z}\right) + \hat{y}\left(\frac{\partial E_x}{\partial z} - \frac{\partial E_z}{\partial x}\right) + \hat{z}\left(\frac{\partial E_y}{\partial x} - \frac{\partial E_x}{\partial y}\right) \\ &= -\frac{\partial}{\partial t}(\hat{x}B_x + \hat{y}B_y + \hat{z}B_z) \end{aligned} \tag{11-5}$$

이다.

[그림 11-1]의 평면파에 대해서 식(11-5)는

$$\frac{\partial E_x}{\partial z} = -\mu\frac{\partial H_y}{\partial t} \tag{11-6}$$

가 된다.

식(11-3)을 시간 t에 대해서 미분하고 식(11-6)을 거리 z에 대해서 미분하면 H_y를 제거할 수 있으며 E_x에 관한 식을 구할 수 있다.

$$\frac{\partial}{\partial t}\left(\frac{\partial H_y}{\partial z}\right) = -\epsilon\frac{\partial^2 E_x}{\partial t^2} \tag{11-7}$$

$$\frac{\partial^2 E_x}{\partial z^2} = -\mu\frac{\partial}{\partial z}\left(\frac{\partial H_y}{\partial t}\right) \tag{11-8}$$

그러므로 식(11-7)과 식(11-8)에서

$$\boxed{\frac{\partial^2 E_x}{\partial z^2} = \mu\epsilon\frac{\partial^2 E_x}{\partial t^2}} \tag{11-9}$$

가 된다.

식(11-9)는 E_x의 시간적 변화와 공간적 변화의 관계를 나타내며, 이를 E_x에 대한 파동방정식이라 한다.

그러나 식(11-9)를 유도하는 과정과 달리 식(11-3)을 거리 z에 대해서 미분하고, 식(11-6)을 시간 t에 대해서 미분하면 E_x를 제거할 수 있으며 H_y에 관한 식을 구할 수 있다.

$$\frac{\partial^2 H_y}{\partial z^2} = -\epsilon\frac{\partial}{\partial z}\left(\frac{\partial E_x}{\partial t}\right) \tag{11-10}$$

$$\frac{\partial}{\partial t}\left(\frac{\partial E_x}{\partial z}\right) = -\mu\frac{\partial^2 H_y}{\partial t^2} \tag{11-11}$$

그러므로 식(11-10)과 식(11-11)에서

$$\boxed{\frac{\partial^2 H_y}{\partial z^2} = \mu\epsilon\frac{\partial^2 H_y}{\partial t^2}} \tag{11-12}$$

가 된다. 식(11-12)는 H_y의 시간적 변화와 공간적 변화와의 관계를 나타내면 이를 H_y에 대한 파동방정식이라 한다.

식(11-9) 및 (11-12)의 파동 방정식은 동일한 형태를 취하고 있으며 달랑베르의 방정식(D'Alembert's Equation)이라고 하는데 1947년 달랑베르가 구했다.

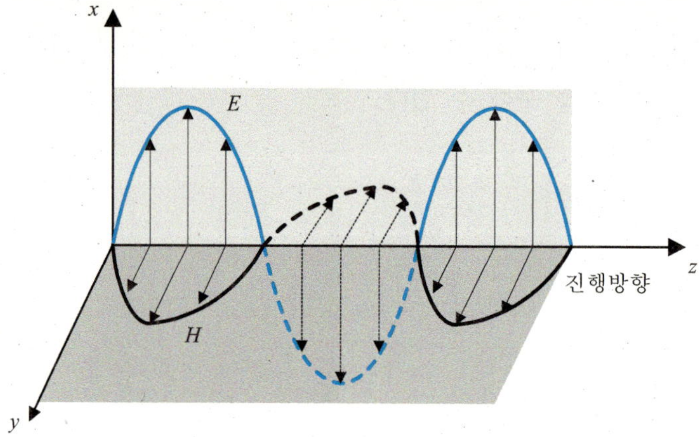

[그림 11–2] 전계성분과 자계성분의 진행

그러면 페이저로 표시한 파동 방정식을 구하여 보자.
페이저를 사용할 때 $\partial/\partial t = j\omega$로 놓으면 식(11-1)과 (11-4)는 각각

$$\nabla \times \overrightarrow{H} = j\omega \overrightarrow{D} = j\omega\epsilon \overrightarrow{E} \tag{11-13}$$

$$\nabla \times \overrightarrow{E} = -j\omega \overrightarrow{B} = -j\omega\mu \overrightarrow{H} \tag{11-14}$$

으로 표현된다.

식(11-14)에서

$$\nabla \times \nabla \times \overrightarrow{E} = -j\omega\mu \nabla \times \overrightarrow{H} \tag{11-15}$$

이 되며

$$\nabla \times \nabla \times \overrightarrow{E} = \nabla(\nabla \cdot \overrightarrow{E}) - \nabla^2 \overrightarrow{E} \tag{11-16}$$

인 관계에서

$$\begin{aligned} \nabla(\nabla \cdot \overrightarrow{E}) - \nabla^2 \overrightarrow{E} &= -j\omega\mu(j\omega\epsilon \overrightarrow{E}) \\ &= \omega^2 \mu\epsilon \overrightarrow{E} \end{aligned} \tag{11-17}$$

으로 주어진다.

자유공간 내에서는

$$\nabla \cdot \overrightarrow{E} = \frac{\rho}{\epsilon} = 0 \tag{11-18}$$

이므로

$$\nabla^2\vec{E}+\omega^2\epsilon\mu\vec{E}=(\nabla^2+\omega^2\epsilon\mu)\vec{E} \qquad (11\text{-}19)$$

이며 $k^2=\omega^2\mu\epsilon$으로 놓으면

$$\boxed{(\nabla^2+k^2)\vec{E}=0} \qquad (11\text{-}20)$$

이다. 이 식을 Helmholtz 방정식이라 한다.

학습활동

평면파(Plane Wave)의 정의와 성질

1. 정의

전파가 먼 거리를 진행하여도 그 에너지 밀도가 균일하며 전계와 자계 성분이 일정한 방향으로 진행하는 이상적인 파동을 의미하며, 전계와 자계의 방향은 모든 곳에서 서로 수직이고 균일 평면파에서 전계와 자계는 한 평면 내에 존재하며 그 평면 내의 모든 곳에서 같은 값을 갖는다.

2. 성질

① 전파는 횡파이고 전계와 자계가 직각 방향으로 진행한다.
② 균일 매질을 전파하는 전파는 직진하나 굴절율이 다른 매질의 경계면에서는 굴절과 반사 현상을 하는 성질이 있다.
③ 전파속도는 투자율이나 유전율이 클수록 늦어지고 파장은 짧다.
④ 2개 이상의 전파가 만날 때 동위상이면 합성되고 역위상이면 상쇄되는 성질을 갖는다.
⑤ 전파는 편파성을 갖는다.

예제 11-1 공기 중에서 $1\,[\mathrm{V/m}]$의 전계로 $1\,[\mathrm{A}]$의 변위 전류를 흐르게 하려면 주파수는? (단, 비유전율 $\epsilon_r=1$, 자유공간에서의 유전율 $\epsilon_0=\dfrac{1}{36\pi}\times10^{-9}\,[\mathrm{F/m}]$이다.)

〈풀이〉 $\vec{J}$를 변위 전류 밀도라고 하면 $I=\iint\vec{J}\cdot d\vec{S}$이므로 단위면적에서 변위전류는

$$I=\frac{dD}{dt}=|j\omega D|=2\pi fD$$

가 된다. 그러므로

$$f = \frac{I}{2\pi D} = \frac{I}{2\pi\epsilon E}$$
$$= \frac{1}{2\pi \times \frac{1}{36\pi} \times 10^{-9} \times 1 \times 1}$$
$$= 18 \times 10^{9}\,[\text{Hz}]$$
$$= 18 \times 10^{3}\,[\text{MHz}]$$

이다.

예제 11-2 매질의 상수가 $\sigma = 0.1$, $\mu_r = 1$, $\epsilon_r = 40$이고 이 값은 주파수와 무관하다. $10\,[\text{GHz}]$의 주파수에 대하여 이 매질은 어떤 특성을 가지는가?

〈풀이〉 $\nabla \times \vec{H} = \vec{J_c} + \frac{\partial \vec{D}}{\partial t}$에서 도전 매질의 경우 $\vec{J_c} = \sigma \vec{E}$이므로

$$\nabla \times \vec{H} = \sigma \vec{E} + \epsilon \frac{\partial \vec{E}}{\partial t}$$

가 된다. I_d를 변위전류, I_c를 전도전류라고 하면

$$\frac{I_c}{I_d} = \frac{\sigma}{\omega\epsilon} = \frac{0.1}{2\pi \times 10 \times 10^{9} \times 8.85 \times 10^{-12} \times 40} = 4.5 \times 10^{-3}$$

$I_d \gg I_c$가 된다. 따라서 이 매질은 유전체가 된다.

2 전파 정수(Propagation Constant)

식(11-20)의 해가

$$E_x = E_0 e^{-\alpha x} \cos(\omega t - \beta z)$$
$$= E_0 e^{-\alpha x} e^{-j\beta z} \tag{11-21}$$

이라고 할 때 α는 전파가 $+z$방향으로 어떻게 감쇠되는가를 나타내는 인자로 감쇠 정수(Attenuation Constant)라고 부르고, β를 위상 정수(Phase Constant)라고 부른다.

또한

$$\gamma = \alpha + j\beta \tag{11-22}$$

라고 놓을 때 이를 전파정수(Propagation Constant)라고 부른다.

이 때

$$E_x = E_0 e^{-\gamma z} \tag{11-23}$$

이므로, 이 식을 식(11-20)에 대입하면

$$\gamma^2 E_0 e^{-\gamma z} = -\omega^2 \mu\epsilon E_0 e^{-\gamma z} \tag{11-24}$$

가 된다.

식(11-23)에서

$$\gamma^2 = -\omega^2 \mu\epsilon \tag{11-25}$$

또는

$$\gamma = \pm j\omega\sqrt{\mu\epsilon} = \alpha + j\beta \tag{11-26}$$

이다. 여기서 $\alpha = 0$이며 $\beta = \omega\sqrt{\mu\epsilon}$이다.

3 위상 속도

$\epsilon\mu = \dfrac{1}{v^2}$라고 하여

$$E_x = f(z - vt) \tag{11-27}$$

인 함수를 가정하여 본다.

식(11-27)을 거리 z에 대하여 1차 및 2차 미분하면

$$\frac{\partial E_x}{\partial z} = f'(z - vt) \tag{11-28}$$

$$\frac{\partial^2 E_x}{\partial z^2} = f''(z - vt) \tag{11-29}$$

이 된다.

식(11-27)을 시간 t에 대하여 미분할 때 1차 및 2차 미분하면

$$\frac{\partial E_x}{\partial t} = (-v)f'(z - vt) \tag{11-30}$$

$$\frac{\partial^2 E_x}{\partial t^2} = (-v)^2 f''(z - vt) \tag{11-31}$$

$$= v^2 f''(z - vt)$$

이다.

따라서 $E_x = f(z - vt)$는 전계의 파동 방정식을 만족함을 알 수 있다.

즉, $t = 0$, $z = 0$에서는

$$E_x = f(0) \tag{11-32}$$

이고 $t = t_1$, $z = vt_1$에서

$$E_x = f(vt_1 - vt_1) = f(0) \tag{11-33}$$

이 되어 $E_x = f(z - vt)$는 v인 속도로 $+z$방향으로 진행하는 전계 파동을 표시하며 마찬가지로 $E_x = f(z + vt)$도 파동방정식을 만족시키고 $-z$방향으로 v인 속도로 진행하는 전계 파동을 표시한다.

일반적으로 전자계는 $+z$ 및 $-z$방향으로 v인 속도로 진행하는 전자계의 합성계가 되며 전자계의 전파 속도는

$$v = \frac{1}{\sqrt{\epsilon\mu}} \tag{11-34}$$

임을 알 수 있다.

매질이 자유공간인 경우 식(11-34)는

$$v = \frac{1}{\sqrt{\epsilon_0\mu_0}} \simeq 3 \times 10^8 [\mathrm{m/sec}] = C \tag{11-35}$$

가 되며, 전자파의 이동은 광속도 C와 일치함을 수식으로 확인할 수 있다.

다른 매질에서 빛의 속도에 대한 위상 속도, 즉 상대 위상속도는

$$P = \frac{v}{C} = \sqrt{\frac{\mu_0 \epsilon_0}{\mu \epsilon}} = \frac{1}{\sqrt{\mu_r \epsilon_r}} \tag{11-36}$$

이며 μ_r은 비투자율이며 ϵ_r은 비유전율이다.

예제 11-3 평면 전자파의 전계의 세기가 $E = E_m \sin\omega\left(t - \frac{z}{v}\right)$ [V/m]가 될 때 수중에서의 전파 속도를 구하라. 단, 물의 비유전율은 $\epsilon_r = 80$이다.

〈풀이〉 수중에서의 전파 속도는

$$v = \frac{1}{\sqrt{\epsilon\mu}} = \frac{1}{\sqrt{\epsilon_r \mu_r}} \times 3 \times 10^8 \text{[m/sec]}$$

이므로

$$v = \frac{1}{\sqrt{80}} \times 3 \times 10^8 \simeq 3.35 \times 10^7 \text{[m/sec]}$$

이다.

예제 11-4 비유전율이 4인 비철 매질에서 주파수가 20[GHz]인 마이크로의 파장은?

〈풀이〉

$$f\lambda = v = \frac{1}{\sqrt{\epsilon\mu}} = \frac{C}{\sqrt{\epsilon_r}} = \frac{3 \times 10^8}{\sqrt{4}} = 1.5 \times 10^8$$

이므로

$$\lambda = \frac{1.5 \times 10^8}{f} = 0.7 \text{[cm]}$$

이다.

예제 11-5 어떤 전자파의 전장이 다음과 같다. 이 전자파의 위상 속도는?

$$\vec{E} = \hat{x}10\cos(10^9 t + 30z)$$

〈풀이〉 위상속도 v_p는

$$v_p = \frac{w}{\beta} = \frac{1}{30} \times 10^9 = \frac{1}{3} \times 10^8 [\mathrm{m/sec}]$$

학습활동

전파의 발생 및 특성

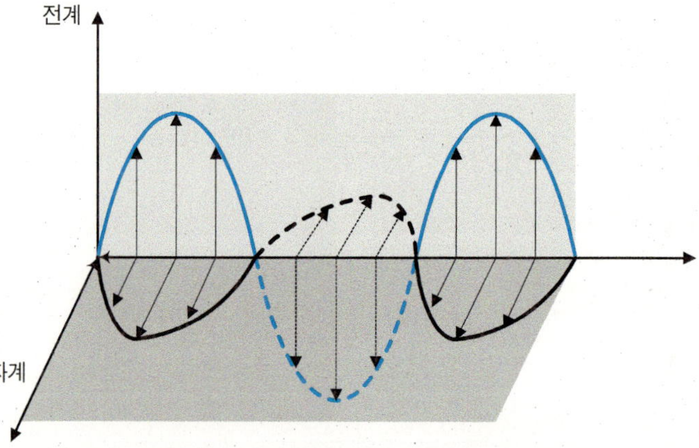

[그림 11-2] 전계성분과 자계성분의 진행

구분	원리	비고
음성(종파)	• 매질의 진동방향과 파동의 진행방향이 반대이다. • 용수철을 잡고 앞·뒤로 흔들었을 때 흔들린다. • 공기의 소리는 진공에서는 전달이 되지 않는다.	음파
전자파(횡파)	• 매질의 진동방향과 파동의 진행방향이 서로 수직이다. • 용수철을 잡고 위·아래로 흔들었을 때 움직인다. • 전자파가 진공에서 전달이 잘 된다.	광파

4 굴절률(Index of Refraction)

굴절률 η는 상대 위상속도 P의 역수를 정의하며,

$$\eta = \frac{1}{P} = \frac{1}{v/C} = \frac{C}{v} = \sqrt{\epsilon_r \mu_r} \tag{11-37}$$

으로 주어진다.

이 때 비철 매질(Nonferrous Media)의 경우 μ_r은 약 1이 되므로

$$\eta = \sqrt{\epsilon_r} \tag{11-38}$$

을 얻는다.

5 군속도(Group Velocity)

이제 $+z$방향으로 진행하는 평면파에서 진폭이 같고 위상 정수가 약간 다른 두 개의 파

$$A_1 = A\cos(\omega t - \beta z) \tag{11-39}$$

$$A_2 = A\cos[(\omega + d\omega)t - (\beta + d\beta)z] \tag{11-40}$$

의 합성파에 대한 군속도를 생각해 보자. 이 때, $d\omega \ll \omega$이고 $d\beta \ll \beta$이다.

먼저 합성파는

$$\begin{aligned} A_1 + A_2 &= A\cos(\omega t - \beta z) + A\cos[(\omega + d\omega)t - (\beta + d\beta)z] \\ &= 2A\cos\left[\frac{1}{2}\{(d\omega)t - (d\beta)z\}\right]\cos\left[\left(\omega + \frac{d\omega}{2}\right)t - \left(\beta + \frac{d\beta}{2}\right)z\right] \end{aligned} \tag{11-41}$$

가 되는데 두 번째 cos항은 근사적으로 $\cos(\omega t - \beta z)$와 같으며 반송파(carrier)를 나타내고, 첫 번째 cos항은 반송파의 시간에 따른 진폭 변화를 나타낸다. 이 항에서 신호 또는 에너지의 전파 속도 즉 군속도 v_g는

$$v_g = \left.\frac{dz}{dt}\right|_{[(d\omega)t - (d\beta)z] = \text{일정}} = \frac{d\omega}{d\beta} \tag{11-42}$$

이다.

학습활동

편파(polarization)

편파는 전력선의 진동 진폭과 방향의 변화 여부에 따라 직선 편파, 원 편파 그리고 타원 편파 등으로 구분할 수 있다. 원 편파와 타원 편파는 진동 방향의 회전 방향에 따라 좌회전 편파와 우회전 편파로 분류된다.

가) 직선 편파

전력선의 진동진폭이 주기적이고 방향이 일정한 것을 가리키는데, 수직 편파와 수평 편파로 세분할 수 있다. 대지에 수직인 공중선에서 방사되는 전파는 수직 편파가 되고, 수평공중선에서 방사되는 전파는 수평 편파가 된다.

나) 원 편파

전력선의 진동 방향이 시간에 따라 변화하는 것을 가리킨다.

다) 타원 편파

전력선의 진동방향 뿐 아니라 진폭까지도 시간에 따라 변화하는 것을 가리킨다.

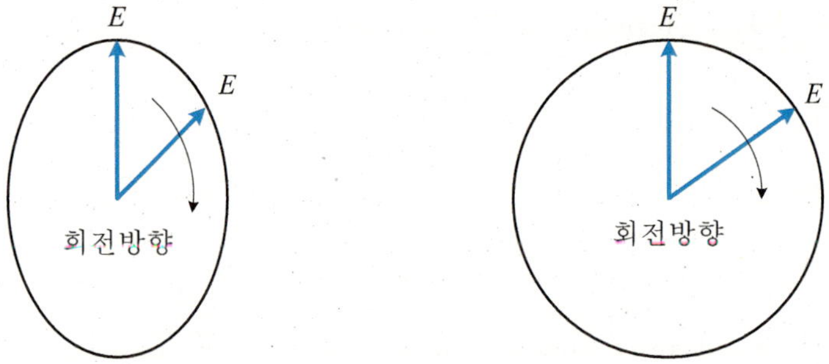

타원 편파 원 편파

6 특성 임피던스

이 절에서는 평면파에서의 전계 E_x와 자계 H_y와의 관계를 구한다.

파동 방정식

$$\frac{\partial^2 E_x}{\partial z^2} = \mu\epsilon \frac{\partial^2 E_x}{\partial t^2} \tag{11-43}$$

에서 $+z$방향으로 진행하는 파의 전계 성분은

$$E_x = E_0 \sin(\omega t - \beta z) \tag{11-44}$$

로 나타낸다.

이에 대응하여 동일한 방향으로 진행하는 파의 자계 성분은

$$H_y = H_0 \sin(\omega t - \beta z) \tag{11-45}$$

이다.

식(11-44)와 식(11-45)에서의 관계를 얻기 위해 식(11-6)에서

$$\begin{aligned} H_y &= \frac{\beta}{\mu\omega} E_0 \sin(\omega t - \beta z) \\ &= \frac{\beta}{\mu\omega} E_x \end{aligned} \tag{11-46}$$

을 얻는다.

식(11-46)에서 E_x와 H_y의 비를 구하면

$$\frac{E_x}{H_y} = \frac{\mu\omega}{\beta} = \frac{\mu}{\sqrt{\mu\epsilon}} = \sqrt{\frac{\mu}{\epsilon}} = \frac{E_0}{H_0} \tag{11-47}$$

가 되는데 차원은

$$\frac{\text{Volt/meter}}{\text{Ampere/meter}} = \frac{\text{Volt}}{\text{Ampere}} = \text{ohm} \tag{11-48}$$

이 되어 임피던스의 차원을 가짐을 알 수 있다.

따라서

$$Z = \sqrt{\frac{\mu}{\epsilon}} \tag{11-49}$$

를 매질의 **특성 임피던스**라고 부른다.

자유 공간의 경우 특성 임피던스는

$$Z_0 = \sqrt{\frac{\mu_0}{\epsilon_0}} \tag{11-50}$$

가 된다.

예제 11-6 공기 중에서 전계의 진행파 진폭이 10[mV/m]일 때 자계의 진행파 진폭은 몇 [mAT/m]인가?

〈풀이〉

$$H_y = \sqrt{\frac{\epsilon_0}{\mu_0}}E_x = \sqrt{\frac{8.85\times10^{-12}}{4\pi\times10^{-7}}}E_x = 2.65\times10^{-3}E_x$$

이므로

$$H_y = 26.5\times10^{-3}[\text{mAT/m}]$$

가 된다.

예제 11-7 전계 $E = \sqrt{2}E_c \sin\omega(t - \frac{z}{v})$[V/m]의 평면 전자파가 있다. 진공 중에서의 자계의 실효값[AT/m]은?

〈풀이〉

$$Z = \frac{E}{H} = \sqrt{\frac{\mu_0}{\epsilon_0}} = 120\pi = 377[\Omega]$$

이므로

$$H = \frac{E}{Z} = \frac{1}{377}E_c = 2.65\times10^{-3}E_c$$

으로 주어진다.

7 정재파(Standing Wave)

지금까지는 시간적으로 단일 방향으로 정현파상으로 진행하는 평면파만을 고려하였다.

이제는 서로 반대 방향으로 진행하는 2개의 파가 공존하는 경우를 알아보자. 이 두 파는 동일한 주파수와 파장을 갖는 정현파라고 하면 진행파와 반사파의 성분이 주어진다.

식(11-44)에서 반사파의 성분을 고려하면 전 전계는

$$E_x = E_0 \sin(\omega t - \beta z) + E_1 \sin(\omega t + \beta z + \delta) \tag{11-51}$$

가 되며, 이 식에서

$$E_1 \sin(\omega t + \beta z + \delta) \tag{11-52}$$

는 진행파와 반대 방향으로 진행하는 반사파의 전계 성분으로서 E_1은 반사파의 진폭 그리고 δ는 $x=0$에서 입사파에 대한 반사파의 앞선 위상을 나타낸다.

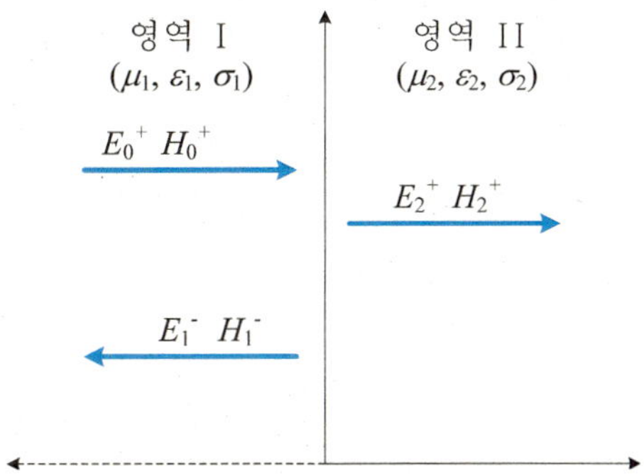

[그림 11-3] 입사파, 반사파 및 투과파의 관계

학습활동

급전선 상에 정재파가 생길 때 일어나는 현상

① 급전선의 손실이 생긴다.
② 최대 전송전력이 생긴다.
③ TV 방송에서는 다중상이 여러 개 생긴다.
④ 송신기의 출력회로의 조정이 곤란하다.

매질 2가 완전 도체일 경우 $\delta = 180[^\circ]$이므로 식(11-51)을 전개하면

$$\begin{aligned} E_x &= E_0 \sin\omega t \cos\beta z - E_0 \cos\omega t \sin\beta z - E_1 \sin\omega t \cos\beta z - E_1 \cos\omega t \sin\beta z \\ &= (E_0 - E_1)\sin\omega t \cos\beta z - (E_0 + E_1)\cos\omega t \sin\beta z \end{aligned} \tag{11-53}$$

가 된다. 이 때에는 완전 반사가 일어나 $E_0 = E_1$이 된다.

따라서 식(11-53)은

$$E_x = -2E_0 \cos\omega t \sin\beta z \tag{11-54}$$

가 된다.

각 순간에 대해서 βz축에 표현하면 시간적으로 정현파상으로 변화하는 포락선을 가지며 [그림 11-4]와 같이 된다.

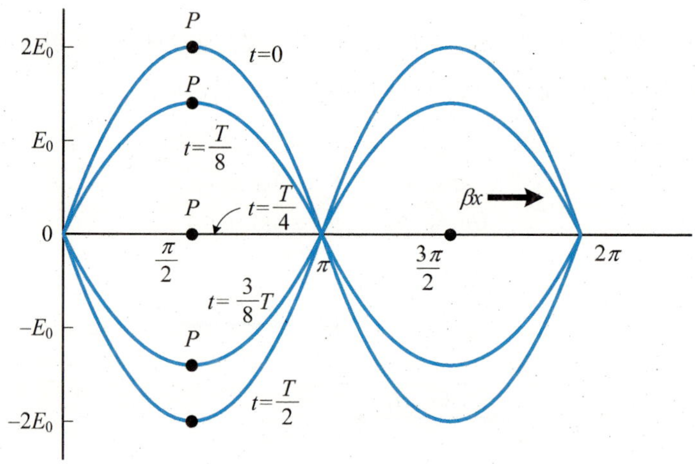

[그림 11-4] 정재파

$\beta z = n\pi$ 되는 곳에서는 입사파와 반사파가 언제나 상쇄되어 전계가 언제나 0인 상태이며 이와 $\pi/2$의 위상차를 갖는 βz 점에서는 시간에 따라 $2E_0 \le E_x \le 2E_0$의 값을 갖는다.

이 모양의 파는 진행하지 않고 일정한 점에서 정지해 있는 것처럼 보이므로 이것을 정재파(Standing Wave)라 하며 진폭이 0인 점을 절(節), 진폭이 최대인 점을 복(腹)이라 한다.

$$A = (E_0 - E_1)\cos\beta z \tag{11-55}$$

$$B = (E_0 + E_1)\sin\beta z \tag{11-56}$$

으로 놓으면

$$A\sin\omega t - B\cos\omega t = \sqrt{A^2 + B^2}\sin(\omega t - \delta) \tag{11-57}$$

이므로 식(11-53) 및 (11-57)에서

$$E_x = \sqrt{A^2 + B^2}\sin(\omega t - \beta z) \tag{11-58}$$

이 된다.

식(11-55)와 (11-56)을 식(11-58)에 대입하고 $\sin(\omega t - \beta z) = 1$인 경우에 E_x의 최대값이 얻어지며 이 때의 포락선의 모양은

$$E_x = \sqrt{(E_0 - E_1)^2\cos^2\beta z + (E_0 + E_1)^2\sin^2\beta z} \tag{11-59}$$

이다.

전위는 전계에 비례하며 이 경우의 SWR(Standing Wave Ratio)을 전압 정재파비(VSWR)이라고 하며

$$\text{VSWR} = \frac{E_{max}}{E_{min}} = \frac{E_0 + E_1}{E_0 - E_1} \tag{11-60}$$

이다.

입사파 대 반사파의 비를 반사계수라고 하는데 식(11-60)은 다음과 같이 표현된다.

$$\text{VSWR} = \frac{1 + \left|\dfrac{E_1}{E_0}\right|}{1 - \left|\dfrac{E_1}{E_0}\right|} = \frac{1 + |\Gamma|}{1 - |\Gamma|} \tag{11-61}$$

역으로 반사계수 Γ를 VSWR로 나타낼 수 있다.

$$|\Gamma| = \frac{VSWR - 1}{VSWR + 1} \tag{11-62}$$

예제 11-8 정재파비가 3인 선로에서 송신단에 100 [W]의 전력을 공급하였다면 부하에 전달되는 전력은?

〈풀이〉 $VSWR = \frac{1+|\Gamma|}{1-|\Gamma|}$ 에서 $|\Gamma| = 0.5$가 되며 선로의 특성 임피던스를 Z_0, 송신단의 전력을 W_i 그리고 부하단의 전력을 W_R으로 주어진다면

$$0.5 = \frac{\sqrt{Z_0 W_R}}{\sqrt{Z_0 W_i}} = \frac{\sqrt{W_R}}{\sqrt{W_i}}$$

가 되어 $W_R = 0.25 \times 100 = 25$[W](반사파 전력)이므로 부하에 전달되는 전력은

$$100 - 25 = 75\,[\mathrm{W}]$$

가 된다.

8 Poynting Vector

전계와 자계성분이 존재하는 공간 내에서 전계에 축적된 에너지밀도가 $(1/2)\epsilon E^2$, 자계에 축적된 에너지 밀도가 $(1/2)\mu H^2$일 때 이 공간 내에는 단위 체적당

$$\omega = \frac{1}{2}(\epsilon E^2 + \mu H^2)\ [\mathrm{J/m^3}] \tag{11-63}$$

의 에너지가 존재한다.

에너지 보존법칙에 의하면 단위 체적당 에너지의 감소는 유출된 에너지와 같으므로 미소 체적 ΔV에 대해

$$-\frac{\partial}{\partial t}\left(\frac{1}{2}\epsilon E^2 + \frac{1}{2}\mu H^2\right)\Delta V = \iint \vec{P} \cdot d\vec{S}\,[\mathrm{W}] \tag{11-64}$$

로 표현된다. 여기서 $\vec{P}$는 단위 면적당 전력으로서 $[\mathrm{W/m^2}]$의 단위를 가지며 에너지 흐름의 방향을 가지고 있으므로 Poynting Vector에 의한 전력이라고 한다.

식(11-64)를 발산정리

$$\iint \vec{P} \cdot d\vec{S} = \int_v (\nabla \cdot \vec{P}) dv \tag{11-65}$$

를 이용하여 정리하면

$$\nabla \cdot \vec{P} = -\frac{\partial}{\partial t}\left(\frac{1}{2}\epsilon E^2 + \frac{1}{2}\mu H^2\right) \tag{11-66}$$

이 되며 다시 Maxwell 방정식을 연관시키면

$$\nabla \cdot (\vec{E} \times \vec{H}) = -\frac{\partial}{\partial t}\left(\frac{1}{2}\epsilon E^2 + \frac{1}{2}\mu H^2\right) \tag{11-67}$$

으로 주어지므로 식(11-66)과 (11-67)을 비교하면

$$\vec{P} = \vec{E} \times \vec{H} \tag{11-68}$$

가 된다.

여기서 벡터 $\vec{P}$는 전자계 내의 한 점 P를 통과하는 에너지 흐름의 단위면적당 전력을 나타내는 벡터이며 또한 $\vec{E}$, $\vec{H}$가 만드는 평면에 수직이며 전계 벡터에서 자계 벡터로 회전시킬 때 오른나사의 진행 방향과 직각인 단위 면적을 통과하는 순간 전력을 표시하는 벡터이다. 이 때 크기는 EH이다.

$\vec{E}$, $\vec{H}$와 $\vec{P}$는 [그림 11-5]와 같이 오른손의 법칙을 따르며 이 벡터 $\vec{P}$를 Poynting Vector 혹은 방사 벡터(Radiation Vector)라고 한다.

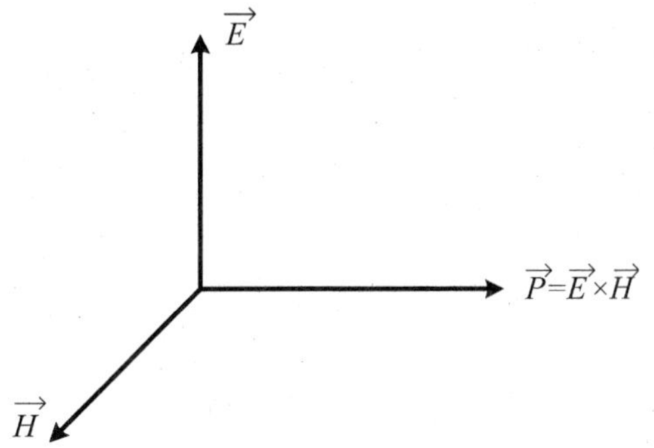

[그림 11-5] 포인팅 벡터

그러면 Maxwell의 제3 및 4전자 방정식으로부터 포인팅 벡터를 수식적으로 유도하여 보자. 먼저

$$\nabla \times \vec{E} = -\frac{\partial \vec{B}}{\partial t} \tag{11-69}$$

에서 $\vec{H}$와의 내적을 취하면

$$\vec{H} \cdot \nabla \times \vec{E} = -\vec{H} \cdot \frac{\partial \vec{B}}{\partial t} \tag{11-70}$$

가 된다.

$$\nabla \cdot (\vec{E} \times \vec{H}) = \vec{H} \cdot (\nabla \times \vec{E}) - \vec{E} \cdot (\nabla \times \vec{H}) \tag{11-71}$$

에서

$$\nabla \cdot (\vec{E} \times \vec{H}) = -\vec{H} \cdot \frac{\partial \vec{B}}{\partial t} - \vec{E} \cdot (\nabla \times \vec{H}) \tag{11-72}$$

으로 주어진다.

$$\nabla \times \vec{H} = \vec{J} + \frac{\partial \vec{D}}{\partial t} \tag{11-73}$$

에서 $\vec{E}$와의 내적을 취하면

$$\vec{E} \cdot \nabla \times \vec{H} = \vec{J} \cdot \vec{E} + \vec{E} \cdot \frac{\partial \vec{D}}{\partial t} \tag{11-74}$$

가 된다.

식(11-74)를 식(11-72)에 대입하면

$$-\nabla \cdot (\vec{E} \times \vec{H}) = \vec{J} \cdot \vec{E} + \epsilon \vec{E} \cdot \frac{\partial \vec{E}}{\partial t} + \mu \vec{H} \cdot \frac{\partial \vec{H}}{\partial t} \tag{11-75}$$

가 된다.

식(11-75)에서

$$\epsilon\vec{E}\cdot\frac{\partial\vec{E}}{\partial t}=\frac{\epsilon}{2}\frac{\partial E^2}{\partial t}=\frac{\partial}{\partial t}\left(\frac{\epsilon E^2}{2}\right) \tag{11-76}$$

$$\mu\vec{H}\cdot\frac{\partial\vec{H}}{\partial t}=\frac{\mu}{2}\frac{\partial H^2}{\partial t}=\frac{\partial}{\partial t}\left(\frac{\mu H^2}{2}\right) \tag{11-77}$$

가 되므로 식(11-75)를 다시 표현하면

$$-\nabla\cdot(\vec{E}\times\vec{H})=\vec{J}\cdot\vec{E}+\frac{\partial}{\partial t}\left(\frac{\epsilon E^2}{2}+\frac{\mu H^2}{2}\right) \tag{11-78}$$

이 때 비도전 매질일 경우에는

$$\nabla\cdot(\vec{E}\times\vec{H})=-\frac{\partial}{\partial t}\left(\frac{\epsilon E^2}{2}+\frac{\mu H^2}{2}\right) \tag{11-79}$$

가 된다. 이것은 식(11-67)과 일치한다.

예제 11-9 점 방사원으로부터 20 [kW] 의 전력을 모든 방향에 균일하게 전자파를 방사한다. 전원으로부터 1 [km] 떨어진 점의 전계의 세기의 실효치는? 단, 자유공간이며 전자파는 평면파라고 가정한다.

〈풀이〉 복사원으로부터 방사되는 전력 P는

$$P=\frac{W}{4\pi R^2}=\frac{2\times10^4}{4\pi\times10^6}$$
$$=\frac{1}{2\pi}\times10^{-2}\,[\mathrm{W/m^2}]$$

가 된다.

Z_0가 자유공간에서의 특성 임피던스라고 하면

$$E=\sqrt{Z_0P}=\sqrt{120\pi\times\frac{1}{2\pi}\times10^{-2}}$$
$$=775\,[\mathrm{mV/m}]$$

이다.

예제 11-10 전계강도가 $7.54[\mathrm{mV/m}]$인 평면파가 단위시간당 단위면적의 자유 공간을 통과하는 전자파 에너지는 몇 $[\mu\mathrm{W}]$인가?

〈풀이〉 Poynting Vector $\vec{P}=\vec{E}\times\vec{H}$ 그리고 $Z_0=\dfrac{E}{H}=120\pi$의 관계에서

$$P=\frac{E^2}{Z_0}=\frac{(7.54\times10^{-3})^2}{120\pi}=15.08\times10^{-2}\,[\mu\mathrm{W}]$$

가 된다.

9 침투 깊이

전자파는 도전 매질 내에서 급속히 감쇠한다. 실제로 도체에서 그 감쇠는 매우 급속해서 고주파에서 전자파는 매우 적은 깊이만큼 침투한다. 이 침투 깊이에 대해 학습하기로 한다.

도전율을 σ라 하면 전파 정수의 일반식은 식(11-25)에서 $j\omega\epsilon$를 $\sigma+j\omega\epsilon$에 대입하면 되는데

$$\gamma^2=(\sigma+j\omega\epsilon)j\omega\mu \tag{11-80}$$

으로 주어진다.

식(11-80)에서

$$\begin{aligned}\gamma&=\pm\sqrt{(\sigma+j\omega\epsilon)j\omega\mu}\\&=j\omega\sqrt{\mu\epsilon}\sqrt{1-j\frac{\sigma}{\omega\epsilon}}\end{aligned} \tag{11-81}$$

가 된다.

식(11-81)에서 $\sigma\gg\omega\epsilon$이므로

$$\gamma=j\omega\sqrt{\mu\epsilon}\sqrt{-j\frac{\sigma}{\omega\epsilon}}=j\sqrt{-j\omega\mu\sigma} \tag{11-82}$$

가 된다.

Euler 공식에 의하면

$$\sqrt{-j} = \frac{1}{\sqrt{2}} - j\frac{1}{\sqrt{2}} \tag{11-83}$$

이므로 식(11-82)는

$$\begin{aligned}\gamma &= j\left(\frac{1}{\sqrt{2}} - j\frac{1}{\sqrt{2}}\right)\sqrt{\omega\mu\sigma} \\ &= (1+j)\sqrt{\pi f\mu\sigma} \\ &= \alpha + j\beta\end{aligned} \tag{11-84}$$

가 된다.

이 때 δ를 침투 깊이라 하면

$$\begin{aligned}\delta &= \frac{1}{\gamma} = \sqrt{\frac{2}{\omega\mu\sigma}} \\ &= \sqrt{\frac{1}{\pi f\mu\sigma}}\end{aligned} \tag{11-85}$$

이다.

예를 들어 $\mu_r = 1$, $\sigma = 58\,[\mathrm{M℧/m}]$인 구리의 경우

60 [Hz]에서	$\delta = 8.5\times10^{-3}\,[\mathrm{m}]$
1 [MHz]에서	$\delta = 6.6\times10^{-5}\,[\mathrm{m}]$
1 [GHz]에서	$\delta = 2.1\times10^{-6}\,[\mathrm{m}]$

이다.

주파수가 높아질수록 δ가 작아서 고주파 전계는 도전 매질에 거의 침투하지 않고 전류 밀도가 표피 부근에 최대가 되는 현상을 **표피효과**라고 말한다.

한편, 도체 내에서 위상속도는 $\beta = \dfrac{1}{\delta}$의 관계로부터

$$v = \frac{\omega}{\beta} = \omega\delta = \sqrt{\frac{2\omega}{\sigma\mu}} \tag{11-86}$$

이다. 또한 자유공간에서의 전계 속도와 도전 매질에서의 전계속도의 비를 **굴절률**이라고 한다.

예제 11-11 도전율 4, 비투자율 100인 매질에 전계의 세기가 $2\cos 10^7 \pi t$인 전자파가 진행해갈 때 다음을 구하라. (a) 감쇠정수 (b) 위상정수 (c) 위상속도 (d) 파장 (e) 표피깊이

〈풀이〉 (a) $\alpha = \sqrt{\pi f \mu \sigma} = \sqrt{\pi \times 5 \times 10^6 \times 4\pi \times 10^{-7} \times 100 \times 4}$
$= 88.8\,[\mathrm{Np/m}]$

(b) $\alpha = \beta = \sqrt{\pi f \mu \sigma} = 88.8\,[\mathrm{rad/m}]$

(c) $v_p = \dfrac{1}{\sqrt{\mu\epsilon}} = \dfrac{3\times 10^8}{\sqrt{\mu_r \epsilon_r}} = \dfrac{3\times 10^8}{\sqrt{100}}$
$= 3\times 10^7\,[\mathrm{m/s}]$

(d) $\lambda_g = \dfrac{v_p}{f} = \dfrac{3\times 10^7}{5\times 10^6} = 6\,[\mathrm{m}]$

(e) $\delta = \sqrt{\dfrac{1}{\pi f \mu \sigma}} = 1.13\,[\mathrm{cm}]$

10 손실 매질에서의 평면파

어떤 매질이 도체($\sigma \neq 0$)이라면 복소특성을 가진 $\nabla \times \vec{H}$는 다음과 같이 표현된다.

$$\nabla \times \vec{H} = (\sigma + j\omega\epsilon)\vec{E} = j\omega\left(\epsilon + \frac{\sigma}{j\omega}\right)\vec{E}$$
$$\equiv j\omega\epsilon_c\vec{E} \tag{11-87}$$

여기서 ϵ_c는

$$\epsilon_c \equiv \epsilon - j\frac{\sigma}{\omega}\ [\mathrm{F/m}] \tag{11-88}$$

으로 정의된다.

이 절에서는 손실 매질에서의 임계주파수와 유전체 손실각에 대하여 학습하도록 한다.

10.1 임계 주파수

일반적으로 손실 매질에서의 전도 전류 밀도 J_c와 변위 전류 밀도 J_d는 다음과 같다.

$$\vec{J}_c = \sigma \vec{E} \tag{11-89}$$

$$\vec{J}_d = \frac{\partial \vec{D}}{\partial t} = \epsilon \frac{\partial \vec{E}}{\partial t} = j\omega\epsilon \vec{E} \tag{11-90}$$

식(11-89) 그리고 (11-90)으로부터

$$\frac{|\vec{J}_c|}{|\vec{J}_d|} = \frac{\sigma}{\omega\epsilon} \tag{11-91}$$

으로 주어진다.

고주파에서 어떤 물질을 유전체로 보는가의 문제는 식(11-88)으로부터 ϵ와 $\dfrac{\sigma}{\omega}$의 크기를 비교함으로써 정해지는데 $\dfrac{\sigma}{\omega} \gg \epsilon$일 때는 도체, $\dfrac{\sigma}{\omega} \ll \epsilon$일 때는 유전체로 본다.

여기서 $\dfrac{\sigma}{\omega} = \epsilon$일 때의 주파수를 임계 주파수 f_c라고 하며 표현식은 다음과 같다.

$$f_c = \frac{\sigma}{2\pi\epsilon} \text{[Hz]} \tag{11-92}$$

10.2 유전체 손실각

전도 전류를 i_d, 변위 전류를 i_c라고 하면 [그림 11-6]에서 역률 $\cos\theta$는

$$\cos\theta = \frac{|i_c|}{\sqrt{|i_d|^2 + |i_c|^2}} \tag{11-93}$$

가 된다.

$i_d \gg i_c$인 유전체인 경우

$$\cos\theta \simeq \frac{|i_c|}{|i_d|} = \tan\delta = \frac{\sigma}{\omega\epsilon} = \frac{\sigma}{2\pi f\epsilon} = \frac{f_c}{f} \tag{11-94}$$

으로 주어지며 유전체에서 발생되는 단위 체적 당 joule열 손실 w는 다음과 같다.

$$w = V\,|i_c| = V\,|i_d|\tan\delta \text{ [J/m}^3\text{]} \tag{11-95}$$

여기서 $\tan\delta$를 유전체의 손실각이라고 한다.

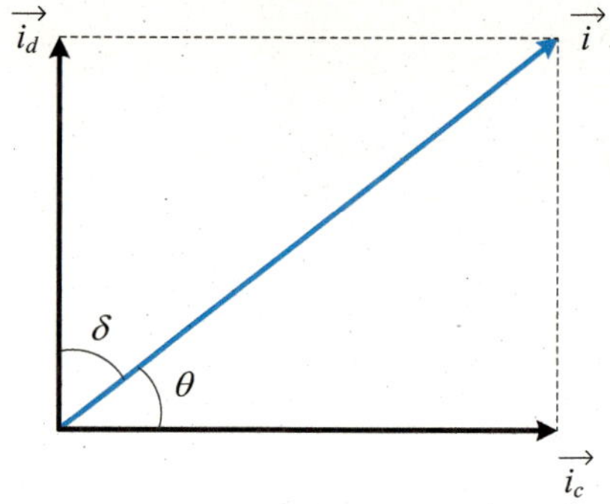

[그림 11-6] 유전체의 손실각

학습내용요약

▌전자유도 현상(자계가 전계를 발생)과 변위전류 개념(전계가 자계를 발생)에 의해 전자파가 발생된다.

▌x방향으로 진행하는 전자파의 전파형태를 나타내는 파동방정식을 Maxwell 방정식을 통해 나타낼 수 있다.

$$\frac{\partial^2 E}{\partial t^2} = v^2 \cdot \frac{\partial^2 E}{\partial x^2}$$

$$\frac{\partial^2 H}{\partial t^2} = v^2 \cdot \frac{\partial^2 H}{\partial x^2} \quad (\text{전파속도 } v = \frac{1}{\sqrt{\mu\epsilon}})$$

▌전자파가 진행하는 매질의 파동 임피던스(특성 임피던스)는 자계의 세기에 대한 전계강도의 비로 정의한다.

⇨ 매질의 유전율과 투자율에 의해 결정된다.

$$Z_0 = \frac{E}{H} = \sqrt{\frac{\mu}{\epsilon}} \quad [\Omega]$$

▌전자파가 서로 다른 매질의 경계면에 입사할 때 경계면에 반사되는 반사파와 입사파가 합쳐서 정재파를 만든다.

$$E_x = E_0 \sin(\omega t - \beta z) + E_0 \sin(\omega t + \beta z + \delta)$$

▌정재파비는 정재파 포락선의 최대치와 최소치의 비로 정의한다.

⇨ 값이 클수록 경계면에서의 반사가 커진다.

$$VSWR = \frac{1+|\Gamma|}{1-|\Gamma|} \qquad \Gamma = 0(\text{무 반사})\text{일 때 } VSWR = 1, \quad \Gamma = 1(\text{완전 반사})\text{일 때 } VSWR = \infty$$

연습문제

제 11 장
평면파

01 유전율 $\epsilon = 100\epsilon_0$, 투자율 $\mu = \mu_0$인 매질 속에서 $10\,[\mathrm{MHz}]$인 전자파의 전파속도는? 단, C는 광속도이다.

02 진공 중에서 파장 $50\,[\mathrm{m}]$인 전자파는 유전율 $\epsilon = 4\epsilon_0$, 투자율 $\mu = \mu_0$인 매질 속에서의 파장은 몇 $[\mathrm{m}]$인가?

03 도전율 $\sigma = 5.8 \times 10^7\,[\mho/\mathrm{m}]$, $\mu = 4\pi \times 10^{-7}\,[\mathrm{H/m}]$인 동선에 주파수 $f = 10^6\,[\mathrm{Hz}]$의 전류가 흐를 때, 표피의 깊이 $\delta\,[\mathrm{m}]$는?

04 평면 전자파의 전계의 세기가 $e = 120\pi \sin(\omega t - \beta z)$일 때, $\epsilon_r = 80$, $\mu_r = 1$인 수중에서의 자계의 세기는?

05 유전율 $\epsilon_0 = 8.855 \times 10^{-12}\,[\mathrm{F/m}]$인 진공 내를 전자파가 전파할 때, 진공의 투자율은?

06 어떤 점의 전계 강도가 $2\pi\,[\mathrm{mV/m}]$이다. 이 곳을 단위 시간에 단위 면적을 통과하는 전자파의 에너지 $[\mathrm{J}]$는?

07 전계강도 $1[V/m]$인 곳에 실효길이 $1[m]$의 도선을 두면, 도선에 유기되는 전압은?

08 자계 실효치가 $1[mA/m]$인 평면 전자파가 공기 중에서 이에 수직되는 수직단면적 $10[m^2]$를 통과하는 전력은?

09 공기 중에서 x 방향으로 진행하는 전자파가 있다.
$E_y = 3 \times 10^{-2} \sin\omega(x - ct)[V/m]$
$E_z = 4 \times 10^{-2} \sin\omega(x - ct)[V/m]$일 때 포인팅 벡터의 크기는?

10 반지름 $1[cm]$, 침투 깊이 $5 \times 10^{-5}[m]$, 길이 $1[m]$인 도선의 표피저항$[\Omega]$은? 여기서 동선의 도전율은 $\sigma = 5.8 \times 10^7 [\mho/m]$라 한다.

Chapter

12

전송선로

1. 무한 균일 전송선로
2. 특성 임피던스
3. 감쇠 정수 및 위상 정수
4. 반사계수
5. 입력 임피던스

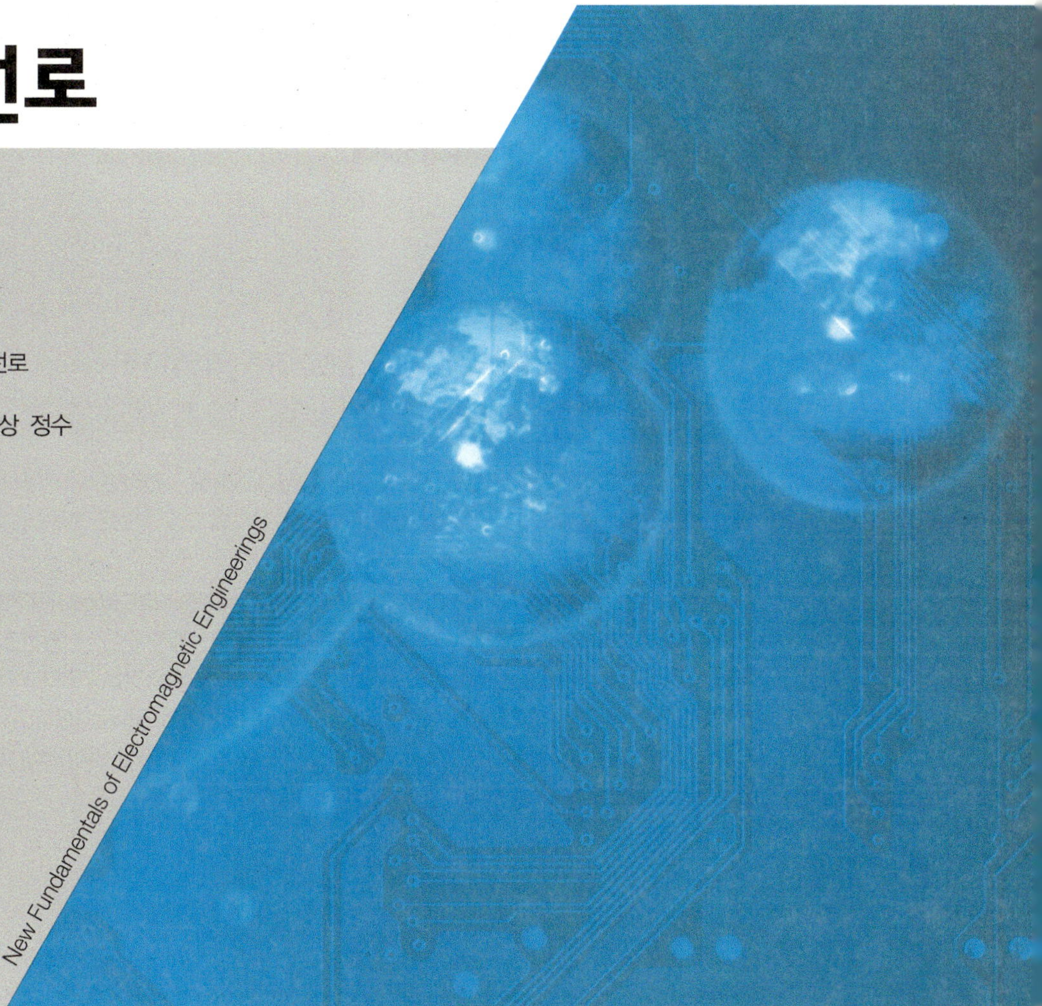

New Fundamentals of Electromagnetic Engineerings

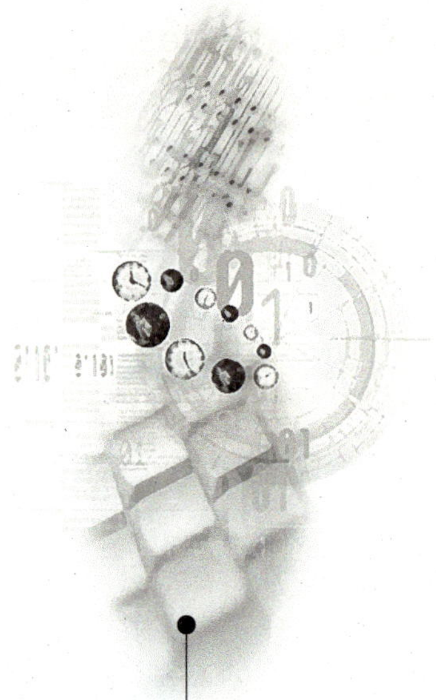

단원개요

전송선로(Transmission Line)라 함은 전원으로부터 부하까지 전기 에너지나 신호를 전송시키는 데 필요한 장치를 말하며 송신기와 안테나, 발전소와 수 백 [km] 떨어진 변전소나 TV안테나와 수상기 사이를 연결하는 장치가 이에 해당한다.

일반적인 전송 선로는 선로의 단위 길이당 저항, 인덕턴스, 컨덕턴스, 커패시턴스에 대한 회로 모델로부터 유도될 수 있다. 선로를 따라 진행하는 전파의 모든 특성은 전송 선로 방정식으로부터 유도되고 연구되어질 수 있다.

이 전송선로는 두 가지 모양으로 분류되는 데 첫째로는 TEM 모드(mode)방식으로서 $\vec{E}$ 와 $\vec{H}$가 모두 전달 방향에 대해서 수직인 형태로 동축케이블이나 2선식과 같은 전송선로가 여기에 속한다. 둘째로는 TE 및 TM 모드 방식으로서 전달 방향의 H성분을 갖는 것을 TE모드라 하고 전달 방향의 E성분을 갖는 것을 TM모드라고 한다. 도파관(Wave Guide)이 이에 속한다.

이 장에서는 무한 균일 전송선로의 특성을 알아보고 관련된 특성 임피던스, 감쇠 정수 및 위상 정수 그리고 반사계수, 입력 임피던스에 대하여 알아보도록 한다.

학습목표

1. 무한 균일 전송 선로에서의 관계식을 유도할 수 있다.
2. 전송선로에서 특성 임피던스를 살펴볼 수 있다.
3. 전송선로에서의 반사계수를 유도하여 특성을 알아볼 수 있다.

1 무한 균일 전송선로

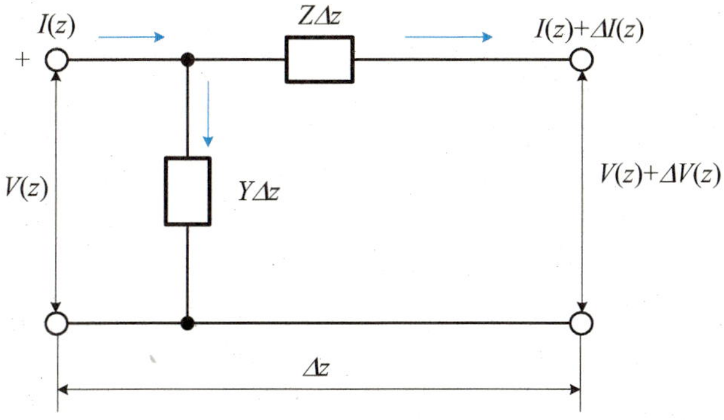

[그림 12-1] 2선식 전송선

[그림 12-1]과 같은 평행 2선 선로의 미소 거리 Δz를 고려하면

$$V(z)+\Delta V(z) = V(z) - Z\Delta z I(z) \tag{12-1}$$

$$I(z)+\Delta I(z) = I(z) - Y\Delta z V(z) \tag{12-2}$$

이 된다.

$\Delta z \to 0$인 경우

$$\frac{dV}{dz} = -ZI, \quad \frac{dI}{dz} = -YV \tag{12-3}$$

가 된다.

식(12-3)에서 z에 대하여 미분하면

$$\frac{d^2V}{dz^2} = -Z\frac{dI}{dz} = ZYV \tag{12-4}$$

이다. 마찬가지로

$$\frac{d^2I}{dz^2} = ZYI \tag{12-5}$$

가 된다.

식(12-4)와 식(12-5)는 균일 전송선로에 대한 기본 미분방정식인데 2차 선형 미분방정식으로 되어 균일 전송 선로를 따라 거리와 더불어 전압 및 전류가 변화하는 관계를 표시하는 식이다.

$V = e^{\gamma z}$라 하면

$$\frac{d^2 V}{dz^2} = \gamma^2 e^{\gamma z} = \gamma^2 V \tag{12-6}$$

이 되어 식(12-6)을 식(12-4)에 대입하면

$$\gamma^2 = YZ \tag{12-7}$$

으로 주어진다. 이 때 $\gamma = \sqrt{YZ}$는 전파 정수(Propagation Constant)라고 정의한다.

학습활동

차단 파장 λ_c

전파의 모드(mode)에 따라 정해지는 도파관의 고유파장이며 도파관의 차단파장보다 낮은 주파수의 파는 차단된다. 차단파장이 가장 긴 모드(mode)를 기본 모드(Dominant Mode)라 하며, 구형 도파관에서 TE mode의 경우 TE_{10}가, TM mode의 경우 TM_{11}이, 원형도파관에서는 TE mode의 경우 TE_{11}이, TM mode의 경우 TM_{01}이 기본 mode가 된다.

$$\frac{2\pi}{\lambda_c} = \sqrt{\left(\frac{m\pi}{a}\right)^2 + \left(\frac{n\pi}{b}\right)^2}$$

여기서 m, n은 전송하고자 하는 전파의 모드로서 기본 모드인 TE_{10}의 차단파장은 $\lambda_0 = 2a$가 된다.

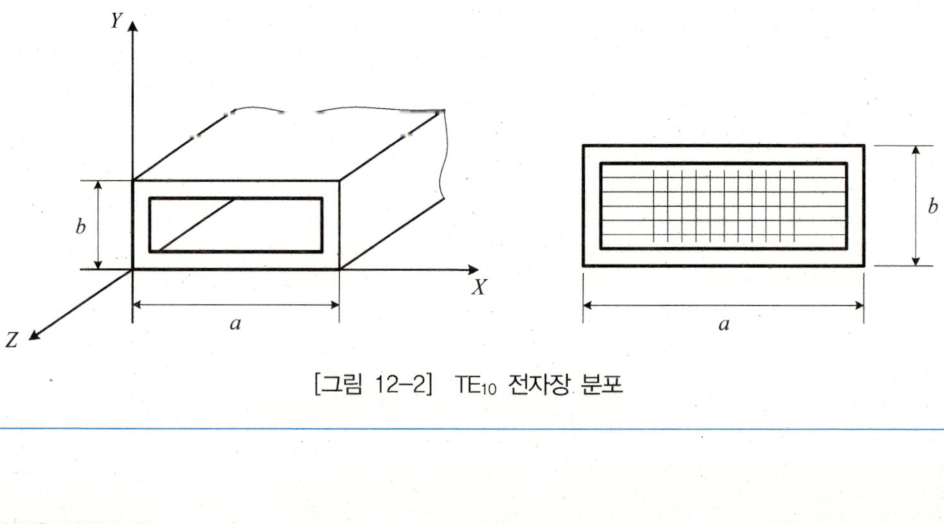

[그림 12-2] TE_{10} 전자장 분포

γ는 전압파(또는 전류파)가 전파할 때 단위 길이당 감쇠량과 위상 변화를 표시하는 양으로 일반적으로 복소수 형태를 가지는데

$$\gamma = \alpha + j\beta \tag{12-8}$$

이며 α는 감쇠 정수(Attenuation Constant), β를 위상정수(Phase Constant)라고 한다.

2 특성 임피던스

식(12-4)의 해로써

$$V = V_1 e^{-\gamma z} + V_2 e^{+\gamma z} \tag{12-9}$$

이 되며, 식(12-3)에 의해

$$I = -\frac{1}{Z}\frac{dV}{dz} = -\frac{1}{Z}(-\gamma V_1 r^{-\gamma z} + \gamma V_2 e^{+\gamma z})$$
$$= \frac{\gamma}{Z}(V_1 e^{-\gamma z} - V_2 e^{+\gamma z}) \tag{12-10}$$

가 된다.

여기서 $e^{-\gamma z}$, $e^{+\gamma z}$를 포함하는 항은 각각 $+z$ 및 $-z$방향으로 전파하는 것으로 무한 균일 전송선로에서는 $+z$방향으로 진행하는 성분만 갖는다.

이 때 전압과 전류의 비를 특성 임피던스라고 정의하며 Z_0라고 하면

$$Z_0 = \frac{V_1 e^{-\gamma z}}{(\gamma/Z)V_1 e^{-\gamma z}} = \frac{Z}{\gamma} = \frac{Z}{\sqrt{YZ}} = \sqrt{\frac{Z}{Y}} \tag{12-11}$$

이다.

전송선로가 무손실일 경우 $\omega L \gg R$, $\omega C \gg G$이므로

$$Z_0 = \sqrt{\frac{R + j\omega L}{G + j\omega C}} = \sqrt{\frac{j\omega L\left(\frac{R}{j\omega L} + 1\right)}{j\omega C\left(\frac{G}{j\omega C} + 1\right)}} = \sqrt{\frac{L}{C}}\left[1 + j\left(\frac{G}{2\omega C} - \frac{R}{2\omega L}\right)\right] = \sqrt{\frac{L}{C}} \tag{12-12}$$

이다. 그러나 R, G는 작지만 무시할 수 없는 경우에 식(12-12)는

$$Z_0 = \sqrt{\frac{L}{C}}\left[1 + j\left(\frac{G}{2\omega C} - \frac{R}{2\omega L}\right)\right] \tag{12-13}$$

로 표현된다. 이러한 경우 Z_0는 복소수이지만

$$\frac{G}{C} = \frac{R}{L} \tag{12-14}$$

학습활동

급전선에서의 특성 임피던스

가) 동축 케이블

단위 길이에 대한 인덕턴스 L 및 정전용량 C는 다음과 같다.

$$L = \frac{\mu_0}{2\pi}\log_e\frac{D}{d}\ [\mathrm{H/m}]$$

(단, D는 외부도체의 내경)

$$C = \frac{2\pi\epsilon_0\epsilon_r}{\log_e\frac{D}{d}}\ [\mathrm{F/m}]$$

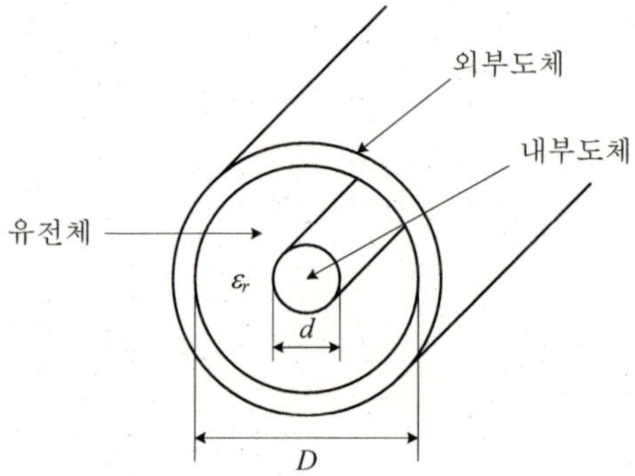

[그림 12-3] 동축 케이블

그리고 특성 임피던스는

$$Z_0 = \sqrt{\frac{L}{C}} = \frac{138}{\sqrt{\epsilon_r}}\log_{10}\frac{D}{d}$$

이며 D/d가 3.6일 때 감쇠가 가장 작다.

나) 평행2선식

단위 길이에 대한 인덕턴스 및 정전용량은 다음과 같다.

$$L = \frac{\mu_0}{\pi}\log_e\frac{2D}{d}\ [\mathrm{H/m}]$$

$$C = \frac{\pi\epsilon_0\epsilon_r}{\log_e\frac{2D}{d}}\ [\mathrm{F/m}]\ (\text{단, } d \ll D)$$

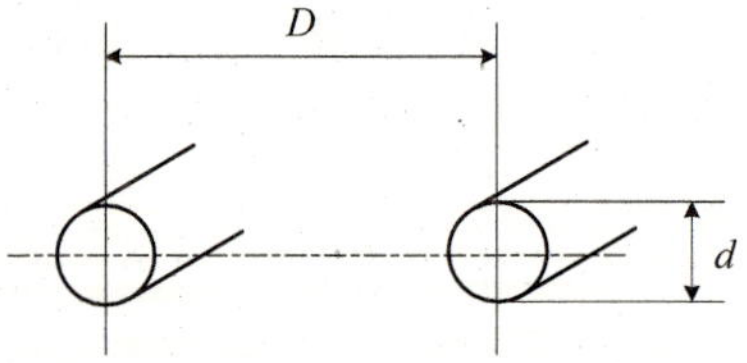

[그림 12-4] 평행 2선식 급전선

급전선 $Z_0 = \sqrt{\frac{L}{C}} = \frac{120}{\sqrt{\epsilon_r}}\log_e\frac{2D}{d} = \frac{277}{\sqrt{\epsilon_r}}\log_{10}\frac{2D}{d}\ [\Omega]$

인 경우 Z_0는 실수이다. 이것은 무왜곡 선로가 되기 위한 조건으로서 Heaviside의 조건이라 한다.

학습활동

$\frac{\lambda}{4}$ 결합선로에서의 정합에 필요한 특성 임피던스

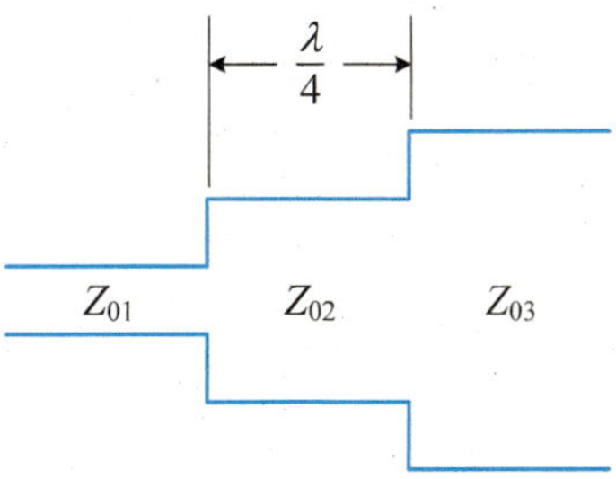

$$Z_{02} = \sqrt{Z_{01}Z_{03}}$$

[그림 12-5]

예제 12-1 평행 2선로에서 단위 길이당 인덕턴스 L이 $12\,[\mu\text{H/m}]$이고 정전용량 C가 $500\,[\text{pF/m}]$라 할 때 이 선로의 특성 임피던스는? (단, 선로의 저항과 누설 컨덕턴스는 무시한다.)

〈풀이〉 $$Z_0 = \sqrt{\frac{R+j\omega L}{G+j\omega C}} = \sqrt{\frac{L}{C}} = \sqrt{\frac{12\times 10^{-6}}{500\times 10^{-12}}} \simeq 155\,[\Omega]$$

3 감쇠 정수 및 위상 정수

전송선로가 무손실인 경우

$$\begin{aligned}\gamma &= \sqrt{YZ} \\ &= \sqrt{(j\omega C)(j\omega L)} \\ &= j\omega\sqrt{LC} \end{aligned} \tag{12-15}$$

가 된다. 이 때 위상 정수를 β라 하면

$$\beta = \omega\sqrt{LC} \tag{12-16}$$

가 된다.

선간 저항을 무한대로 하고 저손실 선로일 경우 전파 정수 γ는

$$\begin{aligned}\gamma &= \sqrt{YZ} \\ &= \sqrt{(R+j\omega L)j\omega C} \\ &= j\omega\sqrt{LC}\sqrt{1-j\frac{R}{\omega L}} \end{aligned} \tag{12-17}$$

이다.

식(12-17)에서

$$\begin{aligned}\gamma &= j\omega\sqrt{LC}\left(1-j\frac{R}{2\omega L}\right) \\ &= \frac{\omega\sqrt{LC}\,R}{2\omega L}+j\omega\sqrt{LC} \\ &= \frac{R}{2\sqrt{L/C}}+j\omega\sqrt{LC} \\ &= \frac{R}{2Z_0}+j\omega\sqrt{LC} \end{aligned} \tag{12-18}$$

가 된다.

식(12-18)에서 감쇠 정수 α는

$$\alpha = \frac{R}{2Z_0} \tag{12-19}$$

으로 표현된다.

여기서 저손실 선로의 경우 위상 정수는 무손실 선로의 경우와 같다고 할 수 있으며 이것은 실제 선로 문제를 취급하는데 매우 중요한 성질이다.

예제 12-2 단위 길이당 선간 용량, 인덕턴스가 각각 36 [pF/m], 1 [μH/m] 인 무손실 전송선로의 위상 정수는? 단, 주파수는 1 [MHz] 이다.

〈풀이〉

$$\beta = \omega\sqrt{LC}$$
$$= 2\pi \times 10^6 \sqrt{36 \times 10^{-12} \times 10^{-6}}$$
$$= 2\pi \times 10^6 \times 6 \times 10^{-9}$$
$$= 0.038\,[\text{rad/m}]$$

4 반사 계수

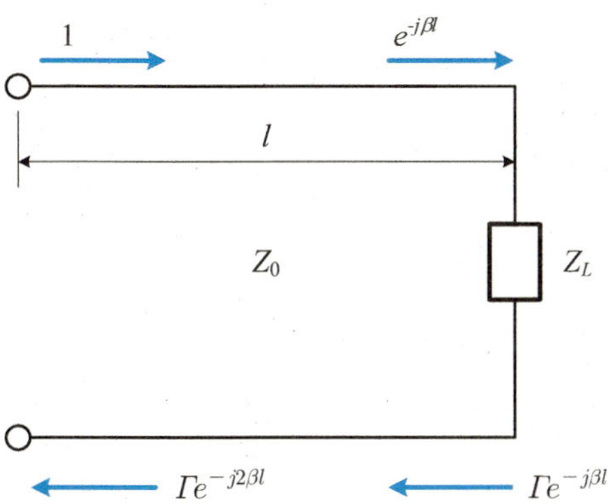

[그림 12-6] 전송선로상의 반사계수

이 때까지는 선로가 무한장일 때를 고려했으나 [그림 12-6]과 같이 특성 임피던스가 Z_0인 무손실 유한 전송선로에서 임피던스가 Z_L인 부하를 연결한 후 반사계수를 구하여 본다.

반사계수는 입사파 전압에 대한 반사파 전압의 비를 말하는데, 부하로부터 l만큼 떨어져

있는 점에서 입사 전압의 페이저를 기준으로 1을 취할 때 이 점의 반사전압은

$$V_r(l) = \Gamma e^{-j2\beta l} \quad (\Gamma \text{ : 반사계수}) \tag{12-20}$$

이 되므로 부하로부터 l인 거리에 있는 점의 입력 전압은

$$\begin{aligned} V(l) &= 1 + V_r(l) \\ &= 1 + \Gamma e^{-j2\beta l} \end{aligned} \tag{12-21}$$

으로 주어진다.

그리고 반사전류 성분을 고려하여 입력측에서의 전류는

$$I(l) = \frac{1}{Z_0}(1 - \Gamma e^{-j2\beta l}) \tag{12-22}$$

이 된다.

그러므로 부하로부터 l인 거리에 있는 점의 입력 임피던스 $Z(l)$은

$$\begin{aligned} Z(l) = \frac{V(l)}{I(l)} &= \frac{1 + \Gamma e^{-j2\beta l}}{\frac{1}{Z_0}(1 - \Gamma e^{-j2\beta l})} \\ &= Z_0 \frac{1 + \Gamma e^{-j2\beta l}}{1 - \Gamma e^{-j2\beta l}} \end{aligned} \tag{12-23}$$

으로 표현된다.

$l = 0$일 때

$$Z(l) = Z_L \tag{12-24}$$

이므로

$$Z_L = Z_0 \frac{1 + \Gamma}{1 - \Gamma} \tag{12-25}$$

이 된다.

그러므로 식(12-25)에서

$$\Gamma = \frac{Z_L - Z_0}{Z_L + Z_0} \tag{12-26}$$

으로 주어진다.

$\Gamma = |\Gamma| e^{j\phi}$라고 하면

$$\begin{aligned} V(l) &= 1 + \Gamma e^{-j2\beta l} \\ &= 1 + |\Gamma| e^{+j(\phi - 2\beta l)} \end{aligned} \tag{12-27}$$

이다.

식(12-27)에서

$$\begin{aligned} V(l)|_{max} &= 1 + |\Gamma| \\ V(l)|_{min} &= 1 - |\Gamma| \end{aligned} \tag{12-28}$$

으로 주어지므로 전압 정재파비(Voltage Standing Wave Ratio)를 $VSWR$이라고 하면

$$\begin{aligned} VSWR &= \frac{V(l)|_{max}}{V(l)|_{min}} \\ &= \frac{1 + |\Gamma|}{1 - |\Gamma|} \end{aligned} \tag{12-29}$$

지금까지는 전압에 대한 반사 계수를 구했지만 전류에 대한 반사 계수를 유도하여 이에 대한 관계를 고찰하여 본다.

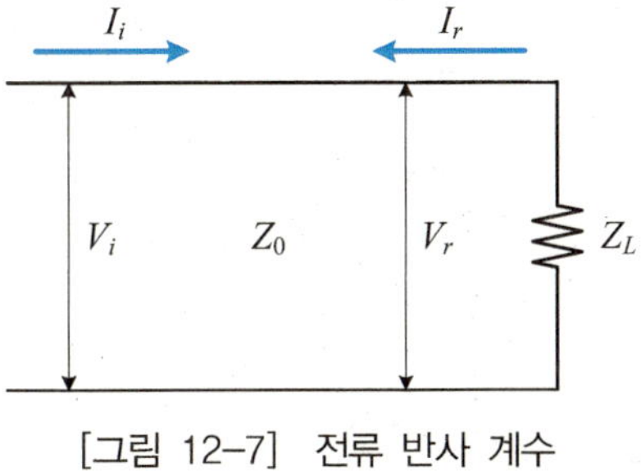

[그림 12-7] 전류 반사 계수

입사파 전압 및 반사파 전압의 극성이 같을 때 입사파 전류와 반사파 전류의 방향은 반대가 된다.

따라서 특성 임피던스를 Z_0라고 하면 부하측으로 흐르는 전류 방향은 (+)방향으로 취하고 전송선의 입력측 전위가 부하측의 전위보다 높을 때의 전압을 (+)전압으로 취할 때 입사파 전류 및 반사파 전류는 각각

$$I_i = \frac{V_i}{Z_0} \tag{12-30}$$

$$I_r = -\frac{V_r}{Z_0} \tag{12-31}$$

가 된다. 따라서 전류 반사 계수 Γ_I는

$$\Gamma_I = \frac{I_r}{I_i} = \frac{-V_r/Z_0}{V_i/Z_0} = -\frac{V_r}{V_i} = -\Gamma \tag{12-32}$$

가 되어서 서로 부호가 반대인 값을 얻는다.

학습활동

진행파와 정재파의 비교

	진행파	정재파
발생 조건	$Z_0 = Z_L$	$Z_0 \neq Z_L$
전류 · 전압의 분포 상태	급전선상 어디서나 같다	$\lambda/2$ 거리마다 최대와 최소가 있다.
전송 손실	작다	크다

예제 12-3 특성 임피던스가 100 [Ω]인 무손실 전송 선로에 200 [Ω]인 부하 저항을 연결할 때 $VSWR$은?

〈풀이〉 반사 계수 Γ는

$$\Gamma = \frac{Z_L - Z_0}{Z_L + Z_0} = \frac{200-100}{200+100} = \frac{1}{3}$$

이므로 전압 정재파비($VSWR$)는

$$VSWR = \frac{1+|\Gamma|}{1-|\Gamma|} = \frac{1+\frac{1}{3}}{1-\frac{1}{3}} = 2$$

가 된다.

예제 12-4 선로의 특성 임피던스 Z_0 > 부하 임피던스 Z_R인 경우 정재파 비는?

〈풀이〉

$$VSWR = \frac{1+|\Gamma|}{1-|\Gamma|} = \frac{1+\left|\frac{Z_R - Z_0}{Z_R + Z_0}\right|}{1-\left|\frac{Z_R - Z_0}{Z_R + Z_0}\right|} = \frac{Z_0}{Z_R} > 1$$

이 된다.

예제 12-5 파동 임피던스가 Z_0인 선로의 정재파의 루프 점의 전류를 사용하면 급전선을 통과하여 부하에 공급되는 전력은? (단, I는 루프점의 전류이고 S는 정재파비이다)

〈풀이〉 입사전력 $P_i = \frac{V_i^2}{Z_0}$, 반사전력 $P_r = \frac{V_r^2}{Z_0} = I_r^2 Z_0$이라면 통과전력 P는

$$P = P_i - P_r = \frac{1}{Z_0}(V_i^2 - V_r^2)$$

$$= \frac{1}{Z_0}(|V_i| + |V_r|)(|V_i| - |V_r|)$$

$$= \frac{1}{Z_0} V_{max} \cdot V_{min}$$

$$= \frac{1}{Z_0} V_{max} \frac{V_{max}}{S}$$

$$= \frac{V_{max}^2}{SZ_0}$$

루프 점의 전류가 I라면

$$P = \frac{(IZ_0)^2}{SZ_0} = \frac{I^2 Z_0}{S}$$

5 입력 임피던스

[그림 12-6]에서 부하로부터 l인 거리에 있는 점의 입력 임피던스 Z_i은 식(12-23)에 의해

$$Z(l) = Z_i = Z_0 \frac{1 + \Gamma e^{-j2\beta l}}{1 - \Gamma e^{-j2\beta l}}$$

$$= Z_0 \frac{e^{+j\beta l} + \Gamma e^{-j\beta l}}{e^{+j\beta l} - \Gamma e^{-j\beta l}} \tag{12-33}$$

가 된다.

식(12-26)을 식(12-33)에 대입하면

$$Z_i = Z_0 \frac{e^{+j\beta l} + \left(\dfrac{Z_L - Z_0}{Z_L + Z_0}\right) e^{-j\beta l}}{e^{+j\beta l} - \left(\dfrac{Z_L - Z_0}{Z_L + Z_0}\right) e^{-j\beta l}}$$

$$= Z_0 \frac{(Z_L + Z_0)e^{+j\beta l} + (Z_L - Z_0)e^{-j\beta l}}{(Z_L + Z_0)e^{+j\beta l} - (Z_L - Z_0)e^{-j\beta l}} \tag{12-34}$$

가 된다.

$e^{\pm j\beta l} = \cos\beta l \pm j\sin\beta l$을 식(12-34)에 대입하면

$$Z_i = Z_0 \frac{Z_L \cos\beta l + jZ_0 \sin\beta l}{Z_0 \cos\beta l + jZ_L \sin\beta l}$$

$$= Z_0 \frac{Z_L + jZ_0 \tan\beta l}{Z_0 + jZ_L \tan\beta l} \tag{12-35}$$

으로 표현한다.

만일 선로가 개방 선로라면 $Z_L = \infty$ 이므로

$$Z_i = Z_0 \frac{Z_L}{jZ_L \tan\beta l} = -jZ_0 \cot\beta l \tag{12-36}$$

이며 단락 선로이면 $Z_L = 0$이 되어

$$Z_i = Z_0 \frac{jZ_0 \tan\beta l}{Z_0} = jZ_0 \tan\beta l \qquad (12\text{-}37)$$

으로 주어진다.

예제 12-6 무손실 전송선로(Lossless Transmission Line)의 끝이 단락(Short)된 경우 이 선로의 입력 임피던스는 얼마인가?

〈풀이〉 전송선로의 입력 임피던스는

$$Z_i = Z_o \frac{Z_L + jZ_o \tan\beta l}{Z_o + jZ_L \tan\beta l}$$

으로 주어지는데 $Z_L = 0$이므로

$$Z_i = jZ_o \tan\beta l$$

이 된다.

예제 12-7 A측에서 f (파장 λ) 및 $2f$를 동시에 공급하면 B쪽에는 어떤 주파수의 파가 나타나는가?

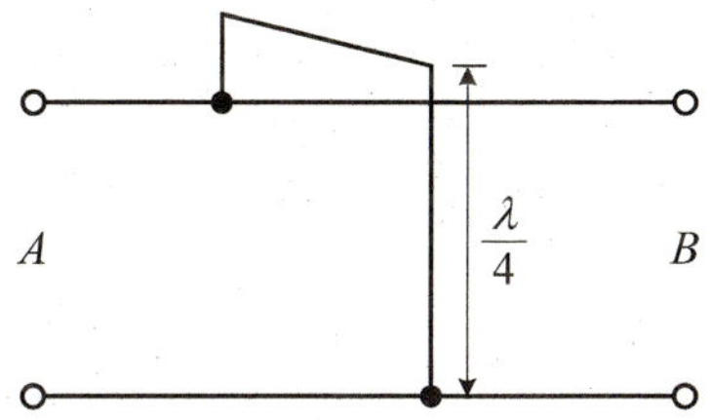

〈풀이〉 $\lambda/4$ stub종단이 단락되어 있는데 주파수 f의 파가 입력될 때

$$Z_{in} = jZ_0 \tan\beta l = jZ_0 \tan\frac{2\pi}{\lambda}\frac{\lambda}{4} = \infty$$

가 되어 B측에 나타난다.

$2f$의 파가 입력될 때

$$Z_{in} = jZ_0 \tan\beta l = jZ_0 \tan\frac{2\pi}{\lambda}\frac{\lambda}{8} = jZ_0$$

가 되어 B측에 나타날 수 없다.

학습활동

전압 투과 계수(Voltage Transmission Coefficient)

특성 어드미턴스 Y_0인 선로의 한 점에 어드미턴스 Y를 연결할 때 투과계수를 t라고 하면

$$t = 1 + \Gamma = 1 + \frac{\dfrac{1}{Y+Y_0} - \dfrac{1}{Y_0}}{\dfrac{1}{Y+Y_0} + \dfrac{1}{Y_0}} = \frac{2Y_0}{Y+2Y_0}$$

가 된다.

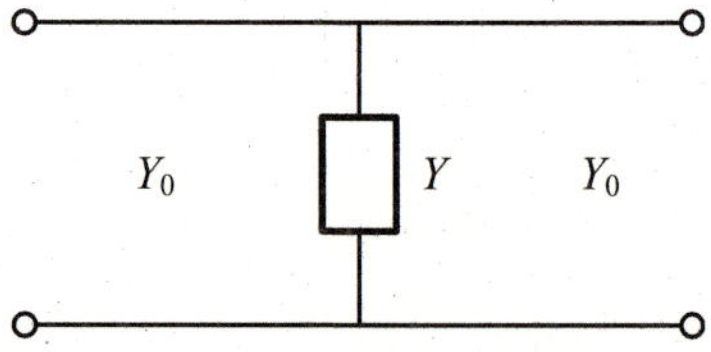

학습내용요약

전송선로의 모드는 TEM모드, TE모드 그리고 TM모드가 있다.

전송선로의 특성 임피던스

$$Z_0 = \sqrt{\frac{Z}{Y}}$$

감쇠정수 및 위상정수

전송선로가 무손실인 경우 위상정수 β는

$$\beta = \omega\sqrt{LC}$$

이고 감쇠정수 α는

$$\alpha = \frac{R}{2Z_0}$$

가 된다.

전압 정재파비

전압 정재파비를 $VSWR$이라 하면

$$VSWR = \frac{1+|\Gamma|}{1-|\Gamma|}$$

가 된다.

균일 전송선로에서 부하로부터 l인 거리에 있는 점이 입력 임피던스 Z_i

$$Z_i = Z_0\frac{Z_L + jZ_0\tan\beta l}{Z_0 + jZ_L\tan\beta l}$$

연습문제

제 12 장

전송선로

01 $Z_0 = 60[\Omega]$인 1/4 파장 선로의 종단에 80[Ω]의 순저항 부하가 접속되었을 때 입력 임피던스는?

02 선로의 특성 임피이던스가 800[Ω]인 고주파 전송 선로의 임피던스 50[Ω]인 안테나 사이에 1/4 파장 변성기의 특성 임피던스는?

03 특성 임피던스 $Z_0 = 120[\Omega]$인 급전선에 부하 임피던스 $Z_L = 340[\Omega]$을 접속할 때 반사계수의 크기는?

04 특성 임피던스 Z_0인 전송선로가 $Z_L = (0.5 + j0.9)Z_0$인 부하(load)로 종단된 경우 정재파비 S를 구하라.

05 무손실 전송선로(Loseless Transmission Line)의 끝이 개방(open)된 경우 이 선로의 입력 임피던스는?

06 선로의 특성 임피던스가 300[Ω]인 급전선에 100[Ω]의 부하를 연결하였을 때 전력비 P_R/P은? (단, P_R는 부하에서 소비되는 전력이며 P는 선로에 공급되는 전력이다.)

07 임피던스가 50[Ω]인 급전선의 입사전력, 반사전력을 측정하여 각각 4.5[W], 0.5[W]를 얻었다고 하면 이러한 전송계통의 전압 정재파비(VSWR)은?

08 평면파가 경계면에 수직으로 입사하여 반사될 때 입사파의 크기가 10[mV/m]이고 반사파의 크기가 5[mV/m]인 경우 전압정재파비는?

09 전압 반사 계수와 전압 투과 계수를 서로 비교하여 설명하시오.

제3장 전속밀도 및 Gauss의 정리

2 4π

3 0

4 6

5 $\phi = 36[\mathrm{C}]$

6 10

7 8π

8 6

제4장 전위, 전위차

1 $a = \frac{b}{2}$

2 $0.1,\ 10^4$

3 $270[\mathrm{V}]$

4 $\frac{Q}{4\pi\epsilon_0}\left(\frac{1}{a} - \frac{1}{b} + \frac{1}{c}\right)$

5 $-2\hat{x} - \hat{y} - 6\hat{z}$

6 $\frac{d}{2}$

7 600[kV] 이상

8 $\frac{3Q}{2\pi\epsilon_0 a}$

제5장 진공중의 도체, 유전체 및 정전용량

1 $\frac{1}{2}(P_{11} + P_{12})(Q_1 + Q_2)$

2 $P_{11} = \frac{1}{4\pi\epsilon}\left(\frac{1}{a} - \frac{1}{b} + \frac{1}{c}\right)$

3 $10, 2, 5$

4 $C = \frac{C_0}{n-1}$

5 $1.2[\mu\mathrm{F}]$

6 $C = 2[\mu\mathrm{F}]$

7 $\frac{1}{2}\epsilon_0\left(\frac{V}{d}\right)^2$

8 $8[\mathrm{V}]$

9 $V_1' / V_1 = \frac{C_1 + C_2}{\epsilon C_1 + C_2}$

10 $P = 3.44 \times 10^{-6}[\mathrm{C/m^2}]$

제6장 Poisson 및 Laplace 방정식

1 $f(x) = 2x^3$

2 $80\pi[\mathrm{C}]$

3 $\dfrac{4\pi\epsilon_0}{\dfrac{1}{a}-\dfrac{1}{2d}}$[F]

4 $\dfrac{-\lambda^2}{4\pi\epsilon_0 h}$

5 9×10^9[N]

6 $\rho=-4\epsilon_0$[C/m^3]

7 $-\dfrac{4}{9}\dfrac{\epsilon_0 V_0}{d^2}\left(\dfrac{x}{d}\right)^{-\frac{2}{3}}$

8 $-4\epsilon_0$[C/m^3]

제7장 진공중의 정상자계

1 10^7[개]

2 $M\simeq 6.27\times10^{-2}$[Wb/m^2]

3 $r=0.055$[m]

4 $H=0.032\times10^7$[AT/m]

5 $\dfrac{ml}{4\pi\mu r^3}$

6 $\mu=0.4\times10^{-5}$[H/m]

8 $\dfrac{\sqrt{m_1}\,r}{\sqrt{m_1}+\sqrt{m_2}}$

제8장 전류의 자기작용

1 $\mu=4\times10^{-4}$[H/m]

2 $I=nevS$

3 3

4 $H=1$[A/m]

5 $H=\dfrac{I}{4\pi a}\left(\dfrac{l_1}{\sqrt{l_1^2+a^2}}+\dfrac{l_2}{\sqrt{l_2^2+a^2}}\right)$

6 $F=12\times10^{-7}$[N/m]

7 5[N]

8 2.5[mV]

9 $e=vB\,l$[V]

10 2.5[V]

제9장 자기회로, 인덕턴스 자계의 응용

1 0.5[Wb]

2 $\phi=2.5\times10^{-3}$[Wb]

3 $k=0.8$

4 $M=80$[H]

5 $L_B=6$[mH]

6 $\dfrac{\mu_0 N^2 S}{l}$[H]

7 430
8 8.04[mH]
9 3[J]
10 0.225[H]

제10장 시변 전계 및 자계

1 $\vec{J} = \hat{y}z + \hat{z}y$

2 $-\dfrac{\omega\epsilon S V_m}{d}\sin\omega t$

3 112.5[MHz]

4 $-\dfrac{\omega\epsilon}{d} V_m \sin\omega t$[A/m²]

5 $f = \dfrac{|i_d|}{2\pi\epsilon E}$

6 $\tan\delta = \dfrac{f_c}{f}$

제11장 평면파

1 $\dfrac{C}{10}$

2 25

3 $\delta = 66 \times 10^{-6}$[m]

4 $\dfrac{1}{\sqrt{80}}$

5 12.5×10^{-7}[H/m]

6 $\dfrac{\pi}{30} \times 10^{-6}$[J]

7 1[V]

8 3.77×10^{-3}[W]

9 $6.63 \times 10^{-6}\sin^2\omega(x - ct)$

10 $5.5 \times 10^{-3}[\Omega]$

제12장 전송선로

1 $45[\Omega]$

2 $200[\Omega]$

3 0.48

4 3.87

5 $-jZ_0\cot\beta l$

6 $\dfrac{3}{4}$

7 2

8 3

Fundamentals of
Electromagnetic Engineerings

2 단위계

기호	양	단위	약호
A	벡터자기 포텐셜	Weber/meter	Wb/m
B	자속밀도	Weber/meter, tesla	Wb/m^2, T
C	정전용량	Farad	F
D	전속밀도	$Coulomb/meter^2$	C/m^2
E	전계의 세기	Volt/meter	V/m
F	힘	Newton	N
G	컨덕턴스	mho	℧
H	자계의 세기	Ampere/meter	A/m
I	전류	Ampere	A
J	전류밀도	$Ampere/meter^2$	A/m^2
K	표면전류밀도	Ampere/meter	A/m
L	인덕턴스	Henry	H
M	상호인덕턴스	Henry	H
M	자화, 자화의 세기	Ampere/meter	A/m
P	전력	Watt	W
Q	전하	Coulomb	C
R	저항	Ohm	Ω
S	면적	$meter^2$	m^2
S	정재파비		
T	회전력, 토크	Newton-meter	N·m
V	전위	Volt	V
V_m	자기스칼라포텐셜	Ampere	A
Y	어드미턴스	Mho	℧
Z	임피던스	Ohm	Ω
c	광속도	meter/second	m/s
f	주파수	Hertz	Hz
m	자기모멘트	Ampere-meter	$A{\cdot}m^2$

p	쌍극자 모멘트	Coulomb-meter	C·m
v	체적	meter^3	m^3
P	Poyning 벡터	Watt/meter^2	W/m^2
R	리액턴스, 자기저항	Ampere-turn/weber	A · T/Wb
Γ(gamma)	반사계수		
Φ(phi)	자속	Weber	W
Ψ(psi)	전속	Coulomb	C
α(alpha)	감쇠정수	Neper/meter	Np/m
β(beta)	위상정수	Radian/meter	rad/m
δ(delta)	표피두께	meter	m
ϵ_0(epsilon)	유전율	Farad/meter	F/m
λ(lambda)	파장	meter	m
μ(mu)	투자율	Henry/meter	H/m
μ(mu)	이동도	meter^2/volt-second	m^2/v-s
ρ(rho)	체적전하밀도	Coulomb/meter^3	C/m^3
ρ_L(rho)	선전하밀도	Coulomb/meter	C/m
ρ_s(rho)	표면전하밀도	Coulomb/meter^2	C/m^2
σ(sigma)	도전율	Mho/meter	℧/m
χ(chi)	전화율, 자화율		
ω(omega)	각주파수	radian/meter	rad/m

Fundamentals of
Electromagnetic Engineerings

3 상수값

진공에서의 빛의 속도	C	2.997925×10^{8}m/sec
개스 상수	R	8.314 j/deg mole
Avogadro 수	N_A	6.0225×10^{23}mole^{-1}
Boltzmann 상수	k	1.3805×10^{-23}J/deg
Faraday 상수	F	9.6487×10^{4}C/mole
전하	e	1.6021×10^{-19}C
비전하	e/m_e	1.7588×10^{11}C/kg
정지 전자 질량	m_e	9.1091×10^{-31}kg
정지 양자 질량	m_p	1.6725×10^{-27}kg
Plank 상수	h	6.6256×10^{-34}Jsec
Rydberg 상수	R_∞	1.09737×10^{7}m^{-1}
Bohr 반경	a_0	5.29167×10^{-11}m

Fundamentals of
Electromagnetic Engineerings

4 자주 쓰이는 공식

[1] 대표공식

1. 2차방정식 : $ax^2 + bx + c = 0$

$$x = \frac{-b \pm \sqrt{b^2 - 4ac}}{2a}$$

i) $b^2 - ac > 0$ 2근은 실수이고 같지 않음

ii) $b^2 - ac = 0$ 2근은 실수이고 서로 같음

iii) $b^2 - ac < 0$ 2근은 허수임

2. 대수 : $\log_a y = x$는 $a^x = y$인 x, y의 관계를 표시한다.

1) $\log_a a = 1$

2) $\log_a 1 = 0$

3) $\log_a xy = \log_a x + \log_a y$

4) $\log_a \frac{y}{x} = \log_a y - \log_a x$

5) $\log_a x^n = n \log_a x$

6) $\log_a \sqrt[n]{x} = \frac{1}{n} \log_a x$

7) $\ln x$를 자연대수, $\log_{10} x$를 상용대수라 하면 $\log_{10} x = M \ln x$에서

$$M = \frac{1}{\ln 10} = 0.43429 \cdots, \qquad \frac{1}{M} = \ln 10 = 2.30258$$

$$e = 1 + \frac{1}{1!} + \frac{1}{2!} + \frac{1}{3!} + \cdots + \frac{1}{n!} = 2.71828$$

8) $e^{jx} = \cos x + j \sin x$

9) $\sinh x = \frac{1}{2}(e^x - e^{-x})$, $\cosh x = \frac{1}{2}(e^x + e^{-x})$

10) $(1+x)^n = 1 + nx + \frac{1}{2} n(n-1) x^2 + \cdots$

[2] 삼각공식

1. 같은 삼각함수 사이의 관계

1) $\sin A \operatorname{cosec} A = 1$

$\tan A \cot A = 1$

$\cos A \sec A = 1$

2) $\tan A = \dfrac{\sin A}{\cos A}$

3) $\sin^2 A + \cos^2 A = 1$

$\sec^2 A = 1 + \tan^2 A$

$\operatorname{cosec}^2 A = 1 + \cot^2 A$

2. 2각의 합과 차

1) $\sin(A \pm B) = \sin A \cos B \pm \cos A \sin B$

2) $\cos(A \pm B) = \cos A \cos B \mp \sin A \sin B$

3. 합과 곱의 관계

1) $\sin A + \sin B = 2\sin\frac{1}{2}(A+B) \cdot \cos\frac{1}{2}(A-B)$

$\sin A - \sin B = 2\cos\frac{1}{2}(A+B) \cdot \sin\frac{1}{2}(A-B)$

$\cos A + \cos B = 2\cos\frac{1}{2}(A+B) \cdot \cos\frac{1}{2}(A-B)$

$\cos A - \cos B = -2\sin\frac{1}{2}(A+B) \cdot \sin\frac{1}{2}(A-B)$

2) $\sin A \sin B = \frac{1}{2}\{\sin(A+B) + \sin(A-B)\}$

$\cos A \sin B = \frac{1}{2}\{\sin(A+B) - \sin(A+B)\}$

$\sin A \sin B = \frac{1}{2}\{\cos(A-B) - \cos(A+B)\}$

$\cos A \cos B = \frac{1}{2}\{\cos(A-B) + \cos(A+B)\}$

4. 2배각의 관계

1) $\sin 2A = 2\sin A \cos A$

2) $\cos 2A = 2\cos^2 A - 1 = 1 - 2\sin^2 A = \cos^2 A - \sin^2 A$

5. 반각 및 2배각에 관한 공식

1) $\sin A = 2\sin\frac{A}{2}\cos\frac{A}{2}$, $\cos A = \cos^2\frac{A}{2} - \sin^2\frac{A}{2}$

2) $2\sin^2 A = 1-\cos 2A \qquad 2\cos^2\dfrac{A}{2} = 1-\cos A$

$2\cos^2 A = 1+\cos 2A \qquad 2\cos^2\dfrac{A}{2} = 1+\cos A$

6. $a\sin A + b\cos A = \sqrt{a^2+b^2}\,\sin(A+\phi), \quad \phi = \tan^{-1}\dfrac{b}{a}$

[3] 미분공식

1) $y = x^m, \quad y' = mx^{-1}$

2) $y = \sin x, \quad y' \cos x$

3) $y = \cos x, \quad y' = -\sin x$

4) $y = \tan x, \quad y' = \dfrac{1}{\cos^2 x}$

5) $y = \cot x, \quad y' = -\dfrac{1}{\sin^2 x}$

6) $y = e^x, \quad y' = e^x$

7) $y = a^x, \quad y' = a^x \ln a$

8) $y = \ln x, \quad y' = \dfrac{1}{x}$

9) $\dfrac{\partial f(\phi)}{\partial x} = \dfrac{\partial f(\phi)}{\partial \phi}\dfrac{d\phi}{dx}$

10) $\dfrac{\partial}{\partial x}\ln f(\phi) = \dfrac{1}{f(\phi)}\dfrac{\partial f(\phi)}{\partial x}$

[4] 적분공식

1. $\displaystyle\int u\frac{dv}{dx}dx = uv - \int v\frac{du}{dx}dx$

2. $\displaystyle\int x^n dx = \frac{x^{n+1}}{n+1}$

3. $\displaystyle\int (a+bx)^n dx = \frac{(a+bx)^{n+1}}{(n+1)b}$

4. $\displaystyle\int \sqrt{x^2 \pm a^2}\,dx = \frac{x}{2}\sqrt{x^2 \pm a^2} \pm \frac{a^2}{2}\ln(x+\sqrt{x^2 \pm a^2})$

5. $\displaystyle\int \frac{dx}{x \pm a} = \ln(x \pm a)$

6. $\displaystyle\int \frac{dx}{a^2+x^2} = \frac{1}{a}\tan^{-1}\frac{x}{a}$

7. $\displaystyle\int \frac{dx}{a^2-x^2} = \frac{1}{2a}\ln\frac{a+x}{a-x} = \frac{1}{a}\tan^{-1}\frac{x}{a}$

8. $\displaystyle\int \frac{x\,dx}{1 \pm x^2} = \pm\frac{1}{2}\ln(1 \pm x^2)$

9. $\displaystyle\int \frac{dx}{\sqrt{a^2-x^2}} = \sin^{-1}\frac{x}{a}$

10. $\int \frac{dx}{\sqrt{x^2 \pm a^2}} = \ln(x + \sqrt{x^2 \pm a^2})$

11. $\int \sin ax dx = -\frac{\cos ax}{a}$

12. $\int \cos ax dx = \frac{\sin ax}{a}$

13. $\int \sin^2 x dx = \frac{x}{2} - \frac{\sin 2x}{4}$

14. $\int \cos^2 x dx = \frac{x}{2} + \frac{\sin 2x}{4}$

15. $\int \ln x dx = x \ln x - x$

16. $\int e^{ax} dx = \frac{e^{ax}}{a}$

17. $\int x e^x dx = e^x (x-1)$

18. $\int \frac{dx}{1+e^x} = \ln \frac{e^x}{1+e^x}$

19. $\int \frac{dx}{1+\cos x} = \tan \frac{x}{2}$

20. $\int \frac{dx}{a + b\cos x} = \frac{2}{\sqrt{a^2-b^2}} \tan^{-1}\left(\frac{\sqrt{a-b}}{a+b} \tan \frac{x}{2}\right) \ (a > b)$

[5] 벡터공식

1. $\vec{A} \times \vec{B} \cdot \vec{C} \equiv \vec{B} \times \vec{C} \cdot \vec{A} \equiv \vec{C} \times \vec{A} \cdot \vec{B} \equiv -\vec{A} \times \vec{C} \cdot \vec{B}$
2. $\vec{A} \times \vec{B} \times \vec{C} \equiv (\vec{A} \cdot \vec{C})\vec{B} - (\vec{A} \cdot \vec{B})\vec{C}$
3. $\nabla \cdot (\vec{A} + \vec{B}) \equiv \nabla \cdot \vec{A} + \nabla \cdot \vec{B}$
4. $\nabla (VW) \equiv W\nabla V + V\nabla W$
5. $\nabla \cdot V\vec{A} = \vec{A} \nabla V + V\nabla \cdot \vec{A}$
6. $\nabla \cdot [\vec{A} \times \vec{B}] \equiv \vec{B} \cdot [\nabla \times \vec{A}] - \vec{A}[\nabla \times \vec{B}]$
7. $\nabla \cdot \nabla V \equiv div \cdot grad V = \nabla^2 V$
8. $\nabla \times \nabla V = rot \cdot grad V \equiv 0$
9. $\nabla \nabla \cdot \vec{A} = grad\ div \vec{A} = \nabla^2 \vec{A}$
10. $\nabla \cdot \nabla \times \vec{A} = div \cdot rot \vec{A} \equiv 0$
11. $\nabla \times \nabla \times \vec{A} = \nabla(\nabla \cdot \vec{A}) - \nabla^2 \vec{A}$
12. $\nabla \times (V\vec{A}) = \nabla V \times \vec{A} + V\nabla \times \vec{A}$

13. Stoke's theorem $\oint_c \vec{A} \cdot d\vec{L} = \iint_s \nabla \times \vec{A} \cdot \hat{n}\, dS$

14. Divergence theorem $\iint_s \vec{A} \cdot \hat{n}\, dS = \iiint_v \nabla \cdot \vec{A}\, dv$

[6] 일반곡선좌표계에서의 스칼라계(界)의 경도(gradient)와 벡터계의 발산 (divergence) 및 회전(rotation, curl)

1. 경도(gradient)

직각좌표계 $\nabla V = \dfrac{\partial V}{\partial x}\hat{x} + \dfrac{\partial V}{\partial y}\hat{y} + \dfrac{\partial V}{\partial z}\hat{z}$

원통좌표계 $\nabla V = \dfrac{\partial V}{\partial r}\hat{r} + \dfrac{1}{r}\dfrac{\partial V}{\partial \phi}\hat{\phi} + \dfrac{\partial V}{\partial z}\hat{z}$

구좌표계 $\nabla V = \dfrac{\partial V}{\partial R}\hat{R} + \dfrac{1}{R}\dfrac{\partial V}{\partial \theta}\hat{\theta} + \dfrac{1}{R\sin\theta}\dfrac{\partial V}{\partial \phi}\hat{\phi}$

2. 발산(divergence)

일반좌표계 $div\, \vec{D} = \nabla \cdot \vec{D}$

$$= \frac{1}{h_1, h_2, h_3}\left[\frac{\partial}{\partial u}(h_2 h_3 D_u) + \frac{\partial}{\partial v}(h_3 h_1 D_v) + \frac{\partial}{\partial w}(h_1 h_2 D_w)\right]$$

직각좌표계 $\nabla \cdot \vec{D} = \dfrac{\partial D_x}{\partial x} + \dfrac{\partial D_y}{\partial y} + \dfrac{\partial D_z}{\partial z}$

원통좌표계 $\nabla \cdot \vec{D} = \dfrac{1}{r}\dfrac{\partial}{\partial r}(rD_r) + \dfrac{1}{r}\dfrac{\partial D_\phi}{\partial \phi} + \dfrac{\partial D_z}{\partial z}$

구좌표계 $\nabla \cdot \vec{D} = \dfrac{1}{R^2}\dfrac{\partial}{\partial R}(R^2 D_R) + \dfrac{1}{R\sin\theta}\dfrac{\partial}{\partial \theta}(D_\theta \sin\theta) + \dfrac{1}{R\sin\theta}\dfrac{\partial D_\phi}{\partial \phi}$

3. 회전(rotation, curl)

직각좌표계 $\nabla \times \vec{H} = \left(\dfrac{\partial H_z}{\partial y} - \dfrac{\partial H_y}{\partial z}\right)\hat{x} + \left(\dfrac{\partial H_x}{\partial z} - \dfrac{\partial H_z}{\partial x}\right)\hat{y} + \left(\dfrac{\partial H_y}{\partial x} - \dfrac{\partial H_x}{\partial y}\right)\hat{z}$

원통좌표계 $\nabla \times \vec{H} = \left[\dfrac{1}{r}\dfrac{\partial H_z}{\partial \phi} - \dfrac{\partial H_\phi}{\partial z}\right]\hat{r} + \left[\dfrac{\partial H_r}{\partial z} - \dfrac{\partial H_z}{\partial r}\right]\hat{\phi} + \dfrac{1}{r}\left[\dfrac{\partial (rH_\phi)}{\partial r} - \dfrac{\partial H_r}{\partial \phi}\right]\hat{z}$

구좌표계 $\nabla \times \vec{H} = \dfrac{1}{R\sin\theta}\left[\dfrac{\partial (H_\phi \sin\theta)}{\partial \theta} - \dfrac{\partial H_\theta}{\partial \phi}\right]\hat{R} + \dfrac{1}{R}\left[\dfrac{1}{\sin\theta}\dfrac{\partial H_R}{\partial \phi} - \dfrac{\partial (RH_\phi)}{\partial R}\right]\hat{\theta}$

$$+ \frac{1}{R}\left[\frac{\partial (RH_\theta)}{\partial R} - \frac{\partial H_R}{\partial \theta}\right]\hat{\phi}$$

4. 라플라시안(Laplacian)

직각좌표계 $\nabla^2 V = \dfrac{\partial^2 V}{\partial x^2} + \dfrac{\partial^2 V}{\partial y^2} + \dfrac{\partial^2 V}{\partial z^2}$

원통좌표계 $\nabla^2 V = \dfrac{1}{r}\dfrac{\partial}{\partial r}\left(r\dfrac{\partial V}{\partial r}\right) + \dfrac{1}{r^2}\dfrac{\partial^2 V}{\partial \phi^2} + \dfrac{\partial^2 V}{\partial z^2}$

구좌표계 $\nabla^2 V = \dfrac{1}{R^2}\dfrac{\partial}{\partial R}\left(R^2\dfrac{\partial V}{\partial R}\right) + \dfrac{1}{R^2\sin\theta}\dfrac{\partial}{\partial \theta}\left(\sin\theta\dfrac{\partial V}{\partial \theta}\right) + \dfrac{1}{R^2\sin^2\theta}\dfrac{\partial^2 V}{\partial \phi^2}$

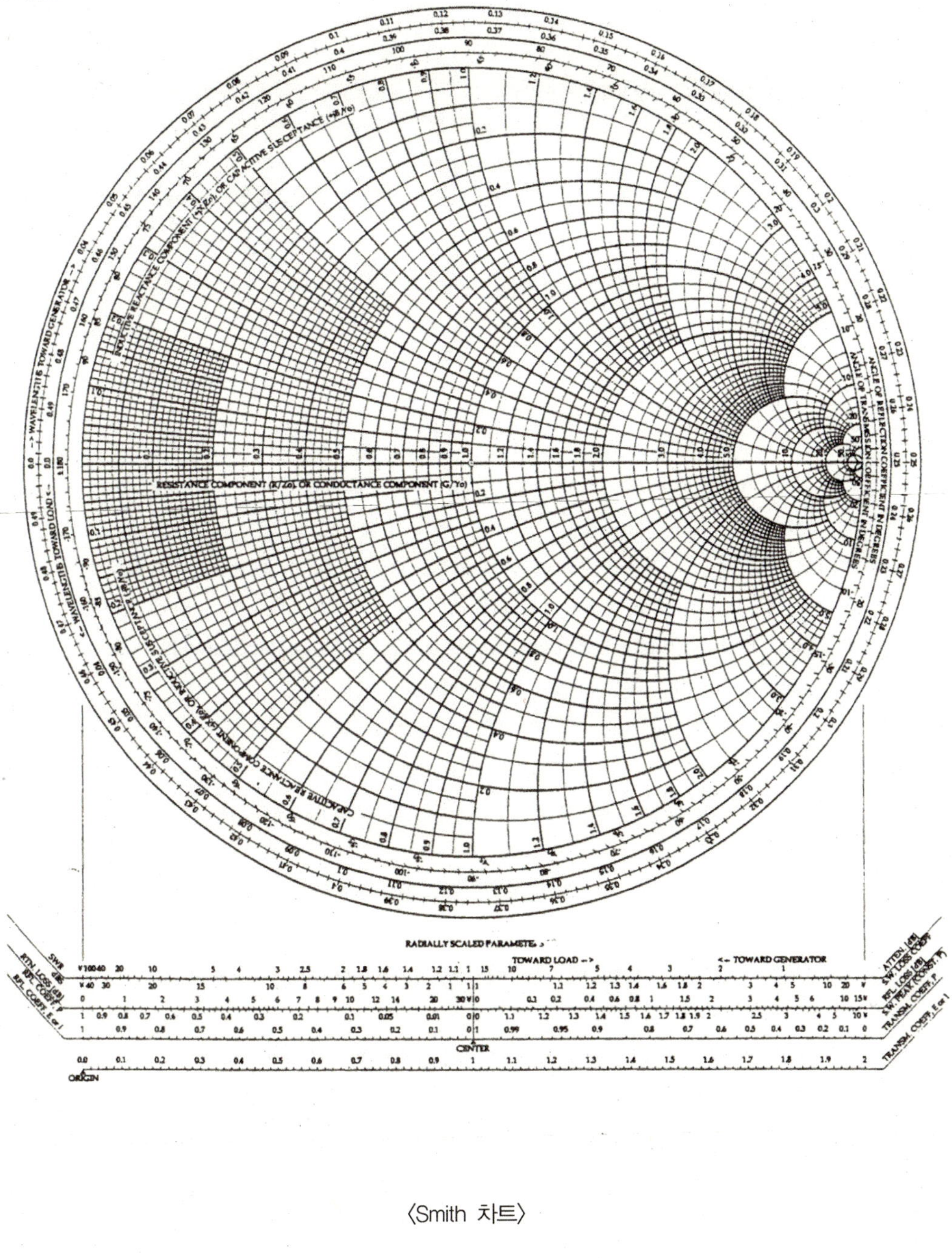
RADIALLY SCALED PARAMETERS
TOWARD LOAD -->
<-- TOWARD GENERATOR
CENTER
ORIGIN

〈Smith 차트〉

Fundamentals of
Electromagnetic Engineerings

5 참고문헌

1. R.B.Adler, L.J.Chu, R.M.Fano, *Electromagnetic Energy Transmission and Radiation*, John Wiley & Sons, 2010.
2. S.Ramo, J.R.Whinnery, *Fields & Waves in Modern Radio, 2nd edition*, John Wiley & Sons. 2012.
3. L.Page and N.I.Adams, *Principles of Electricity*, 3rd edition, D.V.Nortrand, 1957.
4. John D.Kraus, Keith R.Carver, *Electromagnetics, 2nd edition*, McGraw-Hill, 2011.
5. Warren B.Boast, *Vector Field*, Harper & Brothers, 2013.
6. Emerson M.Puch & W.Puch, *Principles of Electricity & Magnetism*, Addison-Wesley Co., 2013.
7. David K.Cheng, *Fundamentals of Engineering Electromagnetics*, Addison-Wesley, 2009.
8. Hayt, W.H. Jr, *Engineering Electromagnetics*, 2nd ed., McGraw-Hill Book Company New York, 2011.
9. Durney, C.H. and Johnson, C.C., *Introduction to Modern Electro Magnetics*, McGraw-Hill Book Company, New York, 2012.
10. Panofsky, W.K.H. and Phillips, M, *Classical Electricity and Magnetism* 2d ed., Addison-Wesley Publishing Company, Inc., 2013.
11. Plonsey, R. and Collin, R.E., *Principles and Applications of Electromagnetic Fields*, McGraw-Hill Book Company, New York, 2009.
12. Seely, S., *Introduction to Electromagnetic Fields*, McGraw-Hill Book Company, New York, 2012.
13. Stratton. J.A., *Electromagnetic Theory*, McGraw-Hill Book Company, New York, 2013.
14. Kip.F.A., *Fundamentals of Electricity and Magnetism*, 2nd ed., 2011.
15. 홍희식 외 2인, 전자기학의 개념원리, 복두출판사, 2013년.
16. 엄기홍, 전자장의 원리와 응용, 진샘미디어, 2012년.
17. 박병권, 기초 전기자기학, 명진, 2009년.
18. 김창환 외 1인, 전자기학, 양서각, 1999년.
19. 유태훈 외 1인, 공학도를 위한 전자기학, 생능출판사, 2012년.

Fundamentals of
Electromagnetic Engineerings

6 찾아보기

가

나

다

라

마

바

사

아

자

차

카

타

파

하

저자와의
협의에 의해
인지 생략

알기쉬운 전기자기학

6판 1쇄 2019년 9월 5일

저 자 김창환 / 박기식
발행인 송광헌
발행처 복두출판사
주 소 서울특별시 영등포구 경인로82길 3-4
센터플러스 807호 (우) 07371
전 화 02-2164-2580
FAX 02-2164-2584
등 록 1993. 11. 22. 제 10-902 호

정가 : 24,000원

ISBN : 979-11-5906-568-2 93560

한국과학기술출판협회 회원사

* 본 도서의 자료 업데이트가 있을 경우 본사 홈페이지 자료실에 업로드 됩니다. 정기적으로 들러서 유익한 자료를 받아가시기 바랍니다.